SECCIÓN DE OBRAS DE CIENCIA Y TECNOLOGÍA

MÁS RÁPIDO QUE LA VELOCIDAD DE LA LUZ

Traducción de
ELENA MARENGO

Revisión técnica de
ALEJANDRO GANGUI
(autor de *El big bang: la génesis
de nuestra cosmología actual*)

JOÃO MAGUEIJO

MÁS RÁPIDO
QUE LA VELOCIDAD
DE LA LUZ

Historia de una especulación científica

Fondo de Cultura Económica

México - Argentina - Brasil - Colombia - Chile - España
Estados Unidos de América - Perú - Venezuela

Primera edición en inglés, 2003
Primera edición en español, 2006

João Magueijo
     Más rápido que la velocidad de la luz : historia de una especu-
lación científica - 1ª ed. - Buenos Aires : Fondo de Cultura Económica, 2006.
     272 pp. ; 23x15 cm. (Ciencia y tecnología)

     Traducido por: Elena Marengo

     ISBN 950-557-683-8

     1. Física. 2. Teoría de Relatividad. I. Elena Marengo, trad. II.
Título
     CDD 530.11

Título original: *Faster than the Speed of Light*
ISBN original: 0-7382-0525-7
© Perseus Publishing
D.R. © 2006, FONDO DE CULTURA ECONÓMICA DE ARGENTINA, S. A.
         El Salvador 5665 / 1414 Buenos Aires
         fondo@fce.com.ar / www.fce.com.ar
         Av. Picacho Ajusco 227; 14200 México D.F.

ISBN: 950-557-683-8

IMPRESO EN ARGENTINA - *PRINTED IN ARGENTINA*
Hecho el depósito que marca la ley 11.723

ÍNDICE

1. PURAS SANDECES

MI PROFESIÓN ES LA FÍSICA TEÓRICA. Según todos los cánones, soy miembro de pleno derecho de la academia, pues he recibido mi doctorado en Cambridge, me fue acordada una prestigiosa beca de investigación en St. John's College, Cambridge (beca que recibieron con anterioridad Paul Dirac y Abdus Salam), y más tarde, una beca de investigación de la Royal Society. En la actualidad, soy *lecturer* del Imperial College de Londres (el equivalente a un profesor titular en los Estados Unidos).

No menciono mis títulos porque quiera alardear sino porque este libro expone una especulación científica que se presta a acaloradas polémicas. Pocas cosas hay en la ciencia tan sólidas como la teoría de la relatividad de Einstein, pero la idea que desarrollo aquí la cuestiona a tal punto que muchos podrían suponer que hacerla pública constituye un suicidio profesional. No ha de sorprender entonces que una reseña sobre este libro publicada en una conocida revista de divulgación científica llevara el título de "Herejía".

Por el sentido con que se usa la palabra *especulación* para desechar ideas con las cuales uno no está de acuerdo, cabría inferir que la especulación no desempeña ningún papel en la ciencia. No obstante, ocurre todo lo contrario. En la física teórica, y especialmente en la cosmología, rama de la física a la cual me dedico, mis colegas y yo consagramos buena parte del día a cuestionar las teorías en vigencia y a analizar nuevas teorías especulativas que puedan dar cuenta de los datos empíricos con igual o aún mayor solvencia. Nos pagan para que pongamos en duda todo lo que se ha afirmado hasta el momento, para que formulemos alternativas alocadas y para que discutamos sin cesar entre nosotros.

Tuve mi primera experiencia en esta rama cuando ingresé a la carrera de posgrado en Cambridge en 1990. No tardé mucho en darme cuenta de que un físico teórico pasa la mayor parte del tiempo debatiendo con sus pares: en cierto sentido, los colegas hacen las veces de experimentos. En Cambridge, se llevaban a cabo reuniones semanales de carácter no del todo formal en las que discutíamos todo lo que teníamos en mente en ese momento. También existían unos encuentros itinerantes sobre cosmología, en los cuales se reunían físicos de Cambridge, Londres y Sussex para comentar los proyectos que los obsesionaban. Había también un ámbito más rutinario, la oficina, que compartía con otros cinco profesionales en permanente desacuerdo, y a menudo nos gritábamos unos a otros.

Algunas veces esas reuniones implicaban meras discusiones de índole general que giraban tal vez en torno a un artículo recién publicado. Otras veces, en cambio, en lugar de hablar de ideas nuevas provenientes de experimentos, de cálculos matemáticos o de simulaciones en computadora, nos paseábamos por el salón haciendo conjeturas, es decir, debatíamos ideas que no se fundamentaban en ningún trabajo experimental ni matemático previo: ideas que daban vuelta en nuestra cabeza y eran producto de un vasto conocimiento de la física teórica.

Especular es una verdadera diversión, especialmente cuando, después de argumentar durante una hora y convencer a todos los presentes, uno de pronto cae en la cuenta de que algún error embarazoso y trivial arruina toda la especulación, y que ha arrastrado a todos por un camino equivocado o, a la inversa, que se ha dejado llevar con toda puerilidad por una especulación ajena que está viciada en sus fundamentos.

Semejantes ejercicios de argumentación imponen una enorme presión al estudiante de posgrado y pueden llegar a intimidar, en particular cuando se hace evidente en medio de la argumentación que algún colega es mucho más hábil y que uno se ha metido en camisa de once varas. En el plantel permanente de Cambridge no escaseaba la gente inteligente y con deseos de lucirse, gente que no se limitaba a demostrar que uno estaba equivocado sino que puntualizaba, además, que el error cometido era en realidad trivial, al punto que cualquier estudiante de física de primer año podría haberlo descubierto. Si bien esas situaciones me ponían muy incómodo, jamás me deprimieron: por el contrario, obraban como un incentivo. Todos terminamos sintiendo que nadie se gana su lugar en la comunidad científica si no ha concebido algo verdaderamente original.

Durante esas reuniones, uno de los temas que surgía con frecuencia era el de la "inflación". La teoría de la inflación es una de las más difundidas en la cosmología actual, esa rama de la física que pretende responder a interrogantes tan complejos como éstos: ¿de dónde proviene el universo?, ¿cómo acabará?, preguntas que otrora formaron parte de la religión, el mito o la filosofía.

Hoy en día la respuesta científica a todas ellas es la teoría del *big bang*, que postula un universo en expansión, producto de una enorme explosión.

La teoría de la inflación fue formulada inicialmente por Alan Guth, distinguido físico del MIT (Massachusetts Institute of Technology), y pulida luego por otros científicos para que respondiera a lo que nosotros, los físicos teóricos, llamamos "los problemas cosmológicos". En particular, aunque prácticamente todos los cosmólogos aceptan hoy la idea de que el cosmos se inició con un *big bang*, hay aspectos del universo que son imposibles de explicar con esa teoría tal como la conocemos. Diré someramente que esos problemas tienen que ver con el hecho de que el modelo del *big bang* es inestable: el universo sólo puede existir tal como lo vemos hoy si uno se las ingenia para concebir de manera muy especial su estado inicial en el momento de la explosión. Pequeñísimas desviaciones del mágico punto de partida acaban rápidamente en catástrofes (como el prematuro fin del universo), de modo que es necesario "incorporar a mano" esa improbable condición inicial en lugar de inferirla de un proceso físico concreto y calculable. Esta situación es muy incómoda para los cosmólogos.

La teoría de la inflación postula que en sus primeros instantes el universo se expandió mucho más velozmente que hoy en día (de modo que "se infló" o aumentó rápidamente de tamaño). En la actualidad, constituye la respuesta más idónea a los problemas cosmológicos y explica el aspecto del cosmos que vemos. Hay razones para suponer que se trata de la respuesta más correcta al problema cosmológico, pero no existen todavía pruebas experimentales que la sustenten. Según los cánones más rigurosos de la ciencia, decir que no hay pruebas experimentales implica que la teoría de la inflación es aún una especulación.

Aunque este déficit no impide que la mayoría de los científicos la acepten con entusiasmo, en el ámbito de la física teórica británica nunca hubo plena convicción de que esta teoría fuera *la* respuesta a los problemas cosmológicos. Sea por chauvinismo (la teoría fue formulada por un físico estadounidense), sea por terquedad o por criterios científicos, en esas reuniones que mencioné antes surgía inevitablemente una y otra vez el tema de la inflación, pero la opinión general era que esa teoría tal como la concebíamos no resolvía ciertos problemas cosmológicos de crucial importancia.

Al principio no le presté demasiada atención porque no era mi especialidad; yo me dedicaba a los defectos topológicos, que permitían explicar el origen de las galaxias y otras estructuras del universo. (Al igual que la teoría de la inflación, los defectos topológicos pueden dar cuenta de esas estructuras pero, lamentablemente, no explican los problemas cosmológicos.) Sólo empecé a pensar en explicaciones alternativas después de oír hasta el hartazgo que la teoría de la inflación no tenía ningún fundamento en la física de las partículas y que era un mero producto de las relaciones públicas académicas en Estados Unidos… ¡Ay!, la naturaleza humana.

Para los legos no resulta evidente por qué la inflación podría resolver los problemas cosmológicos. Menos evidente aún es por qué sería tan difícil resolverlos prescindiendo de ella. Para el cosmólogo profesional, sin embargo, la exasperante dificultad radicaba precisamente en este último hecho, al punto que nadie había conseguido formular una teoría alternativa. En otras palabras, se aceptaba la inflación a falta de otra teoría viable. Durante muchos años, en lo más recóndito de mi mente –y a veces no tan en lo recóndito–, me preguntaba si habría otra manera, *cualquier* otra manera, de resolver los problemas cosmológicos.

Corría el segundo año de mi beca en St. John's College (y el sexto de mi estadía en Cambridge) cuando un día la respuesta apareció como caída del cielo. Era una mañana lluviosa, típica de Inglaterra, y yo atravesaba los campos de deportes de la universidad bajo los efectos de una gran resaca, cuando, de pronto, me di cuenta de que se podían resolver los problemas cosmológicos prescindiendo de la inflación si se rompía una única regla del juego, aunque, debo reconocerlo, esa regla era sagrada. La idea era de una bellísima sencillez, mucho más sencilla que la teoría de la inflación, pero enseguida me sentí inquieto ante la posibilidad de adoptarla como explicación, pues implicaba dar un paso que raya en la demencia para un científico profesional. Cuestionaba la regla fundamental de la física moderna: que la velocidad de la luz es constante.

Si hay algo que incluso los niños de escuela saben acerca de Einstein y su teoría de la relatividad es que la velocidad de la luz en el vacío es constante.[1] Cualesquiera sean las circunstancias, la luz atraviesa el vacío a la misma velocidad, constante que los físicos indican con la letra c: 300.000 km por

---

[1] Si se hace pasar la luz a través de determinadas sustancias es posible frenarla, detenerla e, incluso, acelerarla, en cierto sentido. Este hecho no contradice el supuesto fundamental de la teoría de la relatividad, que se refiere a la velocidad de la luz *en el vacío*.

segundo. La velocidad de la luz es la piedra angular de la física, el cimiento aparentemente sólido sobre el cual se han erigido todas las teorías cosmológicas modernas, el metro patrón que sirve para medir el universo entero.

En 1887, los físicos estadounidenses Albert Michelson y Edward Morley llevaron a cabo uno de los experimentos científicos más importantes de la historia y demostraron que el movimiento de la Tierra no afectaba la velocidad aparente de la luz. En su momento, ese experimento desconcertó a todos, pues contradecía una noción del sentido común: que las velocidades se suman. Un misil disparado desde un avión se desplaza más velozmente que uno disparado desde tierra, porque la velocidad del aeroplano se suma a la del propio misil. Si lanzamos un objeto desde un tren en movimiento, su velocidad con respecto al andén es igual a la velocidad del objeto más la velocidad del tren. Cabría pensar que lo mismo ocurre con la luz, y que la luz emitida desde un tren se mueve más rápidamente. No obstante, los experimentos de Michelson y Morley demostraron que no era así: la luz tiene siempre una velocidad constante. Así, si tomamos un rayo de luz y preguntamos cuál es su velocidad a varios observadores que se mueven unos con respecto a los otros, ¡todos responderán dándonos un mismo valor para la velocidad aparente de la luz!

La teoría especial de la relatividad enunciada por Einstein en 1905 fue, en parte, una respuesta parcial a este hecho desconcertante. Einstein se dio cuenta de que, si la velocidad de la luz no cambiaba, necesariamente tenían que cambiar otras cosas, a saber: la idea de que existen un espacio y un tiempo universales que no se modifican, conclusión escandalosa porque contradice la intuición. En nuestra vida cotidiana, percibimos el espacio y el tiempo como algo rígido y universal. Einstein, en cambio, concibió el espacio y el tiempo —el espacio-tiempo— como algo que podía curvarse y cambiar, expandiéndose y contrayéndose según los movimientos relativos del observador y del objeto observado. Lo único que no cambiaba en el universo era la velocidad de la luz.

Desde entonces, la constancia de la velocidad de la luz es algo que constituye la propia trama de la física, y se refleja incluso en la forma que adoptan las ecuaciones y en la notación que se utiliza. Hoy en día, hablar de la "variación" de la velocidad de la luz no es sólo utilizar una mala palabra: es algo que lisa y llanamente no figura en el vocabulario de la física. Hay cientos de experimentos que probaron este principio fundamental, de modo que la teoría de la relatividad se ha transformado en el eje de nuestra concepción del universo. Pero la idea que yo concebí aquella mañana en Cambridge era, precisamente, una teoría que postulaba "la variación de la velocidad de la luz".

Específicamente, empecé a reflexionar sobre la posibilidad de que en los primeros instantes del universo la velocidad de la luz fuera mayor que la actual. Para mi sorpresa, esa hipótesis parecía resolver al menos algunos de los problemas cosmológicos sin recurrir a la inflación. De hecho, la solución parecía inevitable de acuerdo con la teoría de la velocidad de la luz variable. Parecía que los enigmas que planteaba el *big bang* sugerían precisamente que la velocidad de la luz *era* mucho mayor en los comienzos del universo, y que en un nivel fundamental la física debería descansar sobre una estructura más rica que la teoría de la relatividad.

La primera vez que expuse esta solución de los problemas cosmológicos ante mis colegas, se hizo un silencio incómodo. Aunque sabía que era necesario trabajar muchísimo antes de que fuera contemplada con respeto y que, tal como estaba, parecería algo descabellado, la idea me entusiasmaba. De modo que, cuando se la comuniqué a uno de mis mejores amigos (un físico que ahora es profesor titular en Oxford), no estaba preparado para que la recibiera con total indiferencia. Pero esa fue su reacción: no hizo ningún comentario, se quedó en silencio y luego emitió un "hmm" lleno de escepticismo. Pese a todos mis intentos, no pude discutir con él la nueva idea en el mismo plano en que los teóricos debaten incluso las especulaciones más disparatadas.

Durante los meses que siguieron, siempre que exponía mi idea a los que me rodeaban, las reacciones eran similares. Sacudían la cabeza o, en el mejor de los casos, me decían: "Es hora de que termines con esa estupidez". En el peor, recurrían al mejor estilo británico para no comprometerse: "No entiendo de qué estás hablando". Durante los seis años anteriores, yo había lanzado en los debates más de una idea alocada, pero nunca había encontrado semejante reacción. Cuando empecé a rotular mi idea como VSL (velocidad variable de la luz, por sus iniciales en inglés), alguien dijo que la sigla quería decir *very silly*, puras sandeces.

No se puede tomar como algo personal lo que sucede en esas reuniones. De hecho, la mejor manera de volverse loco en el ambiente científico es tomarse las objeciones como insultos personales. Ni siquiera conviene interpretar así los comentarios hechos con desprecio o malevolencia, aun cuando se esté seguro de que quienes están alrededor piensan que uno es un necio. Así es la ciencia: se considera que cualquier idea nueva es una tontería a menos que resista las verificaciones más rigurosas. Al fin y al cabo, también mis ideas eran producto del cuestionamiento de la teoría de la inflación.

No obstante, pese a que mucha gente opinaba que la idea de la variación de la velocidad de la luz era insensata, yo seguía contemplándola con respeto aunque todavía no con devoción. Cuanto más pensaba en ella, mejor me parecía. De modo que decidí seguir adelante y ver adónde me llevaba.

Durante mucho tiempo no me llevó a ningún lado. Es frecuente en la ciencia que un determinado proyecto no se consolide hasta que se reúnen las personas más indicadas para trabajar en común. La mayor parte de la ciencia moderna es producto de la colaboración, y yo necesitaba desesperadamente un colaborador. Librado a mi propia suerte, daba vueltas en círculo y me quedaba atascado siempre en los mismos detalles, de modo que nada coherente tomaba cuerpo y sentía que enloquecía.

No obstante, el resto de mi trabajo de investigación avanzaba, al punto que un año después, más o menos, me llenó de alegría enterarme de que la Royal Society me había otorgado una beca. Ser becario de la Royal Society es la situación más codiciada por los investigadores jóvenes de Gran Bretaña y tal vez de todo el mundo, pues garantiza fondos y seguridad durante varios años, que pueden extenderse hasta diez, y ofrece libertad para hacer lo que a uno le interesa y elegir cualquier lugar de trabajo. Ante estas circunstancias, pensé que ya había cumplido mi ciclo en Cambridge y que era hora de trasladarme a alguna otra institución. Siempre me gustaron las ciudades grandes, de modo que decidí trabajar en el Imperial College de Londres, institución de enorme prestigio en física teórica.

En ese entonces, el principal cosmólogo del Imperial College era Andy Albrecht. Si bien era uno de los autores de la teoría de la inflación, Andy venía preguntándose desde hacía años si esa teoría realmente explicaba los problemas cosmológicos. Había escrito un artículo fundamental sobre la inflación que fue su primera publicación científica cuando aún no se había doctorado. Él mismo comentaba, medio en broma: "no puede ser que la respuesta a todos los problemas del universo esté en el primer artículo que uno publica", y por esa razón había intentado una y otra vez hallar una teoría alternativa, pero, como todos nosotros, había fracasado ignominiosamente.

Poco después de mi llegada, ya estábamos trabajando juntos en la teoría de la velocidad variable de la luz. Por fin había encontrado un colaborador.

Jamás imaginé que la ciencia pudiera depararme la plenitud y la intensidad de los años que siguieron. En gran parte, este libro es la crónica de esa travesía, un itinerario que unió Princeton con Goa y Aspen con Londres. Es la crónica de una relación de trabajo entre científicos, una relación de amor-odio que algunas veces termina felizmente, y es también la crónica de la evolución de una idea insensata que cobró cuerpo y tomó la forma de un artículo. Más aún, es el relato de lo que sucedió con el artículo que escribimos cuando lo enviamos para su publicación, de nuestras luchas con los responsables de la edición y con colegas que ni siquiera estaban convencidos de que el trabajo mereciera publicarse. Y es también un relato que explica por qué, al fin y al cabo, nuestra idea podría no ser tan insensata, e indica a las claras que la especulación teórica profunda puede hallar más apoyo experimental que otras teorías más aceptadas.

Aun cuando la idea misma quede desprestigiada –cosa siempre posible, aunque no probable, en el caso de grandes hitos intelectuales– hay varias otras razones por las cuales vale la pena contar lo que sucedió. En primer lugar, quiero que el común de la gente comprenda cómo es cabalmente el proceso científico, que entienda que se trata de un camino siempre teñido de emotividad, rigor, competencia con otros y argumentación. Durante este proceso, la gente debate incesantemente y a menudo lo hace con mucha pasión cuando hay desacuerdos. También pretendo que los legos comprendan que la historia de la ciencia está plagada de especulaciones que sonaban muy bien en su momento pero carecieron de poder explicativo y acabaron en el cesto de los papeles. Todo ese proceso de poner a prueba ideas nuevas, y luego aceptarlas o rechazarlas, constituye la ciencia.

Sin embargo, lo más importante es que contar la historia de esta teoría que he llamado VSL me obligará a explicar minuciosamente en qué consisten las ideas que ella contradice o no tiene en cuenta: las teorías de la relatividad y de la inflación. En consecuencia, el lector podrá contemplarlas en su plenitud –siempre tuve la impresión de que las exposiciones más brillantes de algunas ideas provenían de quienes las cuestionaban–. Cuando uno las interpela con escepticismo, como hacen los abogados en los interrogatorios de los tribunales, toda su vitalidad se pone de manifiesto.

Por todas estas razones, creo que el lector se verá plenamente recompensado leyendo este libro aun cuando la teoría de la velocidad variable de la luz no responda a sus expectativas. Desde luego, todo lo que aquí se cuenta sería mucho más interesante si la teoría colmara con creces las expectativas que suscita, pero no puedo garantizar que eso suceda aunque creo que es probable.

De todos modos, en los últimos años hubo muchos indicios de que la teoría VSL formará parte de las tendencias imperantes en la física, como la relatividad y la inflación. Uno de los principales indicios es que mucha gente ha comenzado a trabajar en ella, y en la ciencia se cumple el viejo dicho de que cuantos más somos, mejor. Hay cada día más artículos publicados sobre esta cuestión, que se ha incorporado también al temario de las conferencias científicas. Existe hoy toda una comunidad de personas dedicadas a elaborar la idea, lo que me causa enorme satisfacción.

Por otra parte, la teoría de la velocidad variable de la luz ha abandonado ya su cuna "cosmológica" y se utiliza para resolver otros problemas. Investigaciones recientes indican que, en cualquier ámbito en que la física se estrella contra sus propios límites, esta teoría tiene algo que decir. De hecho, si la teoría es correcta, podría ser que los agujeros negros tuvieran propiedades muy distintas de las que presumimos. Las estrellas tendrían un fin totalmente diferente del que ahora prevemos y su muerte sería bastante curiosa. Los intrépidos viajeros del espacio, en cambio, correrían con más suerte. En general, puedo decir que hubo un aluvión de trabajos teóricos cuyo resultado es un extravagante repertorio de predicciones, todas vinculadas con la variación de la velocidad de la luz siempre que la física se ve obligada a enfrentar sus límites. Como telón de fondo de todas esas predicciones, está la esperanza de que sea posible probar experimentalmente que la velocidad de la luz es variable.

Así y todo, puede suceder algo más espectacular aún. Hemos sabido a lo largo de los últimos decenios que nuestra comprensión de la naturaleza no es total. La física moderna descansa sobre dos ideas distintas: la teoría de la relatividad y la teoría cuántica. Cada una de ellas es fructífera dentro de su ámbito particular, pero cuando los teóricos intentan combinarlas en una quimérica teoría que llaman gravedad cuántica, todo se viene abajo. Carecemos de una teoría unificada –sueño que abrigó Einstein sin alcanzarlo– que nos brinde un marco coherente de conocimientos para interpretar todos los fenómenos conocidos.

La teoría de la velocidad variable de la luz ha comenzado a tener un papel importante en este campo: tal vez sea el ingrediente que faltaba desde hace tanto tiempo. Esto no deja de ser irónico: podría suceder que para cumplir el sueño de Einstein tengamos que desechar la única "certeza" que él tenía. En tal caso, la teoría de la velocidad variable de la luz dejaría de ser mera especulación y permitiría profundizar nuestra comprensión del universo de un modo que jamás imaginé.

PARTE I
LA HISTORIA DE C

2. EINSTEIN SUEÑA CON VACAS

CUANDO TENÍA 11 AÑOS, mi padre me hizo leer un libro deslumbrante que habían escrito Albert Einstein y Leopold Infeld, titulado *The Evolution of Physics*.* En las líneas iniciales, los autores comparan la ciencia con una historia de detectives, sólo que en el caso de la ciencia no se trata de averiguar quién hizo algo sino de saber por qué la naturaleza obra como lo hace.

Como sucede en los buenos libros del género, a menudo los detectives toman un camino equivocado: una y otra vez tienen que retroceder para descartar las pistas falsas. Al final, sin embargo, llega el día en que se forma una imagen clara y ya hay datos suficientes para aplicar esa herramienta exclusiva del hombre, la deducción, de modo que todo lo que se ha averiguado tenga sentido. Munidos de una teoría sobre el origen del misterio y algo de suerte, los investigadores conjeturan ciertos hechos que *deben* ser verdaderos. Luego los someten a prueba con la esperanza de resolver el misterio.

Pocos párrafos después, sin embargo, los autores del libro abandonan abruptamente la analogía inicial diciendo que a los científicos se les presenta un dilema que los detectives no tienen que enfrentar, pues en el libro de la naturaleza nunca se puede decir que "el caso está cerrado". Les guste o no, los hombres de ciencia jamás se ven enfrentados a un único misterio sino, más bien, se enfrentan a un diminuto fragmento de una enorme trama de misterios. Con gran frecuencia, la solución de un fragmento del enigma indica que otros fragmentos no se han descifrado bien o que, al menos, es necesario revisarlos. La ciencia, entonces, podría describirse como un insulto a la inteligencia humana que se renueva de manera incesante.

Pese al "insulto", por mi parte siempre me pareció que la física era fascinante. Me atraía en especial el modo como se nos plantean los misterios del

---

* El libro de Einstein e Infeld fue publicado por primera vez en inglés en 1938. La traducción al castellano, realizada por el doctor Rafael Grinfeld, de la Universidad de La Plata, fue publicada en 1939 por la Editorial Losada de Buenos Aires, con el título *La física, aventura del pensamiento*. [N. de T.]

universo: los interrogantes que se formulan son muy simples en la superficie pero muy intrincados en profundidad, y se hallan envueltos en las bellísimas abstracciones propias de los experimentos mentales y la lógica.

No obstante, sólo cuando ya había avanzado en mi carrera me di cuenta de que nadie aborda los problemas de la física de una manera fría y racional, al menos no al principio. Antes que científicos, somos *Homo sapiens*, especie que, pese a tan pomposo nombre, se ve arrastrada por las emociones mucho más a menudo que por la razón. No siempre descartamos las pistas falsas ni los supuestos erróneos; tampoco nos atenemos a las técnicas más racionales para resolver los problemas.

Durante las etapas iniciales de desarrollo de una idea nueva, nos comportamos la mayoría de las veces como artistas que se guían por su temperamento y por cuestiones de gusto. En otras palabras, comenzamos con un pálpito, un presentimiento o incluso un deseo de que el mundo sea de tal o cual manera, y sólo después lo elaboramos, a menudo aferrándonos a él aun mucho después de que los datos indican sin lugar a dudas que estamos en un callejón sin salida al cual hemos arrastrado a todos los que confían en nosotros. Lo que nos salva, en última instancia, es que al cabo del camino la experimentación es el árbitro indiscutido y resuelve todas las controversias. Por intenso que sea nuestro pálpito, por bien armada que esté una teoría, llega el momento en que hay que probarla mediante hechos concretos. De lo contrario, los pálpitos no pierden su condición de tales, mal que nos pese.

Esta descripción se aplica especialmente a la rama de la física que se denomina cosmología, el estudio del universo como una totalidad. La cosmología no se ocupa de estudiar una estrella o una galaxia determinada; la rama de la ciencia que estudia las estrellas y las galaxias recibe por lo general el nombre de astronomía. Para los cosmólogos, en cambio, las galaxias son, más bien, meras moléculas de una sustancia algo extraña que denominamos fluido cosmológico. Lo que intentamos comprender, precisamente, es el comportamiento global de ese fluido que todo lo abarca. La astronomía estudia los árboles; la cosmología, el bosque.

De más está decir que es un campo fértil para las especulaciones, cuyos enigmas constituyen una compleja novela de misterio en la cual abundan las pistas, los pasos en falso, las deducciones y los hechos empíricos. Inevitablemente, buena parte de la novela indica que los hombres de ciencia se dejan llevar por pálpitos y especulaciones mucho más de lo que admiten.

Durante buena parte de la historia, la cosmología formó parte de la religión, y el hecho de que haya llegado a ser una rama de la física no deja de ser sorprendente en alguna medida. ¿Por qué razón un sistema evidentemente tan complejo como el universo debería avenirse al escrutinio científico? La respuesta tal vez desconcierte al lector: al menos en lo que respecta a las fuerzas que obran en él, el universo no es tan complejo. Por ejemplo, es bastante más simple que un ecosistema o que un animal. Es más, es mucho más difícil describir la dinámica de un puente colgante que la del universo. Este hallazgo abrió las puertas para el desarrollo de la cosmología como disciplina científica.

El salto cualitativo se produjo con la teoría de la relatividad y el perfeccionamiento de las observaciones astronómicas. Los héroes de esa epopeya son Albert Einstein, el astrónomo y abogado estadounidense Edwin Hubble y el físico y meteorólogo ruso Alexander Friedmann, quienes vincularon el hecho de que la velocidad de la luz fuera constante con un misterio más inmenso aún: el del origen del universo. Todo comenzó con un sueño.

EN SU ADOLESCENCIA, Einstein tuvo un sueño muy extraño, cuya impresión no se borró durante años y se transformó para él en una obsesión que luego terminó en profundas reflexiones. Esas reflexiones habrían de modificar radicalmente nuestra concepción del espacio y del tiempo y, en última instancia, nuestra manera de ver toda la realidad física que nos rodea. De hecho, desencadenaron la revolución más radical de las ciencias desde la época de Isaac Newton y llegaron a cuestionar la rigidez del espacio y el tiempo, idea consustancial a la cultura occidental.

He aquí el sueño de Einstein:

Es una brumosa mañana de primavera en la montaña. Einstein camina por un sendero al borde de un arroyo que baja de las altas cumbres nevadas. Ya no hace un frío intenso pero, cuando el sol empieza a disolver la bruma, la mañana es aún muy fresca. Los pájaros gorjean y su canto se destaca por encima del tronar del torrente. La ladera de la montaña está cubierta por tupidos bosques que sólo de tanto en tanto se ven interrumpidos por rocas escarpadas.

Bajando por el sendero, el paisaje se abre un poco y aparecen claros y manchones de pasto. A los pocos pasos, se ven ya los valles altos y Einstein advierte a lo lejos una multitud de campos con evidentes señales de civilización. Algunos de ellos están cultivados y divididos por cercas de aspecto más o menos regular. Einstein alcanza a ver que en otros pastan algunas vacas, plácidamente distribuidas.

El sol ya ha disuelto casi toda la niebla, de modo que se forma una suerte de franja límpida a través de la cual Einstein puede distinguir ya algunos detalles de los campos que tiene al pie. En esa región, no es raro dividir las tierras por medio de cercas electrificadas, horrorosas sin duda. Pero la mayor parte de ellas no parece estar funcionando, al punto que muchas vacas mastican pasto, hasta entonces prohibido, pasando la cabeza por el alambrado y burlándose de la propiedad privada…

Cuando Einstein llega al prado más próximo, se acerca a observar la cerca electrificada; la toca y, tal como suponía, no siente ninguna descarga: no es extraño, entonces, que las vacas pasaran tranquilamente la cabeza a través del alambrado. Mientras está allí, ve a un hombre corpulento que camina por el lado opuesto del campo. Se trata de un granjero que lleva a cuestas una batería de repuesto y avanza hacia un galpón ubicado en ese lado del terreno. Einstein lo ve entrar al galpón con el objeto de sustituir la batería descargada y, a través de la puerta abierta, *exactamente en el mismo instante* en que el granjero conecta la batería nueva, Einstein ve que las vacas dan un brusco salto para alejarse de la cerca (véase figura 1). *Saltan todas exactamente al mismo tiempo*. Enseguida, se oyen mugidos de disgusto.

Einstein continúa su paseo y llega al extremo opuesto del campo cuando el granjero está volviendo a su casa. Se saludan con suma cortesía y entablan

Figura 1

un extraño diálogo, como los que suelen aparecer en la demencial bruma de los sueños.

Sus vacas tienen reflejos excepcionales –comenta Einstein–; hace un momento apenas lo vi conectar la batería nueva y todas saltaron hacia atrás de inmediato.

El granjero parece desconcertado y mira a Einstein con incredulidad:

—¿Que saltaron todas a la vez? Gracias por el elogio, pero esas vacas no están en celo. También yo estaba mirando mientras conectaba la batería, porque quería darles un buen susto; me gusta hacerles una broma de vez en cuando. Pero nada sucedió durante algunos momentos; después vi que la primera vaca se echaba hacia atrás, luego saltó la segunda y así sucesivamente, en perfecto orden, hasta que saltó la última.

Ahora el confundido es Einstein. ¿Acaso miente el granjero? (véase figura 2). Sin embargo, Einstein está totalmente seguro de lo que acaba de ver: el granjero conectó la batería nueva y todas las vacas *saltaron simultáneamente*. Por alguna razón inexplicable, Einstein comienza a sentir una gran irritación contra el granjero.

Entonces, Einstein despierta. ¡Qué sueño tonto! Además, de todos los animales posibles, soñar justamente con vacas… ¿Por qué se sintió tan irritado con el granjero? Mejor olvidar tanta estupidez.

Sin embargo, como suele suceder con muchos sueños extraños, algo sigue bullendo en la mente de Einstein, quien súbitamente vislumbra una posibi-

Figura 2

lidad que no se le había ocurrido: aunque sólo fuera un sueño, en algún sentido lo que ocurría allí con las vacas no era más que una exageración de algo que ocurría en el mundo real. La luz se propaga a una velocidad enorme pero *no* infinita, de modo que ese sueño en apariencia inofensivo indicaba que de semejante propiedad física de la luz se infiere una consecuencia totalmente insensata: ¡que el tiempo forzosamente tiene que ser relativo! Hechos que ocurren "simultáneamente" para una persona pueden parecer sucesivos para otra.

En efecto, la luz se propaga con tal rapidez que su velocidad parece infinita, pero esa apariencia se debe a una limitación de nuestros sentidos. Mediante una experimentación rigurosa, la verdad se manifiesta: la luz se propaga a 300.000 kilómetros por segundo. El hecho de que la velocidad del sonido sea finita es mucho más evidente porque esa velocidad es muchísimo menor; el sonido se propaga a 300 metros por segundo, de modo que, si gritamos frente a una roca situada a 300 metros de nosotros, oiremos el eco de nuestra voz exactamente dos segundos más tarde: el grito tarda un segundo en llegar a la pared rocosa, se refleja en ella y su eco retorna en otro segundo.

Si emitiéramos un haz de luz que incidiera en un espejo situado a 300.000 km de distancia, recibiríamos su "eco" dos segundos después, fenómeno muy conocido en las radiocomunicaciones espaciales, por ejemplo, en las misiones a la Luna. El efecto del eco en una misión a Marte llevaría unos treinta minutos: un mensaje radial enviado desde la Tierra avanzaría a la velocidad de la luz y llegaría a Marte en quince minutos aproximadamente; la respuesta del astronauta tardaría otros quince minutos en llegar a la Tierra. Tener una discusión telefónica cuando uno está de vacaciones en Marte podría ser exasperante.

El sueño de las vacas describe nada más y nada menos que lo que ocurre en la realidad, si bien hay algo exagerado: lo que percibiríamos con los sentidos si la velocidad de la luz fuera del orden de la velocidad del sonido. En el sueño de Einstein, la electricidad se propaga por los cables a la velocidad de la luz.[1] Por consiguiente, la imagen del granjero que conecta la batería avanza hacia Einstein a la misma velocidad que la corriente eléctrica a lo largo del cable. Tanto la corriente como la imagen llegan a la primera vaca simultáneamente, y la primera produce la descarga. Se supone en este caso que el

[1] Nos hemos tomado aquí una licencia artística.

tiempo de reacción del animal es nulo,² de modo que la imagen del granjero, la imagen del salto de la primera vaca y la señal eléctrica que recorre el cable avanzan juntas hacia Einstein.

Cuando alcanzan a la segunda vaca, el pobre animal también salta y la imagen de ese segundo salto se une al cortejo, de modo que avanzan juntas hacia Einstein la imagen del granjero, las imágenes de las primeras dos vacas y la señal eléctrica. Lo mismo ocurre con todas las otras vacas y sus imágenes. En consecuencia, Einstein ve todo simultáneamente: que el granjero conecta la batería y que las vacas saltan. Si hubiera puesto una mano sobre el alambrado, habría recibido una descarga y gritado "*¡Scheisse!*"* precisamente en el mismo instante en que veía todas las imágenes. Einstein no sufría una alucinación: *todo eso* ocurría simultáneamente. Es decir, todo ocurría al mismo tiempo "para él".

Sin embargo, el punto de vista del granjero era muy distinto, pues lo que él experimentaba en realidad se parecía a una serie de "ecos" lumínicos reflejados por sucesivos espejos situados a distancias cada vez mayores. Para él, las cosas sucedieron así: conectó la batería, acción similar en este caso a la de un hombre que grita frente a un abismo. El pulso eléctrico avanzó por el cable y produjo una descarga sobre la primera vaca, la cual saltó, situación equiparable a la del sonido que se propaga hacia la roca que luego lo refleja. La imagen del salto de la vaca vuelve al granjero como el eco que devuelve la roca. Por consiguiente, para el granjero, entre el momento en que conecta la batería y el momento en que ve el salto de la primera vaca –es decir, entre el grito y el eco– transcurre un lapso idéntico. Las imágenes de las otras vacas que saltan son como una sucesión de ecos generados por paredes rocosas situadas a distancias cada vez más grandes y, por consiguiente, llegan al granjero con distintas demoras, es decir, en forma sucesiva.

De modo que el granjero tampoco sufre una alucinación. Para él, hay realmente una demora entre el instante en que conecta la batería y el instante en que ve saltar a la primera vaca. Después, ve que todas las otras vacas saltan sucesivamente. Si Einstein hubiera puesto la mano sobre el alambrado, el granjero lo habría visto dar un brinco y soltar la palabrota después de ver el salto de todas las vacas.

---

² Otra licencia artística.
* ¡Mierda! En alemán en el original. [N. de T.]

No hay contradicción alguna entre el granjero y Einstein; no hay nada que discutir. Los dos cuentan con veracidad lo que vieron y reflejan dos puntos de vista distintos. Si la luz se propagara con velocidad infinita, el sueño de Einstein no habría sido posible. Tal como son las cosas, es una mera exageración.

No obstante, ¡hay una contradicción! Lo que el sueño de Einstein nos dice es que la "simultaneidad" no es un concepto absoluto en el sentido de que sea verdad para todos los observadores sin ambigüedad. El sueño indica que el tiempo debe ser relativo y variar de un observador a otro. Acontecimientos que son simultáneos para un observador pueden ser sucesivos para otros.

¿Se trata acaso de una ilusión? ¿O es que el concepto de tiempo es algo más complejo de lo que imaginábamos? En nuestra experiencia cotidiana, cuando dos sucesos ocurren simultáneamente, esa simultaneidad se manifiesta para todo observador. ¿Podría ser que se tratara solamente de una aproximación burda? ¿El sueño tal vez insinuaba esta última posibilidad? *¿Podría ser que el tiempo fuera relativo?*

EINSTEIN NACIÓ EN UNA ÉPOCA en que los hombres de ciencia veían el universo como un gran "sistema de relojería", en el cual los relojes hacían tictac con el mismo ritmo dondequiera que estuviesen. Se creía que el tiempo era la gran constante universal y se lo concebía como una estructura absoluta y rígida similar al espacio. Esas dos entidades juntas, el espacio absoluto y el tiempo absoluto, constituían el inmutable armazón que sostenía la concepción newtoniana del universo: un "sistema de relojería".

Es una cosmovisión cuyos ecos resuenan en toda nuestra cultura. En verdad, no nos gusta lo cualitativo, especialmente cuando se trata de cuestiones de dinero. Preferimos definir una unidad monetaria y después expresar el valor de cualquier cosa como un número que indica cuántas veces ese valor contiene la unidad.

Más aún, la definición de unidades permite reunir el rigor cuantitativo de las matemáticas (es decir, de los números) y la realidad física. La unidad representa una cantidad patrón de cierta magnitud; el número expresa la cantidad exacta que queremos describir.

Así, el concepto de kilogramo nos permite expresar con precisión qué queremos decir cuando hablamos de siete kilogramos de ananás, y también nos permite expresar cuánto cuestan. Nuestra civilización no sería la que conocemos si no existieran, en combinación, el concepto de unidad y el concepto de número. Aunque nos proclamemos poéticos, amamos el rigor cuantitativo y no podemos vivir sin él: en mi vida he conocido *muy* poca gente anarquista a tal extremo, a pesar de haberme topado con algunos individuos muy singulares.

La filosofía de la vida impregna nuestra concepción del espacio y del tiempo. El espacio se define mediante una unidad de longitud, por ejemplo, el metro. Conociéndola, puedo decir que un elefante está a 315 metros de mí, lo cual significa que la distancia que me separa de él es 315 veces esa unidad rígida, el metro. De ese modo, podemos expresar con rigor la ubicación del elefante.

Si quiero hacer un mapa de una región de la superficie terrestre, recurro a una estructura espacial bidimensional. Defino dos direcciones ortogonales, por ejemplo, la dirección norte-sur y la dirección este-oeste. Con ellas, puedo especificar con exactitud la posición de cualquier objeto con respecto a mí mediante dos números: la distancia que lo separa de mí en la dirección este-oeste y la distancia que lo separa de mí en la dirección norte-sur. Ese marco bidimensional define cualquier posición con exactitud. Nuestra obsesión por saber con precisión la ubicación de todas las cosas ha encontrado su expresión más perfecta en los sistemas de posicionamiento global, denominados GPS (*global positioning system*). Con ellos se puede conocer la ubicación de cualquier punto de la superficie terrestre con una precisión que raya en lo absurdo.

Desde luego, todo estos sistemas son producto de convenciones. Los aborígenes australianos conciben el mapa de su territorio como versos de una canción. Para ellos, la idea de Australia no se expresa mediante una correspondencia biunívoca entre puntos del territorio y pares de números que son las coordenadas de esos puntos. Más bien, su tierra es un conjunto de múltiples líneas tortuosas que se entrecruzan, a lo largo de las cuales surge una determinada canción. Cada canción cuenta lo que sucedió en el curso de ese sendero; por lo general, es un mito con personajes animales humanizados, una fábula con sus meandros, plena de significado emotivo.

Los versos de la canción crean una maraña compleja, de modo que un punto no puede representarse mediante un único par de números; en semejante concepción no sólo importa dónde está cada uno (según nuestra concepción), sino también de dónde procede y, en última instancia, importa la totalidad del sendero recorrido antes y la del que se recorrerá después. Lo que para nosotros es un punto único, para esos aborígenes engendra una diversidad infinita, pues ese punto puede formar parte de muchos versos que se entrecruzan. Inevitablemente, esa manera de pensar el mundo genera una idea de la propiedad que no tiene cabida en nuestra cultura. Allí, los individuos heredan cantares en lugar de parcelas de tierra. Nadie puede construir un sistema de posicionamiento global que funcione en un espacio de canciones.

No obstante, Australia existe y los cantares de sus aborígenes indican que, en buena medida, cualquier descripción del espacio es una cuestión de elección y de convenciones. Nosotros optamos por vivir en un espacio rígido y exacto compuesto por conjuntos de puntos, el espacio newtoniano (que algunos también llaman euclidiano).

Las mismas consideraciones se pueden aplicar al tiempo. Un reloj es nada más que un objeto que cambia a un ritmo regular: algo que "hace tictac". El tictac define la unidad de tiempo, y la unidad de tiempo nos permite especificar la duración exacta de cualquier acontecimiento mediante un número. Nuestra definición del ritmo "regular" de cambio es una cuestión de convención. Sin embargo, como ocurre con muchas convenciones, no es algo puramente antojadizo, pues nos permite describir la realidad física que nos rodea de manera simple y precisa.

Tenemos una confianza tan grande en nuestra capacidad para calcular duraciones que, desde la época de Newton, el propio flujo del tiempo se nos presenta como algo uniforme y absoluto. Uniforme por definición y absoluto porque… ¿por qué habrían de discrepar distintos observadores sobre el momento en que ocurrió un suceso determinado?

No hay razón alguna para que discrepen. Sin embargo, en la época en que Einstein tuvo el sueño de las vacas, había ya una crisis en ciernes. El sueño era premonitorio: la rígida concepción del tiempo y el espacio absolutos estaba a punto de desmoronarse.

UNA NOCHE TEMPESTUOSA, las vacas que ya habían aparecido en el sueño de Einstein empiezan a mostrar síntomas inequívocos de locura. Sin motivo alguno, comienzan a moverse por la pradera a una velocidad muy próxima a la de la luz, afectadas tal vez por una extraña cepa del mal de la vaca loca, activada por la descarga eléctrica que recibieron.

Al oír la estampida, el granjero sale al campo con una linterna, pero las vacas se sosiegan al verlo y se apiñan en un extremo del terreno. Sin embargo, apenas el haz de la linterna enfoca a los animales, éstos comienzan a alejarse del granjero a una velocidad inconcebible, cada vez más cercana a la de la luz. El granjero se pregunta si, al fin y al cabo, no estarán en celo.

Pero también se formula otra pregunta. Acaba de enfocar un haz de luz sobre un grupo de vacas que se alejan de él a una velocidad muy próxima a la de la luz. Si es que las vacas prácticamente alcanzan a la luz, ¿no verán que el haz de la linterna se detiene? Sería algo realmente insólito, traten de imaginarlo. ¿Existe acaso la luz estacionaria?

A fin de responder a una pregunta tan aguda, el granjero le pide a Cornelia, una de las vacas más inteligentes del rebaño, que le informe lo que ve mientras corre junto al rayo de luz. Ella le contesta que no observa nada fuera de lo común: el haz de luz de la linterna se parece a cualquier otro rayo de luz. Es más, Cornelia se muestra muy servicial y, para asegurarse de lo que dice, procura medir la velocidad de la luz con los medios a su alcance, los relojes y varillas que lleva consigo. Su informe es por demás extraño: según ella, las cosas suceden a su alrededor como es habitual, es decir, la velocidad de la luz con respecto a ella es de 300.000 km/seg.

Llegado a este punto, es el granjero quien se siente irritado con Cornelia. Totalmente convencido ahora de que esa vaca proviene de un rebaño inglés, decide pedirles a otras dos vacas que midan la velocidad del haz de su linterna. Pero las circunstancias han cambiado y las vacas, menos ágiles, avanzan más lentamente que las otras. Las elegidas por el granjero se mueven a 100.000 km/seg y 200.000 km/seg con respecto a él. Para evitar confusiones con los tontos nombres de las vacas, llamémoslas vaca A y vaca B (véase la figura 3).

Puesto que el granjero ve que el haz de luz se propaga a 300.000 km/seg, espera que esas dos vacas más sensatas le devuelvan los siguientes resultados: para la vaca A, la velocidad del haz debería ser de 200.000 km/seg (es decir, 300.000 km/seg menos 100.000 km/seg); para la vaca B, la velocidad del haz debería ser de 100.000 km/seg (300.000 km/seg menos 200.000 km/seg). Al fin y al cabo, se trata de un cálculo aritmético muy simple que todos aprendimos en la escuela: las velocidades se suman o se restan (según su dirección relativa). De modo que, para obtener la velocidad del rayo de luz con respecto a cada vaca, basta con restar la velocidad de la vaca de la velocidad de la luz. ¿Estamos de acuerdo? ¿O, como habíamos sospechado

Figura 3

desde un principio, nos han engañado los gruñones profesores de física que tuvimos que soportar?

Lamentablemente, según nuestra percepción habitual del espacio y el tiempo, los profesores de física deberían tener razón. Si dos automóviles parten de un mismo sitio siguiendo un camino rectilíneo y llevan respectivamente una velocidad de 100 km/hora y 200 km/hora, cuando mi reloj indique que ha transcurrido una hora, el primer vehículo habrá recorrido 100 km y el segundo, 200 km. ¿Cuál es la velocidad del automóvil más rápido con respecto al más lento?

Pues bien, al cabo de una hora, el automóvil más rápido ha recorrido 100 km más que el lento, es decir, 200 km menos 100 km. De modo que su velocidad con respecto al más lento es 100 km/hora. Todo es muy lógico: se restan las distancias y, como el tiempo transcurrido es el mismo, se restan las velocidades. ¿Acaso una operación tan sencilla podría dar origen a una polémica?

Análogamente, si un rayo de luz se propaga a 300.000 km/seg y hay dos vacas que se alejan de mí a 100.000 km/seg o 200.000 km/seg respectivamente, esas vacas deberían ver que el haz de luz avanza a 200.000 km/seg y 100.000 km/seg respectivamente.

Sin embargo, una vez más, las vacas dan una respuesta inesperada. ¡Las dos sostienen que la velocidad del haz con respecto a ellas es de 300.000 km/seg!

Respuestas que no sólo contradicen la lógica del granjero sino que parecen contradecirse entre sí.

¿Debemos creerles a las vacas? ¿O, por el contrario, debemos creerles a los profesores de física? Sucede, sin embargo, que el experimento concreto nos obliga a creerles a las vacas, lo que nos plantea un verdadero dilema. ¿Hubo algún error en el razonamiento que seguimos para llegar a la conclusión de que había que restar las velocidades? Según lo que hemos dicho hasta ahora, lo que observaron las vacas no tiene sentido.

Tal era, más o menos, el enigma que se les presentaba a los hombres de ciencia a fines del siglo xix. Los experimentos que respaldaban los resultados obtenidos por las vacas se conocen hoy como experimentos de Michelson-Morley y establecían empíricamente que la velocidad de luz era constante cualquiera fuera la velocidad o estado de movimiento del observador. Si camino por el pasillo de un tren en movimiento, mi velocidad con respecto al andén es la suma de mi velocidad con respecto al tren más la velocidad del tren. Michelson y Morley descubrieron que la luz emitida desde la tierra en movimiento seguía siendo la misma. En algún sentido, se podría decir que descubrieron que $1 + 1 = 1$ en unidades de velocidad de la luz. Fueron experimentos que sumieron a la física en el desconcierto, porque su resultado era ilógico y contradecía el *evidente* dogma lógico de que las velocidades siempre se suman o se restan.

La teoría especial de la relatividad formulada por Einstein resolvió el enigma aunque su autor no tenía conocimiento de los experimentos de Michelson y Morley cuando la propuso. Probablemente le debía más a su sueño de las vacas que a los experimentos. Por consiguiente, vamos a analizar la solución de Einstein basándonos en las vacas.

Volvamos a solicitar los servicios de Cornelia y pidámosle que se quede junto al granjero. Cuando el granjero emite el haz de luz, Cornelia se lanza en su persecución a 200.000 km/seg. El granjero, claro está, ve que la luz se propaga a 300.000 km/seg. Por consiguiente, al cabo de un segundo observa que el haz está a 300.000 km de distancia y también ve que Cornelia se halla a 200.000 km. En tal situación, *deduce* que Cornelia ve el haz de luz 100.000 km más adelante y, puesto que ha transcurrido un segundo, infiere que Cornelia debe observar que la velocidad del rayo de luz es de 100.000 km/seg (véase la figura 4).

Figura 4

No obstante, cuando le pide que mida la velocidad de la luz, Cornelia sigue diciendo que es de 300.000 km/seg. ¿Dónde está el error?

Llegado a este punto, Einstein demostró su genio y su coraje: tuvo la audacia de sugerir que tal vez el tiempo no era el mismo para todos, que la contradicción podía explicarse suponiendo que tal vez para el granjero había transcurrido un segundo mientras que para la vaca sólo había transcurrido un tercio de segundo. Si las cosas fueran así, Cornelia habría visto, en efecto, el rayo de luz 100.000 km más adelante, pero al dividir esa distancia por el tiempo transcurrido para ella, habría obtenido el resultado de 300.000 km/seg (véase la figura 5). En otras palabras, si el tiempo transcurre más lentamente para los observadores que están en movimiento, no habría dificultad en explicar por qué todos concuerdan en el mismo valor para la velocidad de la luz contradiciendo lo que cabe esperar cuando se restan las velocidades.

Pero existe otra posibilidad. Puede ser que para ambos, para el granjero y para Cornelia, transcurra un segundo, de modo que el tiempo sigue siendo absoluto. En tal caso, podría ocurrir que el espacio no fuera absoluto. El granjero ve el haz de luz 100.000 km más adelante que Cornelia porque para él ese rayo ha recorrido 300.000 km y Cornelia ha recorrido sólo 200.000 km. Pero ¿qué ve Cornelia? Podría suceder que la distancia que el granjero percibe como 100.000 km a Cornelia le pareciera de 300.000 km (véase la figura 6). En este caso, Cornelia daría también la misma respuesta porque, transcurrido un segundo, las varillas que usa para medir distancias le indi-

Figura 5

Figura 6

carían que la luz está 300.000 km más adelante; por consiguiente, la velocidad del haz con respecto a Cornelia, según sus propias mediciones, es en efecto de 300.000 km/seg.

Esto implica que los objetos en movimiento parecerían comprimirse en la dirección del movimiento. ¿Podría ser que el espacio se "encogiera" con el movimiento?

Son dos posibilidades extremas, pero hay una tercera: una combinación de las dos. Podría suceder que el tiempo transcurriera más lentamente para Cornelia y que, además, su medida de las distancias estuviera distorsionada con respecto a la del granjero, de modo que los dos fenómenos combinados terminarían arrojando para ella el mismo valor para la velocidad de la luz. Mientras que, para el granjero, ha transcurrido un segundo y el haz de luz está 100.000 km por delante de la vaca, para Cornelia ha transcurrido menos tiempo *y, además*, según sus varillas de medición, el haz está más adelante. De hecho, cuando se hacen todos los cálculos matemáticos, se descubre que lo que explica el dilema es, en efecto, una combinación de los dos efectos.

Solución alocada si las hay. Pero ¿es verdadera? Sin duda: el granjero no tarda en descubrir que toda esta locura tiene un efecto sorprendente sobre su rebaño pues las vacas ¡no envejecen! Como el tiempo transcurre más lentamente para los objetos que están en movimiento, el granjero se pone cada vez más viejo mientras sus locas vacas parecen volverse cada vez más jóvenes. Una vida acelerada y enloquecida conserva su juventud.

El granjero también observa que las vacas se van comprimiendo de manera alarmante hasta parecer discos planos. El movimiento tiene efectos extrañísimos: el tiempo transcurre más lentamente y el tamaño disminuye. Desde luego, nadie ha intentado medir semejantes fenómenos en las vacas, pero los dos se han observado en unas partículas que se llaman muones, generadas por el choque de los rayos cósmicos con la atmósfera terrestre.

Es evidente que en toda esa discusión sobre la sustracción de velocidades algo tiene que sacrificarse. Ese "algo" es la idea de un tiempo y un espacio absolutos. Las vacas de Einstein, es decir, los experimentos de Michelson y Morley, hicieron añicos la concepción del universo como sistema de relojería y despojaron al tiempo y al espacio de su sentido absoluto. Emergió entonces un concepto flexible y relativo del espacio y el tiempo, que adoptó su forma rigurosa en lo que hoy se conoce como teoría de la relatividad.

Cuando uno piensa en la solución que dio Einstein al dilema de la velocidad de la luz, dos cosas llaman poderosamente la atención: su extravagancia y su belleza. ¿A quién se le podía ocurrir semejante idea? ¿Quién era el personaje que la concibió? Pasados ya cien años, todos sabemos quién fue, pero si rebobinamos la película y vemos cómo se desenvolvieron los sucesos en 1905, me temo que la imagen será totalmente distinta.

El joven Einstein era un individualista y, además, un hombre que soñaba despierto. Su rendimiento en la escuela secundaria no fue homogéneo; a veces le iba muy bien, especialmente en las asignaturas que le gustaban. Otras veces, sobrevenía el desastre. Por ejemplo, la primera vez que rindió los exámenes de ingreso a la universidad fracasó. Sentía aversión por el militarismo alemán y el estilo autoritario de la educación en esa época. En 1896, a los 17 años, renunció a la ciudadanía alemana y fue un apátrida durante varios años.

En una carta a un amigo, el joven Einstein se describió con un tono algo despectivo diciendo que era desprolijo, distante y que no despertaba muchas simpatías. Como suele ocurrir con personas de esas características, la gente sensata lo veía como un "tipo perezoso" (la frase es de uno de sus profesores en la universidad). Una vez terminada la carrera universitaria, tuvo dificultades con los círculos académicos, al punto que un destacado profesor libró una verdadera batalla para que no se doctorara ni ocupara un puesto en la universidad. Pero lo peor fue que Einstein tuvo dificultades con el resto del mundo, en otras palabras, se encontró "totalmente desocupado".

Cuando tenía 22 años, su situación era desgarradora. Por un lado, tenía la soberbia de todos los grandes pensadores y en el contacto personal les hacía sentir a todos que las actitudes respetables le parecían banales. Por otro lado, lo atormentaba la inseguridad, pues sabía que para los círculos oficiales él era un caso perdido, pero debía agachar la cabeza y adular a la gente importante para conseguir trabajo. Su padre retrató esta situación en una carta dirigida a un amigo: "Mi hijo se siente muy desdichado porque no tiene trabajo y se convence cada día más de que ha fracasado en su profesión y de que no hay manera de enderezar las cosas".

Pese a todos sus esfuerzos, Einstein nunca tuvo buenas relaciones con la academia, al menos no antes de terminar la mayor parte de los trabajos que le dieron fama. Sus primeros pasos se parecen mucho a los del héroe de la novela *Martin Eden* de Jack London, una injuria eterna para el mundo académico, plagado de mezquindades y luchas por el poder y la influencia. Después de muchas tribulaciones, un colega amigo desde los años de estudio le consiguió un puesto en la oficina de patentes de Berna, en Suiza. No era un trabajo bien remunerado pero, a decir verdad, no había otro.

Allí, en el escritorio de esa oficina de patentes, a los 26 años de edad, el genio de Einstein floreció: no se ocupaba demasiado del trabajo que supuestamente debía hacer pero elaboró, entre otras joyas científicas, la teoría de la relatividad.[3] En homenaje al amigo que le consiguió trabajo, muchos años después Einstein comentó: "Entonces, cuando terminé mis estudios […] me sentía abandonado por todos y sentía que debía afrontar la vida sin saber qué rumbo tomar. Pero él me acompañó en todo momento y con su ayuda y la de su padre conseguí el puesto en la oficina de patentes. En algún sentido, fue lo que me salvó; no quiero decir que me hubiera muerto si no me daban una mano, pero habría sido un lisiado intelectual".

Vemos entonces que "ese personaje" era alguien que se movía en la periferia de la sociedad y que, en última instancia, se sentía bien con esa situación. ¿A qué otro tipo de persona podría habérsele ocurrido algo tan aparentemente demencial como la teoría de la relatividad? Desdichadamente, en la mayoría de los casos, la gente tan excepcional sólo concibe ideas estrafalarias e inútiles, especialmente por el aislamiento en que vive. Tengo en mi estante cientos de cartas que son otros tantos ejemplos de lamentables situaciones similares. Sin embargo, a fin de cuentas nos vemos obligados a reconocer los méritos del personaje: no era un fracasado; era Albert Einstein. Si él no hubiera existido, todos seríamos lisiados intelectuales.[4]

El artículo en el cual formuló la teoría especial de la relatividad fue aceptado con rapidez. El director de la revista que tomó la decisión de publicar un trabajo tan descabellado dijo más tarde que el hecho de haberlo aceptado había sido su mayor aporte a la ciencia. Sin embargo, ¿tenía Einstein conciencia de lo que había hecho?

Ya anciana, Maja, hermana del físico, recordó con estas palabras los meses que siguieron:

---

[3] Años más tarde, dijo que si hubiera conseguido el puesto académico que tanto codiciaba jamás se le habría ocurrido la teoría de la relatividad.

[4] ¿Cómo descubrió Einstein la relatividad especial? No sabemos demasiado al respecto porque él se deshizo de todos los borradores. No obstante, quedó un indicio que no se debe dejar de lado: en la época en que hacía los cálculos más críticos, dormía casi diez horas por día. Personalmente, asigno la mayor importancia a este hecho. Se suele decir equivocadamente que la gente inteligente duerme mucho menos que "nosotros los simples mortales", y para sustentar esa teoría se cita el ejemplo insigne de Napoleón Bonaparte, Winston Churchill e, incluso, el de Margaret Thatcher, a quienes aparentemente les bastaba dormir cuatro horas. No pretendo discutir aquí si esas celebridades son un ejemplo de inteligencia preclara, pero espero que el ejemplo de Einstein destierre para siempre esa perniciosa teoría.

El joven teórico se imaginó que la publicación del artículo en una revista científica de renombre, que además contaba con muchos lectores, llamaría la atención de inmediato. Pero se decepcionó; después de la publicación hubo un
silencio mortal. La actitud general que adoptaron los círculos profesionales fue
aguardar y ver qué sucedía. Luego de algún tiempo desde la publicación, Einstein recibió una carta de Berlín: la enviaba el célebre profesor Max Planck, quien
le pedía que aclarara algunos puntos que le resultaban oscuros. Fue el primer
indicio de que alguien había leído el artículo. El júbilo del joven científico fue
enorme porque el reconocimiento de su trabajo provenía de uno de los físicos
más eminentes de la época.

EN REALIDAD, EL TRABAJO DEL JOVEN EINSTEIN era transcendental en muchos sentidos, más allá de postular un espacio y un tiempo relativos. A partir
de ese momento, la relatividad tuvo eco en todos los ámbitos científicos, y
las tribulaciones de Einstein cesaron cuando el mundo entero reconoció su
estupenda hazaña. Las consecuencias de la relatividad eran colosales, al
punto que, como ya he dicho, el lenguaje de la física actual es en alguna
medida el lenguaje de la relatividad especial. Sin embargo, como éste no es
un libro sobre la relatividad, permítame el lector destacar lo que, a mi juicio,
son las tres consecuencias fundamentales de la teoría.

La primera consecuencia es que la velocidad de la luz –esa velocidad que
es idéntica para todos los observadores en cualquier rincón del universo–
constituye, además, un límite cósmico. Se trata de uno de los efectos más
desconcertantes que se infieren de la teoría especial de la relatividad aun
cuando se lo pueda deducir por simple lógica de su principio fundamental.
Esbozaré ahora la demostración: si no es posible acelerar ni frenar la luz,
tampoco es posible acelerar nada que se propague a una velocidad menor
para que alcance esa velocidad, pues hacerlo implicaría que el proceso inver-
so, la desaceleración de la luz, es posible, lo cual entraría en contradicción
con la teoría especial de la relatividad. Por consiguiente, la velocidad de la
luz es el límite universal inalcanzable para todas las velocidades que puede
adquirir un cuerpo material.

Es un hecho que puede parecer extraño, pero la física suele burlar la
intuición. Al fin y al cabo, las películas de ciencia ficción nos presentan a
cada rato naves espaciales que quiebran la barrera de la velocidad de la luz.
Según la relatividad, sin embargo, no se trata de conseguir un pasaje cosmo-

lógico especial para un viaje acelerado, pues esa teoría demuestra que no sería posible conseguir energía suficiente para alcanzar semejante aceleración, cualquiera fuera la naturaleza del motor que se utilizara.

El hecho de que haya un límite para la velocidad ha tenido consecuencias formidables sobre la manera como contemplamos el universo. La estrella más cercana, Alfa Centauri, dista de nosotros tres años luz. Por consiguiente, cualquiera sea la evolución de nuestra tecnología, un viaje de ida y vuelta allí llevaría seis años, medidos en tiempo de la Tierra.[5] Para los astronautas, no obstante, el tiempo transcurrido podría ser de sólo una fracción de segundo, en razón de que el tiempo se retarda. De modo que al finalizar el viaje, habría una discrepancia de seis años entre la edad de los astronautas y la de sus seres queridos que quedaron en la Tierra, cuestión que podría ocasionar algunos divorcios, aunque es de esperar que nada más grave.

Sin embargo, Alfa Centauri es la estrella más cercana; en términos astronómicos está a la vuelta de la esquina. ¿Qué ocurriría si la distancia fuera mayor, si estuviera más en consonancia con las escalas cosmológicas? No exageremos por ahora; limitémonos a contemplar un viaje a la región opuesta de nuestra propia galaxia. Pues bien, esa región está a miles de años luz de nosotros. En consecuencia, aun cuando exigiéramos una tecnología al límite, un viaje de ida y vuelta al otro lado de la galaxia llevaría varios miles de años medido desde la Tierra. Además, si no queremos que la misión espacial se transforme en un cementerio ambulante, tendremos que asegurarnos de que ese lapso represente para los astronautas a lo sumo unos cuantos años.

Ahí, precisamente, está la trampa. Si uno lleva la tecnología al límite e intenta un viaje de ida y vuelta que cubra distancias tan enormes en unos pocos años, esos años corresponderán, no obstante, a miles de años sobre nuestro planeta. ¡Qué misión sin sentido! Al volver, la Tierra sería para los astronautas tan extraña como un planeta desconocido. No se trataría ya de algunos divorcios: los astronautas habrían quedado irremediablemente separados de la civilización de la cual partieron.

Si queremos evitar catástrofes de esta índole, debemos mantenernos a una velocidad muy inferior a la de la luz y no aventurarnos demasiado lejos

---

[5] Paso por alto en esta exposición el importantísimo tema de cómo acelerar a los astronautas hasta la velocidad de la luz y luego desacelerarlos, proceso que debería hacerse con gran celeridad pero sin matar a nadie, y que puede constituir la limitación más grande.

de nuestro planeta. El radio máximo abarcable debería ser mucho menor que la velocidad de la luz multiplicada por una vida humana: por decir algo, unos diez años luz, cifra ridícula en términos cosmológicos. Nuestra galaxia es mil veces más grande; el cúmulo local de galaxias es un millón de veces más grande.

La imagen que surge de estos razonamientos es que estamos confinados a nuestro pequeño rincón del universo, como si en la Tierra no pudiéramos movernos a una velocidad mayor que un metro por siglo, algo muy limitado. Una imagen muy desalentadora.

La segunda consecuencia de importancia de la teoría de la relatividad es una concepción del mundo como objeto de cuatro dimensiones. Habitualmente, concebimos el espacio como algo constituido por tres dimensiones: anchura, profundidad y altura. ¿Y la duración? Todo tiene, en alguna medida, una "profundidad en el tiempo", una duración, aunque sepamos que el tiempo es radicalmente distinto del espacio. De modo que incluir o no al tiempo en nuestra concepción es una cuestión fundamentalmente académica. O lo *era*, antes de la teoría de la relatividad.

Según esta teoría, el espacio y el tiempo dependen del observador; la duración y la longitud pueden estirarse o encoger según el estado de movimiento relativo del observador con respecto a lo observado. Ahora bien, si el espacio se comprime cuando el tiempo se estira, ¿no sucede todo como si el espacio se transformara en tiempo? En tal caso, el mundo tiene, sin duda alguna, cuatro dimensiones. No podemos dejar de lado el tiempo por la sencilla razón de que el espacio puede transformarse en tiempo y viceversa.

Tal es la concepción actual, el espacio-tiempo de Minkowski (el mismo profesor Minkowski que alguna vez tildó de perezoso a Einstein). Según la teoría de la relatividad, el espacio y el tiempo no son absolutos, aunque su combinación, el "espacio-tiempo", sí lo es. Esta idea se parece un poco al teorema de la conservación de la energía que estudiamos en la escuela secundaria. Veamos: hay muchas formas de energía, entre las cuales figuran el movimiento y el calor. Cada una de ellas no se conserva siempre tal como es pues podemos transformar, por ejemplo, el calor en movimiento (por medio de una máquina de vapor). No obstante, la energía total del sistema se conserva y es constante. Análogamente, en la relatividad, ni el espacio ni el tiempo son constantes, dependen del observador, de modo que la duración y la longitud pueden estirarse y encogerse. Sin embargo, el espacio-tiempo total es idéntico para todos los observadores.

Cuando uno la piensa con cierto detenimiento, esta idea del espacio-tiempo revela su carácter revolucionario. La unidad fundamental de la existencia ya no es un punto del espacio sino la línea que representa la historia de ese punto del espacio-tiempo, lo que Minkowski llamó la *línea de universo* del punto. Por consiguiente, no debemos pensarnos como un volumen en un espacio tridimensional sino como una suerte de tubo en un espacio-tiempo de cuatro dimensiones, tubo constituido por el "recorrido" del volumen de nuestro cuerpo en el tiempo, hacia la eternidad. Haciendo alarde de pedantería académica, el físico George Gamow tituló su autobiografía de este modo: *My World-line* [Mi línea de universo].

POR ÚLTIMO, LA TERCERA CONSECUENCIA de la teoría de la relatividad que quiero destacar es la ya célebre ecuación $E = mc^2$, es decir: la energía es igual a la masa multiplicada por el cuadrado de la velocidad de la luz. Probablemente, de todas las fórmulas de la física, ésta sea la más conocida en la actualidad. ¿Cómo se llegó a semejante fórmula?

La deducción de esta fórmula está estrechamente vinculada con la demostración de que la velocidad de la luz es un límite universal. Unas páginas atrás ofrecimos una prueba *lógica* de esa conclusión (dijimos que, si fuera posible acelerar un objeto hasta que alcanzara la velocidad de la luz, también sería posible desacelerar la luz, lo que contradice el hecho de que c es constante). Es un buen argumento, pero desde el punto de vista *dinámico*, ¿por qué es imposible alcanzar la velocidad de la luz?

Cuando empujamos un objeto, producimos una aceleración, es decir, un cambio en su velocidad. Sucede que, cuanto más grande es la masa del objeto (en términos vulgares, cuanto más pesado es), tanto mayor será la fuerza necesaria para producir la misma aceleración. Einstein descubrió que, cuanto mayor es la velocidad aparente de un objeto, tanto mayor también es su "peso" (en términos estrictos, su masa).[6] También descubrió que, a medida que un objeto se aproxima a la velocidad de la luz, su masa crece hasta parecer infinitamente grande. Pero, si la masa de un objeto se hace infinita, no

---

[6] La sutil diferencia entre peso y masa está vinculada con la formulación de la teoría general de la relatividad, que describiré en el capítulo próximo.

habrá en el universo fuerza capaz de acelerarla perceptiblemente. No hay nada que pueda generar esa pequeña aceleración extra, necesaria para que el objeto alcance la velocidad de la luz o la supere.

Por esa razón, la velocidad de la luz constituye un límite cosmológico. Cuando intentamos alcanzar ese límite, nos falta el impulso necesario: el objeto pesa cada vez más, de modo que ninguna fuerza ejercida sobre él nos permite quebrar la barrera de la velocidad de la luz, nos guste o no.

¿Qué tendrá que ver todo esto con la fórmula $E = mc^2$? La respuesta, que expondré a continuación, nos muestra la potencia intelectual de Einstein en todo su esplendor, guiada por sencillas razones de estética y simetría. Llegado a este punto, Einstein recordó que el movimiento es una forma de energía que a veces recibe el nombre de energía cinética. Si al acelerar un cuerpo su masa aumenta, es como si al aumentar la energía de una persona (en forma de movimiento en este caso) se incrementara también su masa. Ahora bien, ¿qué hay de singular en el hecho de que la energía tenga en este caso la forma de movimiento? Sabemos que cualquier forma de energía es transformable en otra. ¿Por qué no razonar análogamente, entonces, y decir que al aumentar la energía de un cuerpo (en cualquier forma), incrementamos también su masa?

Es una generalización audaz, pero sus consecuencias deberían ser observables, en principio. Deberíamos poder comprobar que al calentar un objeto, su masa aumenta, y que al estirar una banda elástica se acumula así energía elástica, por lo tanto su masa se incrementa. No mucho, apenas un poco. El mismo razonamiento se aplica a todas las formas de energía. Así, en una especie de iluminación, Einstein propuso en un artículo de tres páginas publicado en 1905 que al aumentar en E unidades la energía de un cuerpo, su masa debería incrementarse también en una cantidad igual a E dividida por el cuadrado de la velocidad de la luz:

$$m = E/c^2$$

Toda la argumentación descansa en el hecho de que la masa de un cuerpo aumenta cuando se incrementa su energía cinética; por lo tanto, por razones de simetría, lo mismo debería ocurrir con todas las otras formas de energía.

Dos años más tarde, en 1907, Einstein tuvo otra idea brillante y llevó más adelante aún su sentido de la belleza y la simetría para bien o para mal de todos. En 1905 había advertido que restringir la relación entre incrementos de masa e incrementos de energía a la forma exclusiva de la energía cinética restaba unidad a toda su concepción; por consiguiente, todo incremento de energía debía producir un incremento de masa. Ahora bien, ¿no parece implícito en esta formulación que la energía tiene masa o, mejor dicho, que en el fondo las dos son lo mismo?

La teoría adquiere mayor unidad, se redondea, identificando cualquier forma de energía con la masa. Surge entonces otro interrogante: si todas las formas de energía implican una masa, ¿no debería la masa implicar energía? ¿No debería identificarse la masa con la energía? En este punto del razonamiento, Einstein reescribió la fórmula anterior, de una manera desconcertante por su simpleza:

$$E = mc^2$$

Parece una operación burda y simple, pero implica un salto gigantesco. Se trata, una vez más, de una generalización audaz, aunque no antojadiza. Permite predecir y observar; se la puede poner a prueba. Cuando se reemplazan los símbolos abstractos de la fórmula por cantidades concretas y se hace un cálculo más que simple, se llega a la conclusión de que 1 gramo de materia encierra en forma latente una energía equivalente a la explosión de alrededor de 20.000 kilogramos de TNT.

El lector dirá: hay un error, ¿no? ¿Cómo se las arregló Einstein para superar semejante contradicción? Pues, con total sencillez. Hizo notar que no observamos la energía propiamente dicha sino sus variaciones: por ejemplo, sentimos frío si la energía térmica de nuestro cuerpo se disipa en el ambiente; sentimos que el automóvil acelera cuando apretamos el acelerador y quemamos combustible, transformando la energía química del combustible en energía de movimiento. La tremenda cantidad de energía encerrada en 1 gramo de materia pasa inadvertida porque jamás se libera: todo se desenvuelve como si en cada cuerpo hubiera un enorme reservorio de energía que jamás se hace notar.

Cuando Einstein explica esta idea con fines de divulgación, hace una analogía: la de un hombre enormemente rico que jamás gasta demasiado. Vive con modestia y gasta sumas pequeñas. Por consiguiente, nadie sabe que tiene una fortuna enorme porque el mundo sólo puede advertir las variaciones de la riqueza. Algo similar ocurre con la inmensa cantidad de energía encerrada en la masa de los objetos.

Debería recordar aquí, tal vez, que mientras se elaboraban estas ideas la física nuclear estaba apenas en pañales. La idea de que había energía en la masa fue producto de un razonamiento hecho con lápiz y papel. Lo irónico del caso es que la motivación del autor era la simetría y la belleza. ¡Qué lejos estaba Einstein, el pacifista, de sospechar lo que habrían de desencadenar sus teorías!

El 6 de agosto de 1945, el hombre "enormemente rico" de Einstein entregó al mundo su fatídica fortuna.

La teoría de la relatividad fue un terremoto intelectual. Hoy en día, nadie discute que la relatividad revolucionó la física y que también cambió para siempre nuestra manera de percibir la realidad, por no hablar de otras consecuencias trágicas que tuvo en el siglo xx. Tan radical fue la revolución que todos han oído hablar de ella.

Sin embargo, Einstein no había terminado todavía. No tardó mucho en darse cuenta de que la teoría de 1905 era incompleta, motivo por el cual se la llama teoría "especial" de la relatividad. Se puso de inmediato a trabajar en una teoría "general" de la relatividad, que resultó más innovadora aún y dejó a todos aturdidos. La historia de la segunda teoría, sin embargo, no fue tan lineal: a esa altura la ingenuidad y los sueños de la adolescencia habían quedado atrás, de modo que la lucha de Einstein por formular una teoría general de la relatividad fue, sin duda, una pesadilla de adultos. Si miramos fotografías de Einstein tomadas en la época en que redondeó la teoría general, veremos a un hombre agotado, un hombre con el aspecto de alguien que acaba de triunfar en una batalla prolongada y sangrienta.

3. CUESTIONES DE GRAVEDAD

Todo el mundo ha oído hablar de la teoría de la relatividad pero pocos saben que hay en realidad dos teorías con ese nombre: la teoría especial o restringida y la teoría general de la relatividad. Acabamos de ver una reseña de la teoría especial de la relatividad, sólo válida en realidad en situaciones en que se puede pasar por alto la fuerza de la gravedad. Desde ya, esas situaciones son muy "especiales"; en circunstancias más "generales" la gravedad tiene importancia. Pensemos por un instante en esa fuerza que nos mantiene sobre la superficie terrestre, que determina el movimiento de los planetas y que rige la vida del universo en su totalidad, lo que es más pertinente para este libro puesto que la teoría vsl es un modelo cosmológico. De ahí la necesidad de una teoría general de la relatividad válida incluso cuando no se puede dejar de lado la gravedad.

La elaboración de la teoría general de la relatividad resultó mucho más ardua que la de la teoría especial. En 1905, apenas formulada la relatividad especial, Einstein ya sabía que su flamante retoño no era una descripción válida de la naturaleza cuando actuaba la gravedad. También tenía conciencia de que era imposible conciliar la teoría de la gravedad aceptada hasta entonces, la de Newton, con la teoría de la relatividad o con el hecho de que la velocidad de la luz fuera constante o con la idea de que el tiempo fuese relativo. No obstante, construir una teoría "relativista" de la gravedad resultó una empresa gigantesca, incluso para un hombre de su talla intelectual.

Lamentablemente, toda la experiencia acumulada durante la elaboración de la teoría especial no servía para la teoría general, de modo que redondear la teoría final le llevó a Einstein diez años de trabajo duro. En 1912, por ejemplo, hizo el siguiente comentario: "Me dedico en forma exclusiva al problema de la gravitación, y ahora creo que podré superar las dificultades que presenta con la colaboración de un matemático que se ha ofrecido amablemente a ayudarme. […] Comparada con este problema, la teoría original de la relatividad es un juego de niños".

En efecto, la empresa era muy ambiciosa y exigía procedimientos matemáticos que estaban fuera del alcance de Einstein, quien tuvo que recurrir a matemáticos profesionales. Cometía errores, los corregía, volvía a caer en ellos. Por casualidad, daba con la teoría correcta pero, como suele suceder, la desechaba y luego volvía a ella. Toda la historia parece una comedia de enredos que se vio coronada por el triunfo, una victoria que sólo un genio de tal magnitud podía alcanzar.

En 1911, durante el curso de tantas idas y vueltas, Einstein llegó a proponer, incluso, una teoría en la que la velocidad de la luz era variable. En la actualidad, los hombres de ciencia se horrorizan ante ese artículo escrito por Einstein cuando era profesor en Praga, o bien ni siquiera tienen noticia de él. En su descripción de ese artículo en particular, Banesh Hoffmann, colega y biógrafo de Einstein, expresa la actitud general con estas palabras: "¿Qué implica todo esto? Pues que *la velocidad de la luz no es constante*. Que la gravitación la frena. ¡Nada menos que una herejía formulada por el propio Einstein".

Comentario revelador y muy gracioso. Se me ocurre que contradecir el saber oficial sólo puede parecer una herejía a los que se han limitado a repetir lo que dicen los libros de texto. El autor de una idea novedosa que luego se convierte en saber oficial no tiene un respeto religioso por ella. Sin embargo, me apresuro a aclarar que la teoría de una velocidad variable de la luz propuesta en 1911 no tiene nada que ver con la que constituye el tema de este libro, propuesta a finales del siglo XX. Era una teoría errónea y Einstein felizmente la descartó junto con otras que no conducían a nada productivo.

Recién en 1915, durante la Primera Guerra Mundial, Einstein arribó a lo que hoy conocemos como teoría general de la relatividad, verdadero monumento a la inteligencia humana, imponente edificio construido a fuerza de ingenio matemático e intuición física. Sin ella, no existiría la cosmología moderna (ni la teoría de la velocidad variable de la luz, ni este libro).

Se trata de una teoría extremadamente compleja que exigió el uso de una rama totalmente nueva de las matemáticas que nunca antes se había aplicado con seriedad a la física: la *geometría diferencial*, muy difícil de entender a menos que uno tenga formación profesional en física, como lo prueba mi tan dificultosa relación inicial con la relatividad general.

DESPUÉS DE HABER LEÍDO, a los 11 años de edad, el libro escrito por Einstein e Infeld, decidí que quería saber más sobre la relatividad y, en particular, que quería ver las ecuaciones, no un montón de palabras. La suerte me fue propicia y encontré un libro excelente de Max Born que exponía la teoría especial de la relatividad en forma matemática pero recurriendo exclusivamente a las matemáticas que se aprenden en la escuela secundaria.

Era lo que yo necesitaba. Si el lector tiene aversión por las matemáticas, le será imposible comprender que alguien quiera aprender algo por medio de fórmulas cuando hay descripciones verbales. Pero así opera la mente del físico, y ya entonces yo pensaba como tal. No nos parece que una idea sea una teoría física que merezca ese nombre a menos que la veamos representada en formulaciones matemáticas. Como dijo alguna vez Galileo, el libro de la naturaleza está escrito en el lenguaje de las matemáticas.

Con verdadero júbilo, seguí minuciosamente todas las deducciones matemáticas que presentaba el libro de Born y, al terminar el capítulo sobre la relatividad especial, sentí por primera vez que le había hincado el diente. Sin embargo, cuando pasé a la relatividad general, vi que el libro se tornaba súbitamente vago y volvía la verbosidad. Una vez más, me hundía en las meras palabras y el tema se volvía huidizo.

En *The Meaning of Relativity*,* libro escrito por el propio Einstein a partir de conferencias que dio en la Universidad de Princeton en 1921, se puede hallar una exposición técnica del tema. Un día, cuando estaba todavía en la escuela, mi mejor amigo se apareció con un ejemplar de ese libro. Pese a que no entendimos ni una palabra, nos maravillamos ante la complejidad del texto: había en él tanta matemática compleja, tantos argumentos impenetrables… Con total imprudencia, pensé que era el libro que necesitaba.

Corrí a la librería en la que mi amigo lo había comprado pero me decepcioné porque los vendedores se negaron a venderme el último ejemplar que tenían. Me dijeron que era una edición muy rara, ya agotada. En ese momento, me sentí muy frustrado, pero ahora me veo obligado a reconocer sus razones: tenían en los estantes los dos últimos ejemplares de un libro raro y sumamente técnico escrito por Einstein, y habían aparecido dos niños que querían comprarlos… Hasta el día de hoy me pregunto qué habrán pensado; tal vez creyeron que queríamos el libro para fabricar una bomba nuclear.

---

* Hay traducción al español: *El significado de la relatividad*, Madrid, Espase-Calpe, 1980 y *El significado de la relatividad*, Barcelona, Planeta-Agostini, 1993. [N. de T.]

Seguramente, estaban convencidos de que no andábamos en nada bueno, lo que en cierto sentido era verdad.

En ese momento, sin embargo, pensé que me habían hecho objeto de una discriminación escandalosa por razones de edad. De modo que le pedí a mi papá que fuera a la librería y me lo comprara. Al principio accedió, pero al día siguiente volvió de la librería sin nada y, moviendo la cabeza, me dijo que "no era una lectura conveniente para niños", de modo que me pregunté si había entendido qué libro le pedía. Continuó diciendo que el libro de Einstein sólo conseguiría confundirme porque yo no podía conocer el significado de "todos esos símbolos y parámetros". Armé el alboroto de rigor, que todos los que han tratado con niños conocen bien, hasta que papá cedió y fue a comprarme el libro con la esperanza de apaciguarme.

Me zambullí en la lectura con empeño, pero pese a mis repetidos esfuerzos descubrí que no entendía nada de lo que decía. Me sentía tonto pero también me di cuenta de que ese texto, a diferencia del de Max Born, exigía conocimientos matemáticos superiores a los que se aprendían en la escuela. Para entenderlo, había que saber cálculo avanzado, rama de las matemáticas que uno aprende habitualmente en la universidad y de las cuales no sabía casi nada. Así, esa experiencia de la infancia me hizo ver que la teoría especial de la relatividad y la general son dos cosas muy distintas.

Sin embargo, no quise darme por vencido y me propuse aprender cálculo por mi cuenta. Conseguí varios libros sobre el tema y durante los años que siguieron me dediqué a estudiarlos. Adopté una conducta que se transformó en ritual: cada seis meses más o menos volvía al libro de Einstein para ver si mis nuevos conocimientos me permitían entender algo más, aunque fuera trivial. Como era de esperar, comprobaba una y otra vez que seguía sumido en las tinieblas.

Debo atribuir a este contratiempo de mi adolescencia la mayor parte de mi formación matemática. Adquirí casi todas las herramientas del cálculo estudiando por mi cuenta para alcanzar el nivel que, según creía, me permitiría comprender el libro de Einstein. No obstante, las esperanzas empezaron a abandonarme cuando vi que no me quedaba demasiado de las matemáticas sin conocer y aún no podía entender ni una letra de todo el libro. Fui a la universidad, terminé la carrera de física y las páginas del libro se ajaron mientras yo abandonaba toda esperanza de captar "el sentido de la relatividad".

Muchos años más tarde, cuando ya trabajaba como físico en Cambridge, tropecé con aquel viejo ejemplar del libro de Einstein que había quedado en algún estante de la casa de mis padres. Lo abrí, y de pronto todo se me hizo claro. No había podido entender una palabra del texto, pero no porque careciera de los conocimientos pertinentes de matemáticas y de física, sino porque la notación era ininteligible.

En efecto, tal vez a consecuencia de su aislamiento profesional en los comienzos de su carrera, Einstein utilizó en ese libro un conjunto de símbolos extravagantes que ninguna otra persona había usado, ni en su época, ni antes tampoco. En ese texto, el símbolo utilizado para la velocidad de la luz no es c, sino V. ¿E = mc²? Pues no: allí la fórmula era L = MV². Estos ejemplos no son difíciles de desentrañar, pero cuando se llega a la teoría general de la relatividad, semejante notación se transforma en una suerte de texto codificado: líneas enteras de integrales múltiples, abundancia de letras góticas, tensores escritos en forma de matrices: una verdadera caricatura de los proverbiales garabatos del científico loco. Para poder entenderlos había que empezar por descifrar el código.

Naturalmente, una vez estudiada la relatividad general por otros medios, pude reconocerla en aquel libro y descifrar la estrafalaria notación de Einstein. Lo indudable es que si alguien intenta por primera vez asomarse a la relatividad general leyendo ese libro, no tiene ninguna probabilidad de éxito, cualquiera sea su formación. Daría igual que estuviera escrito en chino.

Así, llegué a la conclusión de que, al fin y al cabo, mi papá tenía razón, aunque quizá sus razones no tuvieran fundamento: lo cierto es que en aquel entonces yo no podía entender el significado de "todos esos símbolos y parámetros", pero, como suele suceder, uno intenta llegar a la Luna y termina haciendo cumbre en el Everest. Por otra parte, es sabido que los hijos nunca hacen caso a los padres…

En 1906, EINSTEIN tenía ya plena conciencia de que la teoría newtoniana de la gravedad no era conciliable con la teoría especial de la relatividad en un sentido fundamental, pues contradecía la hipótesis de que nada podía desplazarse a una velocidad mayor que la de la luz. Esa contradicción no es difícil de entender.

La fuerza de la gravedad es evidente en nuestra vida cotidiana: primero y principal, impide que salgamos volando y quedemos dando vueltas en el espacio. Además, la gravedad se diferencia de todas las otras fuerzas que conocemos en la cotidianidad en un aspecto sumamente importante: todas las demás son fuerzas de contacto. Si le damos un puñetazo a alguien, esa persona no tiene ninguna duda de que hubo un contacto con ella. Todas las demás fuerzas mecánicas que ejercemos cuando empujamos algo o lo arrastramos, o las que observamos cuando hay fricción, por ejemplo, parecen producirse por contacto directo, hasta tal punto que la idea de fuerza como resultado de un contacto impregna todas nuestras concepciones cotidianas.

Aparentemente, la única excepción es la gravedad, que parece actuar a distancia. Cuando salto de un trampolín, no hay ninguna soga que me una a la Tierra pero, sin embargo, la Tierra me atrae hacia su centro. Análogamente, el Sol atrae a la Tierra y la obliga a describir una órbita aunque está a unos 150 millones de kilómetros de distancia y no hay sogas de por medio. Tales hechos eran desconcertantes para Newton, quien expresó su perplejidad en los siguientes términos: "Que la gravedad sea […] de forma tal que un cuerpo pueda actuar sobre otro a distancia a través del vacío, sin la mediación de nada que transmita la acción y la fuerza de uno a otro, es para mí un absurdo tan grande que pienso que nadie […] puede caer en él". Sin duda, Newton se habría sentido mucho mejor si la Tierra y el Sol hubieran estado unidos con cuerdas.

Desde luego, la idea de acción a distancia sólo es desconcertante en la superficie; cuando uno piensa un poco más, se da cuenta de que todas las acciones, incluso aquellas que habitualmente asociamos con el contacto, son en realidad acciones a distancia. ¿Acaso alguien hizo realmente contacto con un puño? Intentemos pensar por un momento en las moléculas que nos constituyen imaginándolas tal vez como diminutos sistemas solares sobre los cuales actúa la electricidad en lugar de la gravedad, de modo que se repelen cuando se aproximan. En realidad, jamás llegan a ponerse en contacto: cuando están a una distancia suficientemente próxima, se repelen, y eso, precisamente, es el contacto que percibimos cuando damos un puñetazo. Incluso puede suceder que unas pocas moléculas se desprendan del puño y del rostro de nuestro adversario, pero jamás hay un *contacto* real entre las moléculas.

Desde un punto de vista molecular, las fuerzas mecánicas de contacto, por consiguiente, se ejercen a distancia, aunque son de carácter eléctrico. Es más, en un sentido fundamental, todas las fuerzas cotidianas son acciones a distancia, sean gravitatorias o electromagnéticas. No obstante, hay varias diferencias entre estos dos tipos de fuerza. Por ejemplo, a las fuerzas eléctricas es posible oponerles una pantalla, blindarlas, pues hay objetos que son neutros eléctricamente; por el contrario, nada es gravitatoriamente neutro. Por otra parte, las fuerzas eléctricas son mucho más intensas que la fuerza gravitatoria, al extremo de que son necesarias masas muy grandes para que la gravedad sea significativa. Un buen ejemplo de este hecho es el de un hombre que se lanza de un avión sin paracaídas. La gravedad tarda bastante en acelerarlo, pero las fuerzas eléctricas que se ejercen sobre él cuando se estrella en tierra lo desaceleran sin duda con enorme rapidez.

En 1906, sin embargo, había otra diferencia crucial. Se sabía que las interacciones de tipo "eléctrico" se propagaban a la velocidad de la luz. De hecho, la teoría de la relatividad especial está vinculada con la teoría electromagnética de la luz y no con las vacas, como le hice creer al lector en el capítulo anterior. Pero la fuerza de gravedad newtoniana se concebía como una acción instantánea a distancia, lo que implicaba una contradicción con respecto a la teoría especial de la relatividad pues, según ella, nada puede propagarse a una velocidad mayor que la de la luz y mucho menos a velocidad infinita.

Esa contradicción es mucho más fundamental de lo que parece. Según la teoría gravitatoria de Newton, si el Sol cambia de posición, la Tierra "tiene noticia" de ese hecho de inmediato a través de la fuerza de gravedad, es decir, "simultáneamente". ¡Pero, alto! Sabemos, sin embargo, que en la teoría especial de la relatividad el concepto de "simultaneidad" es relativo y tiene significados diferentes para observadores diferentes. Por consiguiente, una teoría que sostiene que una fuerza se ejerce al mismo tiempo que otro suceso no es coherente con la relatividad, puesto que esa acción debería entonces tener un significado absoluto, tendría que ser idéntica para todos los observadores a fin de evitar contradicciones.

Esas eran las dificultades que debía resolver Einstein, enfrentado como estaba con la gravedad por un lado y con su teoría especial de la relatividad por el otro. Estaba obligado a reemplazar la acción *instantánea* a distancia postulada por Newton por una teoría en la cual la gravedad se propagara a velocidad finita, la cual, por razones de simplicidad, debía ser igual a la velocidad de la luz. Evidente, ¿no es cierto? Siempre todo parece trivial cuando alguien hace lo que hizo Colón con el huevo. Pero, de hecho, por diversas razones técnicas, no era posible suponer que la gravedad se propagaba a la velocidad de la luz, y Einstein siguió tanteando en las tinieblas por mucho tiempo.

Hasta que la inspiración llegó, a partir de un antiguo experimento atribuido a Galileo que nadie había conseguido entender del todo.

En un bello rincón de la ciudad italiana de Pisa se levanta un monumento a la capacidad humana para dar traspiés: una torre inclinada que, según algunos, no permanecerá de pie por mucho tiempo pese a todos los intentos que se han hecho para apuntalarla con tecnología moderna. La torre comenzó a inclinarse hacia la derecha desde un comienzo, cuando apenas se habían construido los primeros pisos. No todos saben que en esos días la torre estaba inclinada en dirección opuesta a la de hoy. En su intento por consolidar los cimientos que se estaban hundiendo, parece que los ingenieros se pasaron de la raya y la torre no tardó en volverse a inclinar, pero en la dirección opuesta.

A medida que se iban agregando pisos, intentaron disimular el defecto y construyeron los nuevos pisos teniendo en cuenta el hundimiento, de modo que la franja intermedia de la torre tenía la forma de una banana, aunque no se notaba. El ardid resultó eficaz al principio, pero como los cimientos continuaron hundiéndose a lo largo de los siglos, la lamentable forma de banana se ha vuelto hoy evidente.

La historia de la torre inclinada de Pisa parece una comedia de enredos, como el período que vivió Einstein hasta que formuló la teoría de la relatividad general. La única diferencia es que en el caso de la torre, los errores cometidos son visibles, mientras que en el caso de la teoría de Einstein sólo se recuerda el resultado final.

Aunque no es verdad, se dice que desde el último piso de esa torre Galileo llevó a cabo un experimento célebre en el cual lanzó desde esa altura diversos objetos de distinto peso pero igualmente lisos (para que la fricción del aire fuera la misma). Descubrió así que todos los objetos llegaban a tierra al mismo tiempo y recorrían la trayectoria de descenso con una velocidad idéntica. Semejante resultado contradecía la física de Aristóteles, que incorpora una noción del "sentido común": que los objetos pesados deben caer más rápidamente que los livianos. Sin embargo, eliminada la fricción, los objetos pesados y los livianos, sujetos *exclusivamente* a la fuerza de la gravedad, caen con la misma velocidad.

¿El lector no está convencido? Pues bien, le propongo que tome una hoja de papel, la coloque sobre un libro de mayor tamaño (de modo que las tapas del libro sobresalgan con respecto a la hoja de papel) y los deje caer. Comprobará que la hoja y el libro caen juntos.[1]

Este sorprendente hecho contradice la intuición y la gente suele reaccionar ante él de manera muy acalorada. Recuerdo que una vez estaba de pie en un trampolín junto con mi hermana y un tipo que se preguntaba qué sucedería si se rompiera el trampolín y nos cayéramos. Según él, nos estrellaríamos porque el trampolín era más pesado que nosotros y en consecuencia caería más rápidamente, de modo que nosotros terminaríamos estrellándonos sobre él. Se entabló una exaltada discusión hasta que mi hermana, más interesada en coquetear con el tipo que en la física, nos dijo que nos calláramos y dejáramos de hablar de estupideces.

Pues bien, ese extraño fenómeno fue el origen de la teoría general de la relatividad. En primer lugar porque ponía de manifiesto un punto débil de la teoría que Einstein intentaba reemplazar: la teoría gravitatoria de Newton, que nunca pudo explicar del todo por qué razón los objetos livianos y los pesados caen con la misma aceleración. Como en las novelas policiales, en ciencias, antes de hallar la solución correcta de un misterio, es necesario descubrir los defectos de la teoría imperante, algo así como la "pista falsa" que termina con un inocente en la cárcel y el verdadero criminal en libertad.

Newton intentó explicar el fenómeno de este modo: como todos sabemos, los objetos más "grandes" o de mayor "masa" ofrecen más resistencia a las fuerzas que se ejercen sobre ellos. Esa resistencia se llama inercia y se expresa mediante la llamada *masa inercial*: cuanto más grande es la masa inercial de un objeto, mayor es la fuerza necesaria para imprimirle una determinada aceleración.

No obstante, la gravedad tiene una peculiaridad desconcertante: atrae con mayor fuerza a los cuerpos grandes, de modo que, con respecto a sus efectos, cuanto más grande es el cuerpo, mayor es la fuerza de gravedad. Este hecho se refleja en el peso, o *masa gravitatoria*, del objeto. Ocurre, sin embargo, que la masa gravitatoria y la inercial de todos los objetos coinci-

---

[1] Este experimento puede inducir a error, pero a falta de un viaje a la Luna, nos sirve aquí a modo de ilustración.

den, hecho tan evidente que con frecuencia no nos damos cuenta de que las cosas podrían ser distintas.

Así, cuanto "más grande" y "más denso" es un objeto, mayor es su inercia (es decir, su resistencia a la aceleración), pero entonces también es mayor su peso y, por lo tanto, la fuerza de gravedad que actúa sobre él. Por consiguiente, el cuerpo ofrece más resistencia a la gravedad, pero la gravedad lo atrae con mayor fuerza, y los dos fenómenos se combinan de manera *perfecta* entre sí, de modo que se imprime idéntica aceleración a todos los cuerpos independientemente de su masa.

Ahora bien, ¿por qué este hecho revela un defecto de importancia en la teoría gravitatoria de Newton? Porque esa teoría no explica por qué razón la masa inercial y la gravitatoria coinciden. Para la teoría de Newton, se trata de una mera coincidencia, casi de una curiosidad. Mediante la observación, descubrimos que dos magnitudes muy distintas arrojan un valor igual que se aplica a *todos* los objetos sin distinción, pero la teoría que utilizamos no puede ofrecer explicación alguna de un hecho tan sorprendente. Se limita a consignarlo.

No obstante, el éxito de la teoría newtoniana de la gravedad fue y *es* aún tan grande que por varios siglos nadie se preocupó demasiado por esa deficiencia conceptual, pues en alguna medida un factor decisivo para el éxito de una teoría es que sea operativamente correcta. De más está decir que actualmente el lanzamiento de cohetes se fundamenta en la teoría gravitatoria de Newton, y hasta ahora nadie se ha perdido en el espacio.

Pues bien, Einstein no compartía esa actitud conformista y pronto se dio cuenta de que habían mandado a la cárcel a alguien inocente, es decir, llamó la atención sobre esa falla conceptual de la teoría de Newton. Comenzó a preguntarse si el hecho de que todos los cuerpos cayeran con idéntica aceleración significaba algo.

Sé de sobra que lo que voy a decir puede parecer demencial, pero intentemos imaginar la situación que voy a describir. Pensemos primero en todos los objetos gobernados por la gravedad: los planetas que giran alrededor del Sol, los cometas que recorren el sistema solar, los meteoritos que caen del cielo… y luego imaginemos algo totalmente loco: que la totalidad del espacio y el tiempo, el espacio-tiempo, está lleno de objetos imaginarios que caen libremente. A cada punto del espacio-tiempo le corresponde una criatura que cae libremente, una para cada dirección y en todas las velocidades posibles. Como ya hemos visto, no importa qué engendro asignemos a cada punto, puesto que todos caen de la misma manera y todos siguen una trayectoria que es independiente de su naturaleza, al punto que parece que las líneas descriptas por ese enjambre de criaturas en caída libre no dependen del objeto que cae sino de una propiedad del espacio-tiempo en el cual están inmersos, un espacio-tiempo impregnado de gravedad.

Por lo general, las trayectorias son curvas porque una propiedad fundamental de la gravedad es que obliga a los cuerpos a abandonar el movimiento rectilíneo y uniforme. Prepárense ahora para el gran salto conceptual, producto de otra inspiración genial: todo sucede como si esas líneas –trayectorias de los cuerpos en caída libre–, que en realidad tienen más que ver con el espacio-tiempo que con los objetos que caen, describieran la topografía de una superficie curva. Es decir, esas líneas indican que el espacio-tiempo, aquella superficie de cuatro dimensiones, es curvo. En otras palabras, parecería que los objetos en caída libre nos permitieran ver los meridianos, el esqueleto, de un espacio-tiempo curvo, del mismo modo en que podríamos ver la superficie total de una montaña si trazáramos sobre ella la totalidad de los trayectos más cortos que seguirían todos los excursionistas posibles que la recorrieran.

De hecho, después de muchos ensayos y tropiezos, Einstein se dio cuenta por fin de que una manera de comprender el efecto de la gravedad sobre los cuerpos en caída libre consistía en decir que los cuerpos siguen trayectorias geodésicas, "las líneas más cortas posibles", sobre un espacio-tiempo curvo, y que la gravedad no es más que la curvatura del espacio-tiempo. El efecto sobre lo que está a su alrededor de un cuerpo de masa enorme como el Sol consiste en curvar el espacio-tiempo. Los cuerpos en caída libre, por lo tanto, siguen trayectos geodésicos sobre esa topografía pandeada.

La figura 1 indica por qué la Tierra describe prácticamente una circunferencia alrededor del Sol. Según la concepción de Einstein, el espacio que rodea al Sol se convierte en un tubo similar al de la figura. Para recorrer la superficie del tubo siguiendo el camino más corto posible, es necesario describir una circunferencia: el lector puede probar otras posibilidades para convencerse. Aunque la figura y lo que estoy diciendo sean en buena medida una caricatura de lo que ocurre realmente, permiten imaginar lo que sucede.

Pues bien, esa idea permitió salir del laberinto. Es una manera insólita de ver las cosas, pero tiene muchas ventajas. En primer lugar, permite utilizar

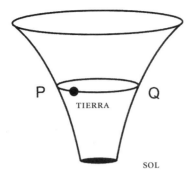

Figura 1. En el espacio tubular que rodea al Sol, la Tierra sigue la trayectoria más corta entre los puntos P y Q. Si bien en el espacio plano la trayectoria más corta es un segmento de recta, en este espacio la trayectoria más corta es aproximadamente circular. (Desde luego, lo anterior es una simplificación, pues la trayectoria de la Tierra es geodésica en el *espacio-tiempo*, no en el espacio. Puesto que la Tierra se desplaza en el tiempo a la velocidad de la luz, su trayectoria en el espacio-tiempo es en realidad una espiral de espira muy larga.)

una herramienta –la geometría diferencial– que se aplica a las superficies curvas, esa horrible rama de las matemáticas que intenté comprender sin éxito cuando era adolescente. La geometría diferencial es una herramienta exquisita, que aporta el lenguaje necesario para esta concepción del universo. Cuando se la utiliza para formular las ecuaciones que describen cómo la materia produce una curvatura a distancia, resulta muy fácil introducir en esa acción "geométrica" a distancia una velocidad de propagación: la velocidad de la luz. Se llega así a una manera de evitar la incoherencia entre la gravedad y la relatividad especial: la gravedad ya no es una acción instantánea a distancia sino la manera como la masa curva el espacio-tiempo, acción que se desarrolla a la velocidad de la luz.

Otra enorme ventaja de esta concepción de la gravedad radica en que permite explicar la misteriosa igualdad entre masa inercial y gravitatoria prescindiendo totalmente de esos conceptos. De hecho, según la teoría general de la relatividad, la gravedad ya no es una fuerza, de modo que los cuerpos carecen de peso o masa gravitatoria. No obstante, sentimos el peso: si no es una fuerza, ¿qué es?

Para la teoría relativista, la gravedad es nada más que una distorsión del espacio-tiempo. En un espacio plano, la ley de inercia indica que, en ausencia de fuerzas que actúan sobre él, un cuerpo sigue una trayectoria rectilínea a velocidad constante, en otras palabras, no está sometido a ninguna aceleración; análogamente, según Einstein, en un espacio-tiempo curvo, los cuerpos no están sujetos a ninguna fuerza y describen, por consiguiente, la trayectoria "más corta posible" a velocidad constante.

Desde esta perspectiva, la curvatura lo explica todo: ya no existe la fuerza de gravedad. En consecuencia, los conceptos de masa inercial y gravitatoria ya no tienen asidero, de modo que su coincidencia no es ningún misterio. Sin embargo, si no se cumpliera la igualdad entre la masa inercial y la gravitatoria en la imagen newtoniana del universo, por pequeña que fuera la diferencia entre ellas, no podríamos reinterpretar la gravedad como lo hizo Einstein ni concebirla como algo geométrico en lugar de una fuerza. Tal como son las cosas, todo encaja.

En resumen, según esta singular interpretación de la gravedad, la materia afecta la forma del espacio que la rodea, curvándola. A su vez, ese espacio curvo determina la trayectoria de los objetos que se mueven a través de él: la materia determina la curvatura del espacio y el espacio determina el movimiento de la materia.

Lo único que faltaba era encontrar la ecuación que describiera exactamente cómo hace la materia para producir esa curvatura, ecuación que se conoce en la actualidad con el nombre de "ecuación de campo de Einstein". Sin duda, era un trabajo arduo, pero todas las dificultades conceptuales estaban ya superadas.

LA GENTE SUELE PREGUNTARSE cómo supo Einstein que había llegado a la teoría correcta después de tantos ensayos y tantas equivocaciones. Se dice con frecuencia que "su sentido de la belleza" le indicó cuándo había llegado a la verdad, cosa que es verdad sólo en parte. Sin duda, en 1915 tropezó con algo tan hermoso que no podía ser falso, aunque tiempo antes había tropezado con lo mismo y lo había desechado. En realidad, había muchas razones simples y objetivas que obligaban a descartar todas las otras posibilidades, cuestión fundamental a mi juicio y de gran importancia para mi trabajo sobre la velocidad variable de la luz.

Al principio, Einstein se guió por el hecho más que evidente de que la teoría de Newton ofrece una excelente descripción de todas las observaciones, al punto que, como dije antes, las agencias espaciales aún la utilizan. De hecho, en 1915, la teoría de Newton explicaba todos los hechos observados concernientes a la gravedad, salvo una única y sutil excepción que describiré más adelante. Por consiguiente, Einstein sabía que, cuando se hicieran cálculos concretos cualquiera fuese la teoría general a la que llegara, tenía que arrojar resultados muy, pero *muy* similares a los que se obtenían con la teoría de Newton. No se trataba de hallar una aguja en un pajar sino, tal vez, de encontrar una parva en un campo de trigo.

El enfoque adoptado por Einstein revela su disposición para apoyarse en Newton. No es raro pensar que los hombres de ciencia desean destruir todo lo que han hecho sus predecesores, como suelen hacerlo otros intelectuales. Pero no es lo que ocurre habitualmente en la física. Como los rabinos, los físicos empiezan reiterando y alabando todo lo que han dicho sus colegas anteriores, y sólo después formulan algo novedoso. De esta manera procedió Einstein con respecto a Newton.

Sin embargo, la diferencia entre ambas teorías sería una mera cuestión de gusto si no fuera porque, en un nivel extremadamente sutil, predicen resultados diferentes. En este aspecto, faltaban aún algunos actos del drama, más precisamente, dos actos que tenían que ver con un tema que desconcierta a los profanos: ¿la ciencia debe vaticinar lo que se observará en la experimentación o, a la inversa, debe confirmarlo después?

Una vez me hicieron una entrevista por televisión sobre la velocidad variable de la luz, en la cual terminé diciendo que me encontraba en la etapa en que aguardaba experimentos que confirmaran o refutaran la teoría. Al día siguiente, un periodista me acusó de embrollar las cosas porque había admitido que la velocidad variable de la luz ¡"no era más que una teoría"! De hecho, la mayor parte de la ciencia "no es más que teoría" y *no* es el resultado de observaciones empíricas que reclaman una explicación. Sin embargo, esas "meras teorías" tienen que *predecir* inequívocamente nuevas observaciones, hechos nuevos deducidos por los teóricos a partir de cálculos matemáticos. Si las predicciones se confirman mediante la observación, la teoría es correcta; si no se confirman, la teoría es errónea. Eso es todo. La ciencia no es una religión.

La idea que sustenta el método predictivo es que la responsabilidad de sugerir a los observadores lo que deben buscar recae sobre los teóricos. Tratar de ampliar nuestros conocimientos mientras esperamos que se produzcan por casualidad nuevas observaciones es como disparar en la oscuridad.

Hay tantas direcciones posibles… ¿cómo sabríamos adónde mirar para hallar algo nuevo? Es mucho mejor contar con una teoría que nos indique qué tenemos que buscar. Sin duda, los hechos se comprueban mediante la observación, pero sin una teoría que nos guíe corremos el riesgo de perder mucho tiempo tanteando en vano.

Desde luego, a veces la ciencia procede de la manera opuesta, y así es mucho mejor. La experimentación puede adelantarse a la teoría y podemos tropezarnos con hechos nuevos mediante la observación. En tal caso, la teoría *confirma y explica* las observaciones realizadas, y el papel del teórico consiste en recopilar nuevos datos y formular una teoría que "los explique a todos", es decir, el teórico debe hallar un marco dentro del cual todas las observaciones tengan sentido y sean coherentes.

Por consiguiente, ambos métodos, la predicción y la confirmación, desempeñan un papel importante en la ciencia y no se excluyen entre sí. Así, las ideas de Einstein sobre la gravedad se vieron confirmadas de manera apabullante por dos observaciones.

EN 1915 HABÍA UN ÚNICO FENÓMENO conocido que la teoría gravitatoria de Newton no podía explicar. Los planetas giran alrededor del Sol describiendo órbitas prácticamente circulares, aunque una observación más fina revela que en realidad se trata de elipses de forma "casi circular". La figura 2 muestra esos dos objetos geométricos, una circunferencia y una elipse, exagerando sus diferencias para hacerlas más patentes. Como se ve en la figura, la elipse tiene dos ejes. Cuanto mayor es la diferencia de longitud entre los dos

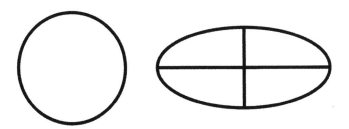

Figura 2. Una circunferencia (izquierda) y una elipse (derecha) con sus dos ejes. Cuanto mayor es la diferencia de longitud entre los dos ejes, tanto más se diferencia la elipse de una circunferencia, o tanto mayor es su *excentricidad*.

ejes, tanto más se diferencia la elipse de una circunferencia, o tanto mayor es su *excentricidad*, si usamos la jerga de las matemáticas.

Con excepción de Mercurio y Plutón, las órbitas de los planetas de nuestro sistema solar no son muy excéntricas. Por ejemplo, porcentualmente los ejes de la órbita terrestre difieren muy poco entre sí, de modo que nuestra distancia con respecto al Sol no varía demasiado. Así y todo, el hecho de que las órbitas planetarias no sean circunferencias es perfectamente observable con instrumentos astronómicos, y ya era conocido a comienzos de la revolución copernicana (expresión elegante para referirse al hecho de que se dejó de situar a la Tierra en el centro del sistema solar y se reconoció, en cambio, que el Sol era su centro). En un principio, la forma elíptica de las órbitas fue una inferencia obtenida a partir de las observaciones astronómicas del matemático Johannes Kepler, que formuló lo que hoy se conoce como primera ley de Kepler.

En alguna medida, se puede considerar a la primera ley de Kepler como una consecuencia de la teoría newtoniana. De hecho, en sus famosos *Principia*,* Newton dedujo la ley de Kepler mediante cálculos matemáticos. Sin embargo, la deducción de Newton supone que el sistema solar está formado por el Sol y un único planeta (que puede ser cualquiera). En realidad, hay varios planetas en el sistema, de modo que cada uno de ellos está sujeto a la atracción gravitatoria del Sol y, en menor medida, a la atracción de los otros planetas. Por consiguiente, es necesario refinar los cálculos originales de Newton y la mejor manera de hacerlo es en primer lugar pensar que los planetas sólo sufren la atracción del Sol y describen por ende órbitas elípticas y, en segundo lugar, que esas órbitas se ven perturbadas por la acción gravitatoria del resto de los planetas y se modifican en consecuencia. De esta manera, sólo es necesario calcular esa pequeña desviación.

Se trata de un cálculo clásico en la física, cuyo resultado –aplicando la teoría de Newton– es que, debido a las perturbaciones ejercidas por todos los otros planetas, cada elipse debe rotar muy lentamente sobre sí misma; en otras palabras, su eje mayor debe cambiar lentamente de dirección mientras el planeta, por su parte, la recorre a mayor velocidad. La trayectoria planetaria que predice la teoría de Newton, entonces, es una especie de rosetón,

---

* El autor se refiere a la obra capital de Newton, *Philosophiae Naturalis Principia Mathematica*, es decir, *Principios matemáticos de la filosofía natural* (Madrid, Tecnos, 1987). [N. de T.]

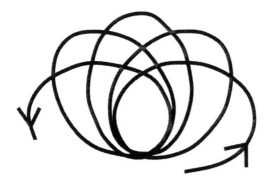

Figura 3

como el que se presenta en la figura 3. El efecto es muy pequeño, de modo que al cabo de una sola revolución del planeta, el hecho de que la elipse no se cierre es casi imperceptible y cada "año" el planeta recorre un territorio apenas diferente del que recorrió el año anterior. La rotación total de la elipse sobre sí misma se cumple al cabo de miles de revoluciones, es decir, de miles de "años" del planeta en cuestión.

Este fenómeno fue observado en el siglo XIX en un momento en que se habían descubierto ya todos los planetas hasta Urano, y la coincidencia entre las observaciones y los cálculos fue excelente en el caso de las órbitas de Venus, la Tierra, Marte, Júpiter y Saturno. Sin embargo, en el caso de Urano hubo algunas discrepancias entre lo observado y los datos calculados a partir de la teoría. Cuando se calculaba el efecto de perturbación sobre la órbita de Urano teniendo en cuenta todos los planetas interiores (Neptuno y Plutón no se habían descubierto aún), el rosetón observado no coincidía con los cálculos. Ya sea en la teoría o en las observaciones, algo fallaba.

Podemos saborear retrospectivamente una obra maestra de la predicción debida al astrónomo francés Urbain-Jean-Joseph Le Verrier, quien confiaba tanto en la teoría de Newton que se permitió dar un paso audaz: llegó a la conclusión de que la única manera de resolver las discrepancias era postular la existencia de un planeta más lejano que ejercía un efecto perturbador sobre Urano y explicaba las observaciones en coincidencia con la teoría.

Ese planeta, bautizado con el nombre de Neptuno, debía estar tan lejos del Sol que su imagen era muy débil, lo cual explicaba por qué los astrónomos no lo habían visto hasta entonces. Le Verrier avanzó aún más y calculó diversas propiedades del hipotético planeta; en particular, indicó en qué lugar y en qué momento los astrónomos podrían verlo. Pocos años después, Neptuno fue descubierto, precisamente donde Le Verrier había indicado. Sin duda, una hazaña admirable.[2]

Ese episodio contribuyó en gran medida a corroborar la teoría gravitatoria de Newton. Sin embargo, muy poco después, se descubrió otra anomalía en la órbita de Mercurio. Sucede que la órbita de Mercurio es muy excéntrica y rota sobre sí misma a mayor velocidad que las de otros planetas. Aun así, el período necesario para que la órbita de Mercurio cumpla un giro completo sobre sí misma es de 23.143 años terrestres. No debemos confundir ese período con el año de Mercurio, tiempo que el planeta tarda en recorrer la elipse orbital, y que es de sólo 88 días terrestres.

Aun teniendo en cuenta los efectos perturbadores de todos los demás planetas, los cálculos realizados aplicando la teoría de Newton arrojaban sin embargo una cifra diferente de las observaciones: según ellos, la órbita de Mercurio debía cumplir un giro completo sobre sí misma en unos 23.321 años terrestres. Por algún motivo, la órbita elíptica de Mercurio rota más velozmente de lo previsto según la teoría de Newton. Una vez más, los astrónomos llegaron a la conclusión de que algo fallaba, ya fuera en la teoría o en las observaciones.

No ha de sorprender que, en vista de su éxito anterior, Le Verrier repitiera su razonamiento y postulara la existencia de un planeta más cercano al Sol: Vulcano. Según él, Vulcano debería ser más pequeño que Mercurio y estar muy próximo al Sol, de modo que observarlo sería muy difícil: por un lado, su imagen sería muy débil y, por el otro, su posición tan cercana al Sol impediría verlo de noche. Esta hipótesis explicaría por qué no se lo había observado antes. Le Verrier hizo todos los cálculos necesarios para que los astrónomos se pusieran a buscar a Vulcano y se dispuso a oír por segunda vez un aplauso triunfal.

No obstante, cuando se inició la búsqueda de ese hipotético planeta, los resultados fueron decepcionantes: nadie pudo observar a Vulcano. Pasaron los años y, de tanto en tanto, algún astrónomo aficionado que procuraba

---

[2] Plutón es demasiado pequeño para que el efecto gravitatorio de su presencia sobre Urano o Neptuno sea perceptible.

alcanzar la gloria informaba que había "observado" el planeta, pero ninguno de esos anuncios pudo verificarse. Vulcano cayó en la misma categoría que hoy ocupan los OVNIS; los que estaban empecinados en verlo, lo veían; pero nadie pudo detectarlo con medios científicos rigurosos. De modo que los hombres de ciencia no sabían qué pensar y el tema de Vulcano se transformó en un misterio con el cual todos convivían aunque nadie conseguía explicarlo.

¡Imaginen entonces el júbilo que sintió Einstein cuando comprobó que, aplicando su teoría de la gravedad a la órbita de Mercurio, los resultados coincidían exactamente con las observaciones sin necesidad de postular la existencia de Vulcano! La discrepancia entre los cálculos obtenidos con su teoría y los que se obtenían con la mecánica newtoniana era apreciable en el caso de Mercurio y despreciable en el caso de todos los otros planetas. Así, su teoría podía disfrutar de todos los aciertos de la teoría de Newton y, además, explicar el único problema que ésta no podía resolver. Un éxito rotundo.

Según lo que el propio Einstein contó después, durante algunos días el entusiasmo lo dejó fuera de sí; no podía hacer nada y se sumió en una especie de sopor propio de los ensueños. La naturaleza le había hablado. Por mi parte, siempre digo que la física es divertida porque puede procurarnos enormes descargas de adrenalina. En aquel momento, Einstein debía haber recibido una sobredosis.

LE FALTABA OTRA CONFIRMACIÓN de la naturaleza, esta vez relativa al peligroso terreno de las predicciones. Desde el comienzo de sus reflexiones, Einstein había llegado a la conclusión de que, si se decidía a aceptar con toda seriedad el experimento de Galileo en la torre inclinada, había que admitir que la gravedad también afectaba a la luz. Si es verdad que la gravedad no diferencia entre los objetos que "caen", el comportamiento de la luz bajo la acción de la gravedad debía ser el mismo que el de otros objetos veloces. Según su teoría, cuanto más lentos son esos objetos, más se curva su trayectoria bajo el efecto de la gravedad. Por consiguiente, según Einstein, los rayos de luz debían curvarse en la cercanía de objetos de gran masa, aun cuando la curvatura fuera muy pequeña. El tema era cuánto se curvaban.

La respuesta variaba según las teorías, incluso cuando se adoptaban aquellas que, en una aproximación burda, se reducían a las predicciones de Newton. Einstein llevó a cabo los primeros cálculos al respecto alrededor de 1911, y lo hizo, de hecho, aplicando su teoría de la velocidad variable de la luz. A fin de maximizar el efecto para que los astrónomos tuvieran oportunidad de observarlo, buscó un escenario particular.

En primer lugar, puesto que cuanto más grande es la masa, mayor es el efecto gravitatorio, eligió el objeto de mayor masa de nuestras inmediaciones para que la desviación de la luz fuera mayor: el Sol.

Una vez tomada esta decisión, consideró los rayos luminosos más próximos al Sol, pues sabía que el efecto de la gravedad decrece muy rápidamente con la distancia; por ende, cuanto más próximo al Sol estuviera el rayo de luz en cuestión, tanto más se desviaría su trayectoria.

A continuación, pensó qué sucedería con la imagen de las estrellas que se observaban en el cielo muy cerca del disco solar o, más específicamente, calculó en qué medida se alteraría su posición aparente a raíz de la desviación de los rayos de luz.

Sin embargo, nadie puede ver estrellas muy próximas al Sol, pues si se puede ver el Sol, ¡no es de noche! Aunque no siempre es así. En lo que concierne a los astrónomos, para superar estas situaciones existen los eclipses. Durante un eclipse total, el disco de la Luna cubre totalmente el disco solar, de modo que es posible ver las estrellas próximas al Sol en una suerte de noche insólita que se produce en pleno día.

El escenario de Einstein, por consiguiente, es el que presentamos en la figura 4. Como se ve allí, la gravedad del Sol debe actuar como una lupa gigantesca que desplaza las imágenes hacia afuera, al punto que a veces se utiliza la expresión *lente gravitatoria* para describir este fenómeno. Incluso es posible ver estrellas que se encuentran "detrás" del Sol, pues los rayos de luz pueden "doblar una esquina", siempre que la esquina tenga masa suficiente.

Desde luego, el efecto es muy pequeño, de modo que todo este sutil experimento exige pericia y algunos artilugios adicionales. Se impone, evidentemente, la búsqueda de cúmulos estelares en lugar de estrellas aisladas y el cálculo de su posición aparente relativa bajo la distorsión que implica el paso de los rayos luminosos por la cercanía del Sol. Hay muchos grupos de estrellas de esta índole en el cielo, de modo que, con algo de suerte, fue posible encontrar uno que se hallaría detrás del Sol (con respecto a un observador terrestre) durante un eclipse total. Todo lo que restaba hacer era tomar dos series de fotografías del cúmulo en cuestión: una cuando el Sol se hallaba muy lejos de él y otra durante un eclipse, cuando la luz del cúmulo rozara el

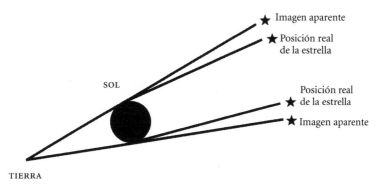

Figura 4. Escenario armado por Einstein para detectar la desviación de los rayos de luz por el efecto gravitatorio del Sol: un observador en la Tierra observa una estrella cuya luz roza el Sol. Debido a la desviación de los rayos de luz, la imagen aparente de la estrella se desplaza hacia afuera.

Sol. Luego, había que comparar las placas. En la última serie de fotografías el cúmulo de estrellas tenía que parecer ampliado, como si se lo examinara con una lupa (véase la figura 5).

Ésta es la tarea que planteó Einstein a los astrónomos, aunque le faltaba aún calcular el ángulo de desviación exacto que se deducía de su teoría general de la relatividad. Los cálculos realizados en 1911 ya habían generado una predicción al respecto: Einstein dedujo que los rayos que rozaban el Sol debían desviarse aproximadamente 0,00024 grados, ángulo sumamente pequeño, equivalente al ángulo subtendido por el diámetro de una pelota de fútbol situada a 50 km del ojo del observador. A modo de comparación, diré que el ángulo subtendido por el diámetro del Sol, o de la Luna, es de medio grado aproximadamente. Sin embargo, los telescopios más poderosos que existían a comienzos del siglo xx tenían ya un poder de resolución de ese orden. Por consiguiente, en principio se podía observar el efecto que predecía la teoría general de la relatividad.

El problema radicaba en hallar las condiciones necesarias de conjunción. Si bien los eclipses totales no son frecuentes si uno se limita a una determinada región de la Tierra, no son raros tomando en cuenta toda su superficie. Cada año deben producirse por lo menos dos eclipses solares en alguna región; el número máximo de eclipses por año es cinco. Sin embargo, no

Figura 5. El Sol ejerce un efecto de lente gravitatoria. Un cúmulo de estrellas (izquierda) que pasa detrás del Sol durante un eclipse debe parecer ampliado (derecha). (Esta figura es una exageración burda.)

todos ellos son totales, es decir, puede suceder que la Luna cubra sólo parcialmente al Sol. Para empeorar las cosas, no todos los eclipses servían para la observación propuesta pues es una casualidad que el Sol y la Tierra estén alineados con un cúmulo de estrellas y que, además, estén también alineados con la Luna. Esos dos sucesos no tienen relación alguna entre sí, como el hecho de que la luna llena coincida con un martes 13. En consecuencia, los astrónomos tenían que esperar con suma paciencia que se verificaran todas las condiciones necesarias para poder comprobar la teoría.

Era cuestión de suerte. Dicho sea de paso, había un error en el cálculo del ángulo de desviación que hizo Einstein en 1911. Como ya he dicho, el cálculo de este efecto depende en grado sumo de los detalles más menudos de la teoría gravitatoria utilizada, y todas las teorías anteriores a la definitiva daban resultados equivocados. El cálculo que se hizo aplicando la teoría general de la relatividad en su forma definitiva arrojó un valor dos veces más grande: 0,00048 grados en lugar de 0,00024. De modo que hasta 1915, momento en que Einstein formuló la teoría definitiva, las predicciones fueron erróneas. Francamente, una vergüenza.

Como si fuera poco, quiso el destino que entre 1911 y 1915 se produjeran dos eclipses que reunían todas las condiciones necesarias para observar el efecto de lente gravitatoria, de modo que se hicieron expediciones a los lugares donde sería posible observarlos.

La primera expedición estuvo encabezada por argentinos que pretendían observar un eclipse total que se produciría en el Brasil en 1912. En ese momento, se podría observar un bello enjambre de estrellas densamente poblado, situado exactamente detrás del Sol, lo que constituía la situación ideal para el experimento. Se prepararon placas fotográficas del cúmulo cuando se hallaba lejos del Sol, y la expedición partió llena de esperanzas. Lamentablemente, llovió copiosamente todo el día y no fue posible ver más que densas nubes.

La segunda expedición, integrada por alemanes, se realizó en 1914 y pretendía observar un eclipse que se haría visible en Crimea. Una vez más, las tablas astronómicas anunciaban las condiciones ideales para observar el efecto previsto: todo indicaba que un gran cúmulo estelar podría verse alrededor del Sol en el momento del eclipse. Se prepararon placas fotográficas del cúmulo cuando se hallaba aún distante del Sol, y los expedicionarios partieron con gran entusiasmo. Todo parecía marchar bien y el tiempo era bastante bueno, pero pocos días antes del eclipse estalló la Primera Guerra Mundial, de modo que los expedicionarios se hallaron súbitamente en territorio enemigo. Algunos huyeron a tiempo; otros fueron arrestados. A la larga, todos consiguieron volver sanos y salvos a su lugar de origen pero, de más está decirlo, con las manos vacías.

Parecería, sin embargo, que la buena estrella de Einstein no lo abandonó a lo largo de esta serie de tropiezos, correcciones y lentos avances hacia la versión definitiva de la teoría. Por pura casualidad, los astrónomos le dieron el tiempo necesario para redondear los detalles que no estaban del todo bien.

Recién en 1919 una expedición británica encabezada por Eddington y Crommelin consiguió observar el efecto previsto por Einstein. Para ese entonces, Einstein había arribado a la forma definitiva de la teoría general de la relatividad y había hecho los cálculos necesarios con exactitud, los cuales fueron verificados por las observaciones.

¡Suertudo!

4. EL ERROR MÁS GRANDE DE EINSTEIN

ME GUSTA PENSAR que el universo es un ser orgánico, algo vivo, y que somos las células de ese ser viviente. Que la luz emitida por todos los soles que vemos en el cielo constituye la sangre que fluye a través del universo en ciclos enormes. Las fuerzas que gobierna ese ser excepcional son físicas, como las que constituyen a los seres humanos y rigen su vida. Y, como nos sucede a todos cuando contemplamos el panorama total, vemos que el individuo trasciende el mecanismo que gobierna las piezas y los engranajes que constituyen la totalidad.

La empresa que acometió Einstein a continuación fue nada más y nada menos que formular un modelo matemático de esa criatura gigantesca a partir de la teoría general de la relatividad, modelo que describía el universo como una sustancia insólita que denominaba *fluido cosmológico*. Ese fluido estaba formado por moléculas extraordinarias: nada menos que galaxias enteras. Einstein no tardó en descubrir que su ecuación del campo gravitatorio le permitía deducir las relaciones entre todas las variables que describían el universo, y también inferir cómo se modificaban esas variables con el tiempo. Una vez abocado a esa tarea, sin embargo, tuvo una sorpresa desagradable: su ecuación indicaba que el universo no era estático. Según la teoría de la relatividad general, vivíamos en un universo en expansión que tuvo un origen violento en un *big bang* (gran explosión).

En algún sentido, el inquieto universo que revelaba la teoría de la relatividad general se parecía a algunos seres humanos; era una criatura salvaje, intratable e indómita cuyo comportamiento temperamental provenía de un desarreglo hormonal: la gravedad implicaba atracción. Esta situación es la misma cuando pensamos la gravedad como una fuerza (conforme a la teoría de Newton) o cuando la pensamos geométricamente (conforme a la teoría de Einstein). Además es sentido común: la Tierra nos atrae hacia su centro y no nos repele lanzándonos al espacio.

No obstante, el simple hecho de que la gravedad implica atracción basta para indicar que un universo estático es imposible, cosa que Einstein advirtió de inmediato. Veamos por qué. Imaginemos un universo estático de esta naturaleza y veamos qué sucede con el paso del tiempo. Por su propia gravedad, semejante universo acabaría desmoronándose sobre sí mismo por acción de su peso, pues cada una de sus partes atraería a las demás generando un efecto de contracción que terminaría en un *big crunch* (gran implosión). La única manera de evitar el derrumbe en tales condiciones consistiría en pensar en un universo en expansión, en el cual todo se va alejando. En tal caso, la gravedad frenaría la expansión cósmica por obra de la atracción. Pero si el movimiento hacia afuera fuera muy veloz, la atracción gravitatoria no conseguiría detenerlo del todo y se evitaría el *big crunch*.

Con más precisión, si concebimos un universo en expansión, nos encontramos con dos factores en conflicto: el movimiento cósmico y la fuerza de gravedad. Por consiguiente, tenemos que poner en un platillo de la balanza a la velocidad de expansión en un momento determinado y, en el otro, a la masa total del universo en ese instante (la cual determina la intensidad de la atracción). De esa comparación se infiere una velocidad crucial para una masa dada: la velocidad de escape del universo. Como idea, no difiere mucho de lo que ocurre cuando un cohete intenta abandonar la Tierra; si se le imprime una velocidad de lanzamiento suficientemente grande, termina escapando al efecto gravitatorio de la Tierra y queda en el espacio para siempre. Por el contrario, si el impulso inicial es muy débil, la atracción gravitatoria termina por devolverlo a la Tierra. Análogamente, dada una determinada densidad de materia en el universo, hay una velocidad de expansión cósmica crítica por debajo de la cual el universo cesa de expandirse y se derrumba sobre sí mismo, y por encima de la cual se expande eternamente.

Por el mero hecho de que la gravedad implica atracción, no todos los escenarios que podemos concebir son factibles y el universo no puede ser estable. Porfiadamente, se empeña en moverse, sea expandiéndose o contrayéndose, cosa que Einstein se negaba a admitir. De ahí su error garrafal, la lucha por extraer de sus ecuaciones de campo un universo estable.

En 1917, LA IDEA de que el universo era estático formaba parte inamovible de la filosofía occidental. *"The heavens endure from everlasting to everlasting".** De modo que Einstein se sintió sumamente incómodo cuando descubrió

---

* Se dice que Einstein interpretó este famoso versículo ("los Cielos son, han sido y serán por toda la eternidad") según la concepción spinoziana de un universo inmutable. [N. de T.]

que sus ecuaciones de campo implicaban un universo que no era estático. Frente a semejante contradicción entre su teoría y las firmes convicciones filosóficas de la época, retrocedió y modificó la teoría.

Tal vez no habría cometido un error de esa magnitud si hubiera sido algo menos inteligente, pues en tal caso no habría hallado la manera de resolver un falso problema y habría terminado aceptando lo que las matemáticas indicaban. Sin embargo, era demasiado inteligente y pronto encontró una sencilla modificación de las ecuaciones que le permitió construir mentalmente un universo estático.

Agregó un nuevo término a la ecuación de campo, llamado Lambda (por la letra griega que utilizó para representar ese término), denominada a menudo "constante cosmológica". Era una modificación abstrusa, que equivalía en esencia a asignar energía, masa y peso a la *nada* o al *vacío*. Por otra parte, se trataba de un artilugio antiestético en una teoría de gran belleza: algo introducido arbitrariamente con el único fin de garantizar que la teoría general de la relatividad describiera un universo estático.

La constante cosmológica es una sencilla modificación de las ecuaciones de campo de Einstein que a primera vista parece bastante inocua. Las inferencias con respecto a la órbita de Mercurio y la desviación de la luz, por ejemplo, no cambiaban con ese aditamento. Pero las cosas eran muy distintas en el ámbito de la cosmología y también en otro nivel por demás fundamental. La constante cosmológica es para la física algo así como el 666 de la física, una criatura horrorosa que no logramos sacarnos de encima. Cuando trabajaba en el modelo de velocidad variable de la luz, yo mismo pasé más de una noche en vela acosado por ese cuco.

Como ocurre con todas las cosas diabólicas, la infancia de la constante cosmológica fue muy inocente. Como ya sabemos, según la teoría general de la relatividad, todos los objetos son democráticos y caen de la misma manera, siguiendo trayectorias geodésicas en el espacio-tiempo. Pero esa moneda tiene un reverso; todo genera también gravedad, es decir, todo objeto curva el espacio-tiempo y las geodésicas. Esta circunstancia implica algunos efectos sorprendentes, muy alejados de nuestra experiencia, pero previsibles desde un principio según la teoría de la relatividad. Por ejemplo, la luz y la electricidad tienen peso. No sólo se desvía la luz por obra de la gravedad sino que atrae otros objetos; un rayo con energía suficiente, por ejemplo, podría atraernos. Por otro lado, el movimiento también tiene peso, de modo que una estrella veloz ejerce más atracción que otras más lentas. De hecho, todo emana gravedad: el calor, los campos magnéticos e, incluso, *la gravedad misma*. La matemática relativista es tan compleja porque describe una materia que genera gravedad y además describe a la propia gravedad como fuente de gravedad, en una especie de cascada.

Todo esto era evidente ya con la primera ecuación de campo de Einstein. Llegado a este punto, el padre de la criatura se formuló otro interrogante: ¿acaso la "nada" –el vacío– podía generar gravedad? Y de ser así, ¿cuál era el peso de la nada?

La pregunta puede parecer un disparate a primera vista, pero ya sabemos que Einstein formulaba preguntas alocadas que tenían consecuencias catastróficas. Además, esa pregunta no surgió porque sí. De hecho, las relaciones de Einstein con la "nada" fueron siempre complejas y, en alguna medida, esa pregunta, así como la génesis de la constante cosmológica, fue el punto culminante de una relación larga y tortuosa.

Hubo una época en que los hombres de ciencia creían que había "algo" en la "nada" y le dieron el nombre de "éter", algo así como un equivalente del ectoplasma. La teoría del éter alcanzó la cima de la popularidad en el siglo XIX junto con la teoría electromagnética de la luz. Aunque el concepto pueda parecer extraño hoy en día, si nos detenemos a pensar un instante veremos que, *a priori*, es una idea bastante sensata.

Veamos la argumentación que sustentaba la teoría del éter. En esa época, se sabía que la luz era una vibración, una onda, y había muchas pruebas en ese sentido. Todas las otras vibraciones –por ejemplo, las ondas sonoras o las ondas que genera una piedra en un estanque– exigen un medio como soporte, algo que vibre concretamente. Si extraemos todo el aire de un recipiente con una bomba de vacío, no se propaga ningún sonido a través de su interior porque no hay allí nada que pueda vibrar como lo hace el sonido. Análogamente, es un sinsentido hablar de ondas en un estanque sin agua.

No obstante, si aplicamos una bomba de vacío a un recipiente y extraemos todo su contenido produciendo un vacío perfecto, la luz sigue propagándose en su interior. De hecho, en el espacio interplanetario hay un vacío casi perfecto y, sin embargo, vemos el titilar de las estrellas en el cielo. Es como si al extraer todo el contenido del recipiente nos hubiéramos olvidado "algo", que podría ser el medio en que vibra la luz, o como si el vacío interplanetario estuviera constituido en realidad por una sustancia similar. Pues bien, esa sustancia sutil y omnipresente era el éter, cuya existencia sólo se podía inferir a partir de la luz. Era imposible tocarlo o percibirlo; tampoco se lo podía extraer de un recipiente y, sin embargo, según lo probaba la propagación de la luz, estaba en todas partes. Por consiguiente, la creencia general era que el éter formaba parte de la realidad como cualquier otro elemento, al punto que figuraba en el margen de la mayor parte de las tablas periódicas publicadas en el siglo XIX.

La teoría especial de la relatividad fue la sentencia de muerte del éter, pues su existencia contradecía el postulado de que la velocidad de la luz era constante. Veamos por qué. Si existiera un viento de éter, las vibraciones producidas en ese medio se acelerarían o desacelerarían, es decir, la velocidad de la luz cambiaría. La motivación de los experimentos de Michelson y Morley fue el susodicho viento de éter y no el sueño de las vacas que mencioné en otro capítulo. Si la tierra se desplaza en el éter, debe soplar sobre ella un viento de éter que puede tener distintas direcciones (según la dirección de movimiento), y ese viento debe traducirse en un cambio en la velocidad de la luz (según cuál sea la dirección de la luz con respecto al viento).

Si admitimos que el éter existe, el resultado negativo del experimento de Michelson y Morley −que indicaba una velocidad de la luz constante− sería un sinsentido total. ¿Cómo podía suceder que dos observadores en movimiento uno con respecto al otro tuvieran la misma velocidad relativa con respecto al éter? Aun cuando cause desconcierto el hecho de que la velocidad de la luz sea constante, ese hecho, unido a la teoría del éter, no tiene ningún sentido.

Semejante enredo dio origen a todo tipo de explicaciones desesperadas: algunos hicieron notar que los experimentos de Michelson y Morley se habían realizado en sótanos, pues los laboratorios estaban por lo general instalados bajo el nivel del suelo. Se dijo que quizás el éter se quedaba atascado en los sótanos y por esa razón su viento no se advertía. Era una explicación disparatada pues, si no se puede detectar el éter de ninguna manera, ¿cómo podía ser que los sótanos lo atraparan? Si era posible que un sótano retuviera el éter, también debería ser posible retenerlo en un recipiente... o extraerlo de él. Sin embargo, muchos se dedicaron a repetir los experimentos con la esperanza de detectar un cambio en la velocidad de la luz en la cima de las montañas, lugar que excluía la posibilidad de que el éter quedara retenido. Todo fue en vano; nadie pudo detectar jamás el viento de éter.

En esa situación, Einstein fue el primero en sugerir que la luz era una vibración carente de medio, una vibración *en el vacío*. Sin ese salto conceptual, la teoría de la relatividad no habría sido posible. De hecho, si la relatividad restringida no es algo demasiado difícil de digerir para el lector, tal vez sea porque jamás le enseñaron el concepto de éter en la escuela.[1] A partir de la revolucionaria teoría de Einstein, en 1905, el éter ha quedado dentro del coto de los historiadores de la ciencia y es blanco de bromas por parte de los pocos científicos que han oído hablar de él. No obstante, fue el obstáculo principal que demoró la teoría especial de la relatividad; parte del genio de Einstein estribó, precisamente, en librarse de ese concepto. En su fundamental trabajo de 1905, puso punto final al tema con esta frase: "Para nuestra teoría, es totalmente superfluo el concepto de un 'éter luminífero', pues ya no es necesaria la idea de 'espacio en reposo absoluto'".

Así, la nada retornó a la nada, y el vacío, al vacío. Sin embargo, doce años más tarde, en medio de sus tribulaciones cósmicas, ese mismo hombre se desdecía y se preguntaba si, al fin y al cabo, no se podía atribuir una suerte de existencia al vacío, de modo que generara gravedad. ¿Podía ser que la nada fuera algo?

MIENTRAS VIVÍA EN BERNA y trabajaba como asesor de una oficina de patentes, Einstein llevó a cabo sus trabajos de investigación en un pequeño estudio alejado de su casa. Tenía allí una multitud de gatos, animales a los cuales era especialmente afecto. Pero los gatos se ponían a veces muy cargosos y arañaban las puertas porque querían recorrer el edificio sin obstáculos. Como no podía dejar las puertas abiertas, Einstein decidió recortar agujeros al pie de ellas creando pequeñas puertas gatunas.

Tenía por entonces una cantidad más o menos similar de gatos corpulentos y pequeños. Con toda lógica, realizó dos aberturas en las puertas: una grande para los gatos corpulentos y otra pequeña para los menudos. Pura sensatez.

Se puede inferir de esto que la retorcida mente de Einstein exigía que la "nada" fuera "algo". Cada hueco debía tener su sentido y los gatos pequeños

---

[1] En mi caso, me topé por primera vez con ese concepto en la adolescencia, cuando leí *The Evolution of Physics* [*La física, aventura del pensamiento*]. Cuando interrogué a mi profesor de física al respecto, me contestó que no fuera necio, que "si el éter estuviera en todas partes, todos estaríamos anestesiados".

podían ofenderse si no se les asignaba una nada personalizada. Si el lector está dispuesto a seguirme por este camino surrealista, quizás el resto de la argumentación le parezca natural. Einstein atribuyó existencia a la nada y sugirió que el vacío podía generar gravedad. Sin embargo, mientras elaboraba una manera coherente de introducir esa idea en su teoría, se encontró con un resultado curioso: el vacío debía generar una gravedad que ejercía repulsión. Supongo que llegado a este punto, Einstein debió saltar de alegría pues sabía que era imposible postular un universo estático si la gravedad ejercía *atracción*. ¿Acaso la solución del problema era un vacío *repulsivo*?

El razonamiento de que el vacío debía ser repulsivo descansaba sobre resultados matemáticos de la teoría general de la relatividad que estaban sobradamente demostrados. Según esa teoría, la fuerza de atracción de un cuerpo proviene de la acción combinada de su masa y su presión interna. Si uno comprime un objeto, su efecto de atracción sobre otros objetos aumenta. El Sol, por ejemplo, tiene presión interna y por ese motivo su poder de atracción sobre los planetas es mayor de lo que sería si fuera una mera bola de polvo sin presión. En realidad, el efecto es muy pequeño pues en los objetos habituales, el Sol incluido, el efecto de la masa supera con creces el de la presión. Sin embargo, la teoría general de la relatividad vaticina ese efecto, de modo que, si fuera posible comprimir mucho un objeto, sería posible observarlo.

Hasta allí no había nada polémico, se trataba de parte de las predicciones de la relatividad. Cabe advertir, no obstante, algo interesante: la tensión o tracción es una presión negativa, y su efecto concreto debería ser el de reducir la atracción entre los objetos. Una banda de goma estirada ejerce menos atracción que la que cabría esperar teniendo en cuenta solamente su masa o su energía. Análogamente, un hipotético Sol sometido a tensión tendría también menos poder de atracción.

De nuevo hay que decir que el efecto es muy pequeño en los objetos habituales, pero, en principio, no hay nada que nos impida aumentar la tensión de un cuerpo hasta que la gravedad se vuelva repulsiva. Por consiguiente, siempre según la teoría de la relatividad, no es imprescindible que la gravedad sea atractiva, pues para generar una gravedad repulsiva bastaría con hallar algo sobrecargado de tensión.

Algo, ¿cómo qué? Tal vez sorprenda comprobar que el vacío puede ser un excelente ejemplo de un objeto de esa naturaleza. Cuando Einstein encontró el camino matemático para adjudicar una masa al vacío (es decir, energía, recordemos que $E = mc^2$), descubrió que debía asignarle una tensión muy alta. Es un resultado extraño, pero surge con toda evidencia de la única ecuación que admite una energía para el vacío y es compatible con la geometría diferencial.

La tensión del vacío es muy grande, de modo que sus efectos gravitatorios superan a los de la masa y el vacío ejerce un efecto gravitatorio repulsivo. En términos newtonianos, el vacío tiene peso negativo.

Desde luego, la energía del vacío está dispersa en todos los objetos. En la escala del sistema solar, los efectos gravitatorios de la materia superan con creces a los del vacío. Es necesario considerar distancias cósmicas para que la densidad del vacío sea comparable a la de la materia, de modo que el aspecto repulsivo de la gravedad se ponga de manifiesto.

En síntesis, Einstein ya sabía que la consecuencia inmediata de la índole atractiva de la gravedad era un universo no estático. Lo nuevo para él era que, agregando la constante cosmológica, la gravedad no era necesariamente atractiva. ¿Era posible utilizar con prudencia ese nuevo ingrediente como adobo para obtener un universo estático?

He aquí la receta de Einstein. Se toma un modelo de universo en expansión que no ha alcanzado aún la velocidad de escape. Con el tiempo, la gravedad superará a la expansión y se producirá el gran colapso (*big crunch*); el universo se desmoronará sobre sí mismo. Pero, mentalmente, uno se detiene en el instante en que el universo ha cesado de expandirse y está a punto de iniciar su contracción, momento en que todo está estático, y entonces se rocía el plato con una cantidad de constante cosmológica medida con sumo cuidado. Puesto que la energía del vacío implica una repulsión gravitatoria, compensa el efecto de atracción de la gravedad habitual. Por acción de un tipo de gravedad, el universo tiende a contraerse; por acción del otro tipo de gravedad, tiende a expandirse. Si uno ha puesto los ingredientes en proporciones convenientes, la atracción puede anular la repulsión, de modo que el universo queda estático.

De esta manera, Einstein se las arregló para pergeñar un modelo de universo estático en el marco de la teoría de la relatividad, pero tuvo que recurrir a la constante cosmológica para conseguirlo. A decir verdad, el universo no se avenía a esa quietud que se parecía más a un chaleco de fuerza, algo impuesto e inestable. No obstante, mediante ese recurso y para beneficio de las futuras generaciones, el universo según Einstein era estático.

De este modo, el modelo respondía a lo que era un prejuicio casi religioso, una creencia respetada e indiscutida en el marco de la cultura occidental. Lo irónico del caso es que, en el preciso momento en que la cosmología estaba por librarse de las garras de la religión y la filosofía, esta última se tomó el desquite y emponzoñó el primer modelo científico del cosmos. A favor de Einstein, hay que decir que los datos son el fundamento de la ciencia y que en esa época, en ausencia de datos cosmológicos, el prejuicio tomó la posta. La receta de Einstein para acomodar su teoría a los prejuicios fue sin duda ingeniosa y es posible que jamás hubiéramos tenido noticia de la constante cosmológica si no fuera por ella. Se llegó así al modelo de universo estático de Einstein: el más grande de sus errores.

MUY POCO DESPUÉS, comenzaron a llover datos astronómicos sobre el universo. En la década de 1920, el astrónomo Edwin Hubble llevó a cabo en Monte Wilson, California, una serie de observaciones revolucionarias que pronto se convirtieron en el mejor panorama del universo. En el apogeo de su fama, el telescopio de Hubble se hizo tan célebre que las estrellas de Hollywood imploraban permiso para echar una mirada a través de su lente: el universo se había puesto de moda.

Hubble era abogado, pero pronto se dio cuenta de que había equivocado el rumbo y se consagró a la astronomía. Sin embargo, su carrera no fue estrictamente académica. Era todo un deportista y descollaba en el básquet, el boxeo, la esgrima y el tiro al blanco. Su habilidad como tirador le fue de suma utilidad en ocasión de un duelo que tuvo con un oficial alemán, quien lo desafió porque había rescatado a su esposa cuando cayó a un canal. Hubble era un anglófilo inveterado[2] que había estudiado en Oxford, lugar donde parece haber incorporado cierta tendencia a la excentricidad propia de la cultura inglesa, como bien lo demuestran sus peculiares observaciones astronómicas. Su ayudante era otro autodidacta, Milton Humason, personaje a quien su pasión por la astronomía lo había llevado a incorporarse en la adolescencia al personal de Monte Wilson (al principio en calidad de encargado de las mulas que servían para llevar los equipos a la cima). La formación de esos

[2] Era un esnob insufrible a quien todos detestaban.

dos hombres no era la más conveniente para un profesional de la astronomía, pero ambos tenían enorme entusiasmo y un talento sin par, al punto
que con sus trabajos cambiaron la perspectiva de la cosmología.

Quizá por su escasa práctica en la profesión, Hubble hizo observaciones
insólitas. Instaló en el interior de un edificio un telescopio que rotaba como
un reloj y se movía de modo de contrarrestar exactamente la rotación de la
Tierra. Así, pudo apuntar el telescopio en la misma dirección durante largos
períodos y hacer observaciones sin verse obligado a permanecer frente a la
lente, reemplazando el ojo por placas fotográficas que exponía durante lap-
sos prolongados.

El resultado de esas insólitas observaciones fue un verdadero escándalo.
En la figura 1 se puede observar la imagen de una galaxia –es decir, un archi-
piélago de estrellas similar a nuestra Vía Láctea– que probablemente no sorprenda al lector. No obstante, antes de Hubble nadie había visto jamás una
galaxia –espiral de miles de millones de estrellas que giran en remolino alrededor de un centro brillante– y, naturalmente, muchos quedaron *estupefac-
tos*. La conmoción causada podría compararse con la que produciría una
novedosa cámara fotográfica que nos retratara rodeados por hombrecitos
verdes invisibles que viven alegremente de incógnito entre nosotros.

En realidad, las galaxias no son demasiado pequeñas: las más grandes tienen un tamaño aparente similar al de la Luna, pero su brillo es muy débil
para que lo percibamos a simple vista o a través de telescopios. El artilugio
de Hubble permitió arrancarlas de la oscuridad de los cielos.

El descubrimiento de las galaxias habría de modificar radicalmente el
panorama de la cosmología, revelando hasta qué punto las empresas teóricas
estaban desencaminadas. Si un observador entrenado contempla el cielo en
una noche límpida a simple vista, verá una cantidad abrumadora de detalles:
planetas, estrellas de nuestra propia galaxia –la Vía Láctea– y, si alcanza a ver
las Nubes de Magallanes, tendrá un pálido atisbo de un satélite de nuestra
galaxia. Verá tantos pormenores que, desde su perspectiva, la empresa de
predecir el comportamiento del universo en su totalidad será prácticamente
imposible, como la de predecir el tiempo atmosférico o la trayectoria de las
corrientes oceánicas desde un diminuto rincón del planeta.

Sin embargo, los descubrimientos de Hubble demuestran que todo ese
espectáculo está plagado de detalles que no son pertinentes. Podemos usar
un telescopio de gran calidad como teleobjetivo y descubrir que las estrellas

Figura 1. Una galaxia

del cielo forman parte en realidad de una galaxia que lleva el nombre de Vía Láctea. Es más, podemos descubrir también que esa galaxia es sólo uno de muchísimos "archipiélagos de estrellas" similares que están diseminados por el universo. Si avanzamos aún más con el teleobjetivo, veremos que la mayoría de las galaxias forman agrupamientos o cúmulos.

Si continuamos avanzando aún más lejos, empero, el panorama cambia radicalmente: comenzamos a advertir que todas esas estructuras, las galaxias, los cúmulos de galaxias e, incluso, las estructuras más grandes que podemos ver, son meras partículas de una especie de aburrido caldo, el fluido cosmológico. En franco contraste con la manifiesta diversidad de nuestro vecindario inmediato, ese caldo parece sumamente uniforme. Nos ofrece la imagen de un universo homogéneo, totalmente desprovisto de estructura. Para el afán modelizador de la física, un objeto tan dócil es ideal siempre que se reconozca que las unidades fundamentales de ese simple fluido, las "moléculas" que mencioné antes, resultan inmensas e invisibles a simple vista: son galaxias, no son estrellas ni planetas ni ninguna otra de las nimiedades que podemos observar sin la ayuda de un telescopio.

Ese fue el primer golpe que Hubble asestó a los cosmólogos. Más específicamente, les enseñó que no tenía sentido estudiar el universo si no se tomaba en cuenta su descomunal tamaño, así como no es posible comprender ni apreciar el argumento de una película si estamos situados a unos pocos centímetros de la pantalla.

Esa revelación fue la cuna de la cosmología y simplificó radicalmente la tarea de explicar el universo. Pero Hubble hizo además otro descubrimiento, un hecho mucho más enigmático que tuvo consecuencias más transcendentales. Descubrió que ese magma homogéneo parecía estar en expansión, pues todas las galaxias visibles parecían alejarse de nosotros. Por consiguiente, visto desde un punto conveniente, ¡el universo no es estático! Cuando se enteró de semejante noticia, Einstein debe haberse ruborizado. Si hubiera aceptado su ecuación original y las conclusiones que implicaba, habría podido *predecir* que el universo se expande y llevarse las palmas de la hazaña científica más grande de todos los tiempos.

Las galaxias se alejan de nosotros de una manera característica, es decir, cumplen la ley de Hubble, según la cual, la velocidad de recesión de una galaxia es proporcional a su distancia con respecto a nuestro planeta. Una galaxia situada al doble de distancia que otra se aleja de nosotros al doble de velocidad.

Inmediatamente inferimos que la ley de Hubble implica algo desconcertante: si vemos que la materia del universo se aleja tanto más rápidamente cuanto mayor es su distancia con respecto a nosotros, necesariamente tuvo que haber un enorme cataclismo en el pasado. Veamos por qué. Rebobinemos mentalmente la película del universo y echemos una mirada sobre el pasado.

Si en la película real vemos que una galaxia se aleja de nosotros, en la película imaginaria que se proyecta hacia atrás la veremos acercarse. Este simple hecho indica que en algún momento del pasado, la galaxia debe haber estado exactamente en el mismo lugar que nosotros. ¿Cuánto debemos retroceder en el tiempo para contemplar esa horrorosa situación? Es sencillo calcularlo: si L es la distancia que nos separa de la galaxia en cuestión y v es su velocidad de recesión, entonces el tiempo transcurrido desde el cataclismo es esa distancia dividida por la velocidad de recesión: L/v.

Si el lector piensa que esa única colisión implica ya una catástrofe, formúlese la misma pregunta con respecto a cualquier otra galaxia, por ejemplo, una que esté al doble de distancia. Según la ley de Hubble, su velocidad es 2v, de modo que, rebobinando la película, obtenemos el siguiente resultado para el momento de la colisión: 2L/2v, es decir, lo mismo que antes: L/v. Por consiguiente, la segunda galaxia estaría sobre nosotros al mismo tiempo que la primera (véase la figura 2). Se obtiene el mismo resultado para todas las galaxias pues, en nuestra película imaginaria, las galaxias más lejanas tienen que recorrer una distancia mayor para chocar con nosotros, pero también se mueven a una velocidad proporcionalmente mayor. Todo indica que el momento de la colisión es el mismo para todas las galaxias del universo.

Si observamos nuestra película nuevamente, pero ahora hacia adelante, con la flecha del tiempo en la dirección correcta, llegamos a una conclusión sorprendente. La ley de Hubble implica que en algún momento del pasado la totalidad del universo estuvo concentrada en un punto. Parecería entonces que, a partir de ese punto, una gigantesca explosión generó todo el universo. Más concretamente, tomando como punto de partida la velocidad de

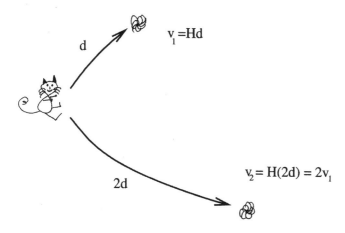

$$d \qquad v_1 = Hd$$

$$2d \qquad v_2 = H(2d) = 2v_1$$

Figura 2. Observador que contempla el flujo de Hubble de dos galaxias situadas a las distancias d y 2d respectivamente. La segunda galaxia se aleja de nosotros al doble de velocidad que la primera. Por consiguiente, el observador deduce que, en el mismo instante del pasado, las dos se hallaban en el mismo punto que él. La conclusión vale para todas las galaxias, de modo que el universo entero debe haber estado comprimido en un punto único que explotó. Ése fue el *big bang*.

recesión de las galaxias, se puede estimar que el *big bang* ocurrió hace unos 15 mil millones de años. El universo que contemplamos hoy está constituido simplemente por los desechos explosivos en expansión.

Por sorprendente que parezca la conclusión, la lógica empleada para llegar a ella no es algo peculiar que se aplica solamente a la dinámica del universo. Si observamos los desechos de una granada que ha explotado, por ejemplo, también veremos que cumplen la ley de Hubble. En otras palabras, esa ley es el sello distintivo de cualquier gran explosión.

De hecho, al formular su célebre ley de recesión, Hubble halló una prueba del *big bang*.

5. LA ESFINGE Y SUS ENIGMAS

PESE A QUE LOS DESCUBRIMIENTOS de Hubble fueron revolucionarios, al cabo de un tiempo resultó evidente que no todo era un lecho de rosas para la teoría del *big bang*. Si bien ningún hecho conocido cuestionaba el modelo –hasta el día de hoy es una especie de bastión inexpugnable que resiste la confrontación de todos los hechos observados–, algunas características del universo seguían sin explicación, de modo que se planteaban preguntas inquietantes como éstas: ¿por qué el universo tiene el mismo aspecto aun a distancias tan enormes? Además, ¿por qué existe el universo?

Se puede hacer una lista de media docena de enigmas similares que se conocen en conjunto como problemas cosmológicos o, más sencillamente, como misterios del *big bang*, y que han sido tema de muchas polémicas y trabajos fundamentales en los últimos tiempos. Intentar resolverlos no implica dejar de lado la teoría del *big bang* tal como hoy la concebimos, pues sabemos que no puede cuestionarse ya el modelo en general. En cambio, en una suerte de giro freudiano, los cosmólogos buscan ahora los indicios del comportamiento adulto del universo en la primera infancia del *big bang*. Abrigan la esperanza de sustituir la explosión misma o, tal vez, lo que sucedió en la mínima fracción de segundo inmediatamente posterior, por algo menos excesivo, algo que signifique un nacimiento y una infancia del universo menos traumáticos. Desde ya, esta operación no plantea conflicto alguno con las observaciones, puesto que no tenemos acceso directo a las etapas primigenias del universo. Tal vez la respuesta a todos los enigmas radique en plantear una especie de explosión modificada.

En la Gran Bretaña de la década de 1990, cuando me recibí de físico, todos los enigmas del *big bang* planteados estaban en auge y representaban un verdadero desafío para cualquier aprendiz de cosmólogo. Sobre todo, indicaban que ese campo de investigación estaba presto para las innovaciones, pues había interrogantes fundamentales a la espera de nuestras especulaciones y nuestra imaginación. Recuerdo claramente que me di cuenta con sorpresa de que aún había espacio para el trabajo creativo en cosmología después de toda la batahola que había generado la teoría del *big bang*. Mientras asistía a los cursos de posgrado en Cambridge, empecé a pensar que esos enigmas eran razón suficiente para elegir la cosmología como carrera en lugar de otras fascinantes ramas de la física de avanzada, como la teoría de las cuerdas o la física de partículas. La teoría de las cuerdas carecía de datos, era mera especulación; la física de partículas estaba plagada de datos pero, a mi juicio, quedaba en ella muy poco lugar para una labor realmente creativa. La cosmología, en cambio, era ideal: se basaba en la realidad pero era aún muy tierna, de modo que en ella quedaban problemas fundamentales sin resolver.

EL ENIGMA MÁS SENCILLO vinculado con el *big bang* ha recibido el nombre de "problema del horizonte" porque los observadores del cosmos sólo pueden ver una pequeña porción del universo. Están rodeados por un horizonte, más allá del cual no pueden ver. En nuestra experiencia cotidiana todos sabemos que no podemos ver la totalidad de la Tierra sino sólo lo que está dentro de nuestro horizonte. Los habitantes de un universo originado por el *big bang* padecen un problema de perspectiva similar, con la salvedad de que el efecto horizonte sobre la Tierra se debe a su curvatura mientras que el efecto horizonte en el universo es producto de dos fenómenos de índole muy distinta. El primero es el hecho de que haya un límite universal para las velocidades, la velocidad de la luz. El segundo es el hecho incontrovertible de que un universo producido por el *big bang* tiene una fecha de nacimiento y, por consiguiente, una edad finita en cada momento. De la combinación de esas dos circunstancias se infiere de inmediato la existencia de horizontes: la creación implica limitación.

Cuando miramos una estrella distante en el cielo, la vemos como fue en el pasado. Vemos la luz que emitió la estrella hace mucho, y que luego tardó todo el tiempo transcurrido desde entonces en llegar a nosotros. Algunas estrellas visibles distan de nosotros alrededor de mil años luz, lo cual significa que las vemos tal como eran hace mil años. En el lapso de mil años transcurridos desde entonces, la imagen que vemos atravesó el espacio hasta llegar a ser visible.

Seamos ahora megalómanos y pensemos en lugares cada vez más remotos, imaginemos las enormes distancias que han sondeado los astrónomos posteriores a Hubble. Cuanto más lejos miramos, tanto mayor es la demora entre el momento en que la imagen se originó y el momento en que la vemos. Por consiguiente, cuando sondeamos el espacio, sondeamos de hecho el pasado. Si observamos galaxias que distan de nosotros mil millones de años luz, las vemos como fueron hace mil millones de años. Vemos sombras nada más, sombras del pasado y de objetos que tal vez ya no existen: nunca lo sabremos.

Por ende, los cosmólogos disfrutan de ciertas ventajas con respecto a los arqueólogos, puesto que tienen acceso directo al pasado del universo; para verlo sólo tienen que mirar suficientemente lejos. Sin embargo, de esta situación se infiere una conclusión inquietante. Mirando cada vez más lejos, alcanzamos distancias que corresponden a un pasado remotísimo, comparable con la edad del universo, 15 mil millones de años. Es evidente que no podemos ver nada más allá: esas distancias determinan nuestro horizonte cosmológico. Esto no quiere decir que no exista nada más allá, seguramente ocurre todo lo contrario. No obstante, no podemos ver esas regiones porque la luz que emiten desde el *big bang* no ha tenido tiempo aún de llegar a nosotros.

Si la luz se desplazara a velocidad infinita, el efecto horizonte no existiría. Análogamente, si hubiera algo más veloz que la luz, podríamos saber algo de las regiones que están más allá de nuestro horizonte, en el caso de que emitieran señales a través de ese canal ultrarrápido. Por último, si la velocidad de la luz no fuera constante y fuera posible acelerarla moviendo su fuente, por ejemplo, también podríamos ver objetos situados más allá del horizonte con la condición de que se movieran hacia nosotros con velocidad suficiente. Lamentablemente, la velocidad de la luz es una constante finita que actúa como límite universal de las velocidades y crea por consiguiente el efecto horizonte para cualquier universo de edad finita.

En sí misma, la existencia de horizonte no constituye un problema. El problema, en realidad, es el tamaño del horizonte inmediatamente después del *big bang*. Cuando el universo tiene un año de edad, el radio del horizonte es de sólo un año luz. Cuando el universo tiene un segundo de edad, el radio del horizonte es la distancia que puede recorrer la luz en un segundo, 300.000 km, la distancia entre la Tierra y la Luna. Cuanto más nos acercamos al *big bang*, tanto más pequeño es el horizonte.

Por consiguiente, el universo recién nacido está fragmentado en diminutas regiones que son mutuamente invisibles. Lo que nos causa problemas es esta especie de miopía vinculada con los primeros instantes del universo, pues nos impide encontrar una explicación física —es decir, una explicación fundamentada en interacciones físicas— de por qué el universo parece tan homogéneo aunque es tan inmenso. ¿Cómo explicar la homogeneidad del universo mediante un modelo físico? Por lo general, los objetos se homogeneízan cuando sus distintas partes entran en contacto y adquieren así características comunes. Por ejemplo, el café con leche se homogeneíza revolviéndolo, permitiendo que la leche se diluya en el café.

Sin embargo, el efecto horizonte excluye un proceso semejante, pues indica que en el comienzo las vastas regiones del universo que hoy vemos tan homogéneas no pudieron tener noticia unas de otras. Menos aún pudieron entrar en contacto. Así pues, el modelo del *big bang* impide explicar la homogeneidad del universo, hecho algo escalofriante porque parece que hubiera existido una suerte de comunicación telepática entre regiones totalmente aisladas entre sí.

De alguna manera, algo debe haber ensanchado los horizontes del universo en su infancia y generado su homogeneidad, dando origen al modelo del *big bang*. De inmediato resulta evidente que uno de los enigmas del *big bang*, el de la homogeneidad del universo en vista del efecto horizonte, reclama a gritos que reemplacemos la teoría del *big bang* por algo más fundamental. Se abren las puertas a la especulación.

Esa era la cuestión que me atormentaba en el invierno de 1995, mientras caminaba por el campo de St. John's College. Se trata de algo que parece fácil de resolver hasta que uno lo intenta, pero después de intentarlo, se transforma en una pesadilla, como descubrí en aquel entonces. No obstante, había otro misterio que amenazaba ya con martirizarme aún más: el problema de la planitud. Se trata de algo vinculado con la caprichosa dinámica de la expansión y su relación con la "forma" del universo, pero me temo que lleve algún tiempo explicarlo.

Volvamos imaginariamente a la época en que Einstein pensaba que el universo debía ser estático, antes de los descubrimientos de Hubble. Mientras Einstein se aferraba a sus prejuicios, el físico ruso Alexander Friedmann partió de la teoría de la relatividad y desarrolló todas las deducciones matemáticas que indicaban que el universo debía estar en expansión. Contra todo lo que podía esperarse, considerando sus respectivas carreras, Friedmann dedujo la expansión del universo.

En los congresos internacionales, la celeridad de los científicos rusos para reivindicar su prioridad con respecto a cualquier descubrimiento realizado en Occidente se ha transformado ya en motivo de broma. Basta que alguien presente un trabajo sobre válvulas de inodoro para que se levante algún Dimitri y comience a decir a gritos desde la última fila del auditorio que el inodoro y todas sus piezas accesorias fueron inventadas en Rusia decenios antes de que en Occidente se conociera la existencia de la mierda.

No obstante, algunas veces los rusos tienen razón en sus reclamos; tal es el caso de la cosmología moderna. En Occidente parece haber una voluntad de olvidar que, después del gran error cometido por Einstein a fines de la década de 1910 y antes de que Hubble descubriera la expansión cósmica diez años más tarde, Alexander Friedmann llegó a la conclusión de que el cosmos se expandía partiendo de la teoría general de la relatividad. Como bien dicen sus compatriotas, Friedmann debería ocupar un lugar similar al de Copérnico, aquel monje que colocó al Sol en el centro de nuestro sistema, porque a él se debe un cambio de perspectiva de análoga importancia en la cosmología, cambio que abriría las puertas a la idea de un universo no estático.

Tal vez Friedmann sería más conocido si su vida hubiese sido menos rica en acontecimientos y su indiscutible talento hubiera seguido caminos más trillados. Pero su vida fue arrastrada por los acontecimientos históricos, pues abarcó el período de agitación política de 1905, la Primera Guerra Mundial, la revolución comunista y la posterior guerra civil. En 1915 (mientras en otro lugar, un Einstein mucho mejor alimentado redondeaba la teoría general de la relatividad), Friedmann escribió a un amigo:

> Mi vida es bastante rutinaria, a excepción de algunos accidentes como una explosión de metralla a seis metros de distancia, el estallido de una bomba austríaca a menos de treinta centímetros que no tuvo consecuencias demasiado graves y una caída que sólo me acarreó un corte en el labio superior e intensos dolores de cabeza. Pero uno se acostumbra a todo, desde luego, especialmente cuando echa una mirada alrededor y ve que suceden cosas mucho más atroces.

La destreza matemática de Friedmann no tenía parangón y brillaba aun en tiempos tan agitados, especialmente en el cálculo de las trayectorias de las bombas que se lanzaban desde los aeroplanos. A menudo hacía dos papeles a la vez, el de ingeniero aeronáutico y el de piloto de pruebas.

Esas experiencias lo amargaron bastante y uno tiene la impresión de que su retraimiento se debía en parte a su bochorno ante el modo como la historia había mezclado el horror y la ciencia en el curso de su vida. En los pocos momentos de sosiego, hizo también investigaciones de vanguardia que tenían aplicaciones pacíficas en campos tan dispares como la meteorología, la dinámica de fluidos, la mecánica y la aeronáutica, entre otros. Por otra parte, fue uno de los primeros en realizar viajes en globos aerostáticos, en los cuales rompió récords de altura mientras llevaba a cabo experimentos de meteorología y medicina a bordo.

Tenía una energía excepcional, electrizante. En los momentos de mayor calma, desarrollaba una intensa actividad docente, hacía tareas administrativas y llevaba adelante investigaciones. En su calidad de funcionario, desempeñó un papel decisivo en la creación de muchos institutos de investigación en la Unión Soviética y se ocupó permanentemente de reunir fondos para salarios, equipos de laboratorio y bibliotecas. En calidad de docente, solía tener tres trabajos de tiempo completo simultáneamente.

En 1922, a los 34 años, Friedmann se interesó por la teoría de la relatividad y estudió aplicadamente la teoría general. A raíz de la guerra y el posterior bloqueo impuesto a la Unión Soviética, la teoría general de la relatividad se conoció en Rusia con varios años de atraso. Friedmann fue uno de los primeros en estudiarla y en escribir artículos sobre ella en ruso. En su afán por garantizar que la nueva generación de su patria no se perdiera los últimos avances de la ciencia, preparó varios libros de texto y artículos de divulgación sobre el tema. Al mismo tiempo, inició cálculos propios entreteniéndose con el nuevo juguete que Einstein le había obsequiado a los físicos.

Muy poco es lo que se sabe del carácter de Friedmann, ya que era una de esas personas que se destacan más por sus acciones. Así, aunque no podamos decir que comprendemos sus razonamientos, es indiscutible que no compartía los prejuicios cosmológicos de Einstein. Cuando aplicó las ecuaciones de la relatividad general al universo en su totalidad y dedujo que estaba en expansión, no lo arrebató el pánico. Tomó las cosas como eran —nada de constantes cosmológicas— y en 1922 publicó sus conclusiones en una revista alemana. Por consiguiente, *predijo* la expansión del universo antes de que Hubble hiciera sus observaciones.

El artículo de Friedmann disgustó mucho a Einstein y lo empujó a dar una vuelta más a la historia, de modo que la espina de la constante cosmológica terminó clavándose aún más profundamente en su carne. En esa época,

Einstein abrigaba la esperanza de que su ecuación de campo tuviera una única solución cosmológica: un universo estático que podría deducirse entonces por métodos puramente teóricos evitando difíciles observaciones astronómicas. Para él, podía haber otras soluciones que en última instancia resultarían incompatibles con la ecuación de campo por una razón u otra. A partir de esta creencia, cuando leyó el artículo de Friedmann pensó que los resultados del ruso no tenían nada que ver con el mundo real, pero también creyó que encerraban errores matemáticos.

En una actitud no muy frecuente en él, pocas semanas después de publicado el artículo de Friedmann, envió una nota muy desagradable a la misma revista atacando el trabajo. Decía allí: "Los resultados relativos a un universo no estacionario que contiene el artículo [de Friedmann] me parecen sospechosos. De hecho, se puede comprobar que la solución ofrecida no satisface las ecuaciones de campo".

No hay duda de que Friedmann, como todos, veneraba a Einstein y probablemente se sintió muy afligido cuando leyó la nota. Repitió meticulosamente todos sus cálculos una y otra vez, con la sensación quizá de que estaba sentenciado. Por último, tuvo que admitir lo increíble: el gran Einstein se había equivocado y sus cálculos originales eran correctos. Redactó una respetuosa carta al maestro explicando sus deducciones y señalando el lugar en que, según creía, Einstein se había equivocado. Era un error tan elemental que Einstein lo advirtió de inmediato al leer la carta y se retractó de la nota anterior, presumiblemente con cierto embarazo. Debe haberse sentido muy decepcionado, no tanto porque había cometido un error, sino porque sus ecuaciones no aportaban una solución única que permitiera concebir el universo según sus creencias más queridas.

En la segunda nota, Einstein gentilmente reconoció su error:

En mi nota anterior critiqué [el artículo de Friedmann]. No obstante, mi objeción [...] partía de un error en los cálculos. Considero que los resultados del señor Friedmann son correctos y esclarecedores: muestran que, además de la solución estática, existen soluciones que varían con el tiempo.

Así y todo, en el borrador de puño y letra escrito por Einstein que ha llegado hasta nuestros días, se puede leer una frase que tachó: "Difícilmente se pueda atribuir algún significado físico a esas soluciones".

Es evidente que se habría sentido muy feliz de agregar ese comentario, pero, puesto que no había pruebas para respaldarlo, su honestidad se impuso.

ME VEO OBLIGADO A DESCRIBIR con algún detalle los notables artículos de Friedmann, pues definen el modelo fundamental de universo sobre el cual se basan las teorías de cualquier cosmólogo. Además, dan origen a uno de los problemas más difíciles de la cosmología, el de la planitud. Friedmann presenta tres tipos de modelo: los espacios esféricos o cerrados, los seudoesféricos o abiertos y los universos de geometría "plana". Son términos que describen la forma misma del espacio, trama fundamental del universo. A continuación, el físico ruso muestra que, según la teoría general de la relatividad, esos modelos *deben* ser expansivos –al menos si no se usan artilugios como la constante cosmológica Lambda–, de modo que *predice* de hecho los descubrimientos de Hubble.

Si esos artículos no existieran, los descubrimientos de Hubble casi no tendrían sentido. Se dice a veces que nunca debemos adoptar una teoría científica hasta que los experimentos no la comprueben. Sin embargo, un célebre astrónomo también dijo que nunca debemos creer en una observación si no está respaldada por una teoría. Pues bien, unos diez años antes de los descubrimientos de Hubble, los artículos de Friedmann aportaron la teoría necesaria para interpretarlos.

Friedmann empieza por aclarar la noción de expansión cósmica y formula la interpretación que le damos hoy, eliminando algunas paradojas que podrían filtrarse en la teoría en caso contrario. Muestra que la expansión no es un movimiento mecánico como muchos creen sino que es un efecto geométrico. Debo reconocer que hasta aquí, yo mismo he utilizado esa interpretación errónea; permítame el lector ahora corregir lo dicho y explicar con mayor precisión qué significa realmente la expansión según la teoría de la relatividad.

En la imagen relativista de la expansión, los componentes del fluido cosmológico, es decir, las galaxias, están incrustadas en el espacio y, por consiguiente, no tienen movimiento relativo con respecto a él. En cambio, el propio espacio está en movimiento, se expande y, a medida que transcurre el tiempo, genera cada vez más espacio entre dos puntos dados cualesquiera. Así, la distancia entre dos galaxias cualesquiera se incrementa con el tiempo y crea la ilusión de un movimiento mecánico. Sin embargo, en la realidad, las galaxias están ahí, viendo, por así decirlo, que el universo genera cada vez más espacio entre ellas. Aunque al lector esta diferencia le parezca demasiado sutil, le pido que intente digerirla. Es la fuente de más de un malentendido en cosmología.

Hay una analogía posible: pensemos en una Tierra hipotética cuyos habitantes se vieran confinados a la superficie sin poder verla desde el espacio. Imaginemos ahora que esa superficie se expande, como si la Tierra se inflara como un globo, aunque el espacio exterior siga siendo inaccesible para sus habitantes. Si observáramos las ciudades de esa Tierra en expansión, comprobaríamos que en realidad no se mueven aunque la distancia que las separa aumenta. En esa situación imaginaria, las ciudades no tienen patas para desplazarse, pero, de algún modo, la dinámica misma del espacio en que residen crea la ilusión de movimiento porque la distancia entre ellas crece.

Esta sutileza es fundamental para la coherencia de la teoría. Si la expansión cósmica fuera un movimiento en el sentido habitual del término, caeríamos fácilmente en paradojas. Por ejemplo, la ley de Hubble indica que la velocidad de recesión de las galaxias es proporcional a su distancia. Si esa velocidad fuera genuina, es decir, si describiera un movimiento en un espacio newtoniano fijo, podríamos hallar una distancia más allá de la cual la velocidad de recesión sería mayor que la velocidad de la luz.

De hecho, la velocidad de todas las galaxias es nula con respecto al espacio que las contiene, como ocurriría con las ciudades imaginarias de nuestro hipotético ejemplo de la Tierra en expansión. No obstante, la distancia entre las galaxias aumenta con el transcurso del tiempo a un ritmo posiblemente mayor que el de la velocidad de la luz, si se toman en cuenta galaxias suficientemente lejanas. No hay contradicción entre estas dos proposiciones y, por lo tanto, no hay paradoja ni contradicción alguna con la teoría especial de la relatividad.

No obstante, la ley de Hubble tiene una interpretación en la concepción de Friedmann. Según el físico ruso, vivimos en un universo en expansión cuyo modelo sería un espacio en el cual las distancias se multiplican por un número que se denomina *factor de expansión* o *factor de escala*. Este factor aumenta con el transcurso del tiempo, lo que implica una expansión geométrica. Sin embargo, como todas las distancias se multiplican por ese factor, cuanto mayor es la distancia, tanto más grande es el incremento. No ocurriría lo mismo si se sumara un número a todas las distancias, pero ocurre que el factor de expansión es *multiplicativo*: a mayor distancia, mayor es el incremento a lo largo del tiempo.

En consecuencia, si volvemos a la concepción de Hubble y describimos la expansión como un movimiento real en un espacio newtoniano, parece que la "velocidad" es proporcional a la distancia, que es precisamente lo que dice la ley de Hubble. Pero la concepción de Friedmann es más compleja aún, pues muestra que el movimiento hacia afuera que Hubble observó más tarde no tiene realmente un centro: cualquier observador tiene la ilusión de que es el centro de un movimiento hacia afuera –hecho que satisface la ley de Hubble– porque en realidad la totalidad del espacio se estira con igual ritmo en todas partes.

UNA VEZ ACLARADO ESTE PUNTO, Friedmann postuló, como Einstein, que el fluido cosmológico es homogéneo, es decir, tiene el mismo aspecto o las mismas propiedades en todo el universo. Más que provenir de los datos, los motivos para formular ese postulado son intuitivos y de conveniencia matemática (por no hablar de haraganería). Debemos recordar que todos esos razonamientos se hicieron años antes del descubrimiento de Hubble. De hecho, por respeto al rigor histórico, tanto Einstein como Friedmann pensaron en un fluido homogéneo de estrellas, y no de galaxias, de las cuales no tenían noticia. Por un verdadero milagro, los dos hicieron una suposición correcta, aunque con algunos ingredientes erróneos.

Suponer la homogeneidad limita abruptamente el número de geometrías o espacio-tiempos que se pueden utilizar para describir el universo. Si la materia genera curvatura y si la densidad del fluido cosmológico es la misma en todas partes, la curvatura del universo también debe ser la misma en todas partes. Quedan descartadas así las formas curvas irregulares o estrafalarias: por ejemplo, el universo no puede tener la forma de un elefante, bestia que está muy lejos de ser homogénea. Nos quedan, en realidad, sólo tres posibilidades.

La más sencilla es un espacio tridimensional que no tiene curvatura: el espacio euclidiano. Para ayudar a imaginar los otros dos casos, en la figura 1.a he dibujado un símil bidimensional de un espacio tridimensional real, una hoja plana infinita. Al lector quizá lo sorprenda saber que semejante superficie plana es una de las posibilidades, dado que la materia genera curvatura;

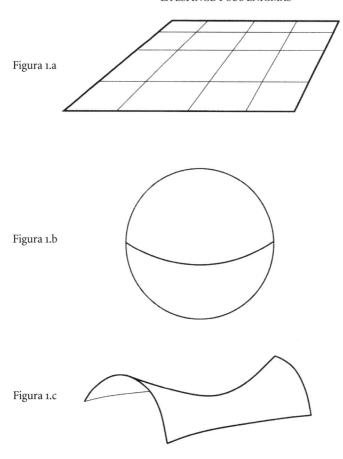

Figura 1.a

Figura 1.b

Figura 1.c

Figura 1. (a) Superficie plana. (b) Superficie esférica. (c) Fragmento de superficie de una hiperesfera. Esta última superficie es infinita y en todos sus puntos parece una silla de montar.

pero debe recordar que la materia curva el espacio-tiempo, y no hemos considerado todavía cómo opera el tiempo en este universo.

Veamos cómo abordó Friedmann la cuestión del tiempo. Primero postuló que *todas* las distancias medidas sobre la hoja plana debían multiplicarse por el factor de escala o de expansión del universo. Es posible que el factor varíe con el transcurso del tiempo, lo que daría origen a una dinámica temporal en semejante universo. El modelo de espacio-tiempo correspondiente, entonces, es ese ente combinado: la superficie más un factor de escala que depende del tiempo, entidad que se curva por acción de la materia según las ecuaciones de campo de Einstein. En efecto, cuando Friedmann introdujo esta geometría en las ecuaciones de campo, halló que la entidad es curva. En la figura 2 he graficado el factor de escala en función del tiempo para ese universo.

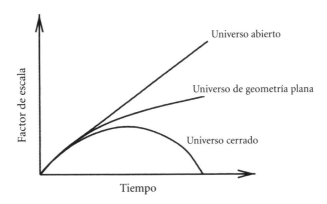

Figura 2. Evolución del factor de escala en un universo con geometría plana, en un universo cerrado y en un universo abierto. Los modelos cerrados se expanden hasta adquirir un tamaño máximo y luego se contraen para morir en un gran colapso (*big crunch*). Los modelos abiertos comienzan a expandirse sin desaceleración, como si no actuara la gravedad: en última instancia, contrarrestan su propia gravedad y se transforman en universos vacíos. Sólo los modelos de geometría plana se salvan de un destino atroz.

Se puede observar en la figura que el factor de escala de un universo de geometría plana aumenta con el tiempo, aunque la tasa de incremento disminuye. Esa disminución puede interpretarse como la curvatura del espacio-tiempo. Como veremos más adelante, el destino de semejante universo es excepcional. Si miramos más atentamente la figura 2, veremos que se expande eternamente y que su velocidad de expansión disminuye gradualmente pero jamás se detiene del todo.

Los otros dos espacios son más complejos. Uno de ellos corresponde a la esfera [superficie esférica],[1] que tiene curvatura idéntica en todos sus pun-

---

[1] En este contexto, cuando los cosmólogos hablan de "esferas" se refieren exclusivamente a la superficie esférica, la cual, desde luego, es bidimensional en el caso de esferas estándares.

tos. Parece algo fácil de imaginar, pero recordemos que estamos hablando de una superficie esférica tridimensional [de una esfera de cuatro dimensiones], no de su equivalente bidimensional. He creado una versión para jardín de infantes en la figura 1.b; si el lector puede "ver" cómo es, lo felicito; yo no puedo, pero no por ello he dejado de trabajar con superficies esféricas tridimensionales. Esa es la ventaja de las matemáticas; nos permiten jugar con objetos que nuestro cerebro no puede imaginar.

Si las esferas tridimensionales son desconcertantes, el tercer tipo de espacio homogéneo lo es aún en mayor grado. Se lo llama seudoesfera o universo abierto. En la figura 1.c he trazado un fragmento de su símil bidimensional; se trata de una superficie infinita en forma de silla de montar. Para contribuir a la comprensión de la seudoesfera, en la figura 3 he usado un artilugio: las secciones trazadas son ortogonales entre sí. En una superficie esférica, en los dos casos se obtiene una circunferencia, razón por la cual se dice a veces incorrectamente que la superficie esférica es el producto de dos circunferen-

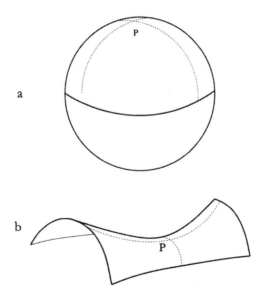

Figura 3. (a) Si trazamos dos secciones ortogonales por cualquier punto (P) de una superficie esférica, se generan dos circunferencias que se curvan en la misma dirección (en este caso hacia abajo). (b) La misma operación aplicada a la superficie de una hiperesfera genera dos líneas que se curvan en direcciones opuestas (una de ellas se curva hacia arriba y la otra hacia abajo).

cias. Lo mismo ocurre con la seudoesfera, sólo que en ese caso la curvatura de las dos secciones es opuesta. Por eso decimos que esa superficie tiene curvatura negativa, mientras que la superficie esférica habitual tiene curvatura positiva. Así, según la curvatura de las dos secciones, el espacio será finito (como en una superficie esférica) o infinito (como en la seudoesfera).

A fin de indicar cómo se combinan estas dos superficies con el tiempo para generar un espacio-tiempo, debemos multiplicar todas sus distancias por un factor de escala o de expansión, que puede depender del tiempo. Cuando Friedmann aplicó esas geometrías a la ecuación de campo de Einstein y estudió la evolución del factor de expansión, descubrió que esos espacios tienen un destino aciago, a diferencia del modelo de geometría plana descripto anteriormente. Comprobó que el universo esférico se expande a partir de un *big bang* pero finalmente se detiene y comienza a contraerse para acabar en un *big crunch*. En cambio, el universo correspondiente a la seudoesfera se expande también a partir de un *big bang* pero jamás cesa de expandirse: a diferencia de lo que sucede en el modelo de geometría plana, la desaceleración de la expansión no continúa en él indefinidamente sino que alcanza un ritmo estable. En la figura 2 se grafica la evolución del factor de escala en función del tiempo según Friedmann para los tres modelos posibles.

Nos hemos encontrado antes con la misma antítesis, que no refleja más que una tensión que ya hemos debatido: la guerra entre la expansión y la atracción gravitatoria, o el hecho de que, por un lado, el espacio "se infla" y, por el otro, la fuerza de la gravedad actúa en sentido contrario, empujando todo hacia adentro y tendiendo a congregarlo. La evolución del modelo cerrado o esférico es tal que la gravedad finalmente supera la expansión, de modo que esta última prosigue aunque permanentemente desacelerada por la gravedad, hasta que por fin se detiene y precipita al universo en una contracción cada vez más rápida que termina en el colapso final. En los modelos abiertos o seudoesféricos, por el contrario, la expansión gana la batalla, y el universo acaba por escapar a su propia gravedad. Durante algún tiempo, la gravedad tiene intensidad suficiente para desacelerar la expansión, pero al final, la expansión es tan veloz –o, según otro punto de vista, la materia del universo ha quedado tan diluida– que la gravedad ya no tiene importancia. Por esa razón, la expansión ya no se frena y comienza un fase en la cual el universo "escapa de sí mismo" y se transforma en algo vacío.

Una delgada línea separa a esos dos polos: el modelo de geometría plana
—un modelo de mesura británica podríamos decir—, en el cual se produce
un equilibrio perfecto entre la expansión y la gravedad. La expansión nunca se libra del todo de la gravedad, pero la gravedad jamás consigue detener
la expansión y causar un colapso. El universo se expande por toda la eternidad con verdadera flema y moderación, sin ceder ante la gravedad que lo
precipitaría en una implosión catastrófica y sin abandonarse a la expansión
descontrolada y el posterior vacío, evitando así con gran sensatez el cataclismo o la muerte, para seguir viviendo hasta alcanzar una edad avanzada
y venerable.

La longevidad de los modelos de geometría plana es crucial, pues sólo
esos universos viven el tiempo necesario para que la materia se aglutine formando estrellas y galaxias, y para que las escalas de tiempo sean tan grandes
que permitan la formación de estructuras y de vida. Puesto que no podemos
acelerar el lento proceso por el cual la selección natural genera la inteligencia, sólo hay un tipo de modelo que garantiza el tiempo necesario para que
ella actúe sin peligro de una hecatombe cósmica.

Ahora bien, los modelos planos son intrínsecamente inestables porque
dependen de un precario equilibrio entre el movimiento cósmico y la gravedad; por milagro, evitan dos finales igualmente catastróficos. La menor desviación de la planitud implica que el espacio-tiempo se cierra sobre sí mismo o se transforma en una superficie tipo silla de montar y se vacía. En
cualquiera de los dos casos, se precipita vertiginosamente hacia la muerte.
De hecho, parecería entonces que el universo ha estado caminando sobre
una cuerda floja durante 15 mil millones de años, algo sumamente improbable, si no francamente imposible. Esto se conoce como *problema de la planitud*, segundo enigma del *big bang* que ha acosado a los cosmólogos desde
que Friedmann develó el panorama de la cosmología relativista.

Existe una descripción posible de esta pulseada, un número que se llama
Omega (como la letra griega). Omega es aproximadamente igual al cociente entre la energía gravitatoria del universo y la energía implícita en su
movimiento de expansión. En el universo de geometría plana, ambas cantidades son iguales en todo momento, de modo que Omega es igual a uno.
En los modelos cerrados, Omega es mayor que uno pues su energía gravitatoria es mayor que su energía cinética; en los modelos abiertos, Omega es
menor que uno.

Omega se puede expresar de una manera equivalente, definiendo, para una velocidad de expansión determinada, la densidad de materia que genera la cantidad exacta de energía gravitatoria necesaria para equilibrar la energía de expansión. Esta densidad se denomina *crítica*, siguiendo la nomenclatura de las armas nucleares. Es la densidad necesaria para que Omega sea igual a 1 permanentemente, es decir, necesaria para la planitud. Si la densidad cósmica supera este valor crítico, la gravedad gana la partida y nos hallamos frente a un modelo cerrado. Por el contrario, si la densidad es menor que el valor crítico, tenemos la certeza de que en ausencia de gravedad el universo acabará por "escapar de sí mismo" mediante una explosión, y nos hallamos frente a un modelo abierto. No sorprende pues que Omega se pueda expresar como el cociente entre la densidad cósmica real y la densidad crítica, y que ese valor describa el estado actual de ese gigantesco tira y afloja.

El problema de la planitud es tan poco dócil a cualquier tratamiento porque, a medida que el universo se expande, las desviaciones del valor 1 de Omega aumentan abruptamente, como se puede ver en la figura 4. En el modelo de geometría plana, Omega es igual a uno eternamente, pero el menor exceso de un tipo de energía sobre el otro, es decir, la menor diferencia entre la densidad cósmica real y la crítica genera una situación que sólo puede empeorar y que, de hecho, empeora rápidamente.

El padre del universo inflacionario, Alan Guth, cuenta que ese problema lo obsesionaba en los meses anteriores a su gran descubrimiento. Tenía entonces poco más de treinta años y estaba en un momento decisivo de su carrera, de modo que no tenía por qué preocuparse por la cosmología, que en ese entonces no era una rama respetable de la física. Se la veía como una empresa que cualquier joven científico debía evitar como si fuera la peste, dejándola en manos de hombres más maduros, víctimas de atrofia cerebral.[2]

Guth sufría presiones para publicar rápidamente aburridos trabajos encuadrados dentro de las principales tendencias imperantes en la física, pero hubo una serie de casualidades que lo hicieron asistir a una conferencia que dio en Cornell el famoso físico Robert Dicke, quien expuso allí el problema de la planitud.

---

[2] Es curioso que en la actualidad, cuando nadie opina ya que la cosmología es una peste, se haya producido la reacción inversa y los científicos de renombre piensen que la cosmología es una pérdida de tiempo –una peculiar inversión de su estatus social–.

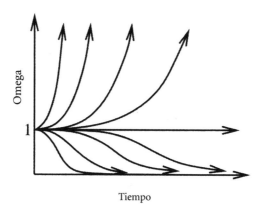

Figura 4. Inestabilidad de un universo con Omega = 1. La menor desviación de la planitud rápidamente genera desviaciones más grandes aún.

Dicke impresionó mucho al auditorio expresando numéricamente el problema. Así, mostró que cuando el universo tenía sólo un segundo de edad, el valor de Omega debió estar comprendido entre 0,99999999999999999 y 1,0000000000000001. Si Omega hubiera estado fuera de ese rango, el universo se habría precipitado en el vacío o en un colapso total y no estaríamos aquí para debatir una cuestión filosófica tan fundamental. Ese comentario impresionó de tal manera a Guth, que cambió el rumbo de su carrera y terminó formulando la teoría inflacionaria. ¿A qué se debía un ajuste tan fino de Omega?

Debo aclarar que Dicke no escogió la edad de un segundo arbitrariamente. Hay un supuesto fundamental cuando se hacen cálculos para ilustrar la inestabilidad del universo de geometría plana: que el universo ha venido expandiéndose, pues de lo contrario Omega no se desviaría de uno. Dicke sabía perfectamente que hay pruebas empíricas de que, desde un segundo después del *big bang*, la expansión del universo se ha desarrollado en un todo de acuerdo con la teoría de Friedmann.[3]

---

[3] Podría escribirse un libro entero para exponer esas pruebas empíricas, que tienen que ver con la formación de elementos más pesados que el hidrógeno en una suerte de colosal bomba H primigenia. A menos que la expansión del universo se haya desarrollado al modo de Friedmann, desde que contaba más o menos con un segundo de edad, la bomba habría sido un verdadero fiasco, y habría contradicción con los hechos observados.

Pero no hay ninguna prueba de que antes de ese segundo haya habido expansión, sólo hay argumentos teóricos. *Creemos* que se puede aplicar la relatividad general al período anterior, en cuyo caso podemos *inferir* que el universo debe haberse expandido desde sus comienzos. Aunque no hay pruebas al respecto, pero tampoco tenemos ninguna razón para pensar lo contrario, aceptamos esa extrapolación.

No obstante, sabemos que en un momento del pasado la relatividad general no *debió regir*: es el tiempo de Planck, instante apenas posterior al inicio del universo, pues se expresa como 0, (42 ceros) 1 segundo. Vivimos en un universo cuántico, sujeto a fluctuaciones aleatorias y, desgraciadamente, no tenemos una teoría cuántica de la gravedad que nos permita prever cómo afectan las fluctuaciones cuánticas a los fenómenos gravitatorios como el movimiento de la Luna y de la Tierra. No obstante, podemos estimar la magnitud de esas fluctuaciones y siempre llegaremos a la misma conclusión: para el cálculo de trayectorias de cohetes y de planetas, son despreciables. No contamos con una teoría cuántica de la gravedad porque, de hecho, no la necesitamos.

Hay, sin embargo, una excepción trágica para la cual sí la necesitamos y es la expansión cosmológica antes del tiempo de Planck. En esos instantes remotos, según la teoría de la relatividad, la expansión es tan veloz que no se pueden desechar las fluctuaciones cuánticas que arrojan las mejores estimaciones con que contamos. Desde luego, no tenemos acceso directo a ese período de la vida del universo, de modo que no podemos decir si las fluctuaciones son importantes. Por otro lado, tampoco tenemos ninguna garantía que nos permita confiar en resultados obtenidos sin el auxilio de una teoría cuántica de la gravedad. A lo largo de este libro, repetiremos este argumento. En lo que respecta a nuestras teorías, la época de Planck, período anterior al tiempo de Planck, es una caja negra y no podemos afirmar nada sobre lo que sucedió en ese turbio pasado.

En particular, no podemos estar seguros de que el universo haya estado en expansión durante esa época. Todo lo que sabemos es que ha venido haciendo equilibrio en la cuerda floja a partir de entonces. Ahora bien, puesto que tenemos razones sólidas para creer que el universo se ha expandido sin cesar desde el tiempo de Planck, cabe preguntar entonces qué valores podía adoptar Omega para que el universo perdurara hasta nuestros días. Los cálculos indican que Omega debió estar comprendido entre 0, (64 nueves) y 1, (63 ceros) 1, es decir, un valor muy próximo a uno.

Creo que ahora resultará evidente por qué digo que hay que ajustar muy precisamente el estado inicial del *big bang* moviendo a mano las perillas, por así decirlo, para que el resultado tenga sentido. Para empezar, ¿por qué el valor de Omega es tan próximo a uno? ¿Es posible que haya sido exactamente uno? En cualquier caso, ¿por qué? ¿Cuál es el mecanismo que produce valores de Omega tan precisos e impide la catástrofe? El paradigma del *big bang* no da respuesta a estos interrogantes. Se limita a ofrecer un rango de posibilidades y nos permite elegir un universo con un valor de Omega conveniente, de modo que el modelo resultante describe con increíble exactitud el mundo en que vivimos. Pero todos sabemos que si hubiéramos elegido un modelo apenas distinto, acabaríamos por obtener una monstruosidad.

Lo peor es que nuestra elección no estuvo guiada por ningún principio teórico sino por el mero deseo de que los datos den el resultado que nos conviene. Si hubiéramos elegido el valor de Omega *al azar*, jamás habríamos arribado al resultado que obtuvimos, pues hacerlo equivaldría a ganar la lotería diez veces seguidas. En consecuencia, los hombres de ciencia empezaron a pensar que los aciertos obtenidos con la teoría del *big bang* eran algo así como un engaño.

Como el problema del horizonte, el de la planitud reclama conjeturas. Es necesario que los cosmólogos empiecen a preguntarse qué sucedió realmente durante la explosión, en ese primer instante del nacimiento del universo. ¿Qué misterio encierra la época de Planck, inaccesible para la teoría de la relatividad y la cosmología de Friedmann? ¿Acaso esos primeros instantes de vida, ese estado embrionario, entrañaban procesos específicos, una suerte de química hormonal distinta que determinó el valor insólito de esos números misteriosos? ¿Por qué razón ganamos tantas veces seguidas la lotería?

ANTES DE DEJAR AL LECTOR librado a sus propias cavilaciones sobre estos enigmas, voy a exponer uno más. El tercer enigma del universo en expansión es nada menos que ese ser demoníaco que Einstein desató: la constante cosmológica o Lambda. Fue una mancha en la inmaculada carrera de Einstein que él mismo repudió apenas se confirmaron los descubrimientos de Hubble. Después de tantos traspiés, la constante cosmológica cayó en el descrédito. Tal vez fue el único error grave de la brillante carrera de Einstein. Pero una vez que se descubrió, los hombres de ciencia no hallaron manera de justificar por qué tenía que ser igual a cero.

Recordemos brevemente que Lambda representa la energía del espacio vacío, la potencia gravitatoria de la nada, la puertita especial que Einstein construyó para los gatos menudos. Descubrió que su teoría permitía suponer una energía del vacío no nula siempre que el vacío estuviera sometido a una gran tensión y fuera gravitatoriamente repulsivo, y usó ese hecho para construir un universo estático sin abandonar su teoría. Para conseguirlo, tuvo que definir el valor de Lambda con enorme precisión, de modo que la fuerza de repulsión equilibrara exactamente la atracción gravitatoria habitual. El descubrimiento de Hubble fue la sentencia de muerte del universo estático, pero no acabó con la constante cosmológica. Como Friedmann ya había advertido, sólo un valor artificioso de Lambda correspondía a un universo estático, pues un valor distinto, menos preciso, implica aún un universo en expansión, de modo que los descubrimientos de Hubble no excluyen la constante cosmológica.

Ahora bien, si la energía del vacío no fuera nula, ¿cómo evolucionaría en comparación con otras formas de energía? ¿Se disiparía sin más, a medida que el universo se expandiera? ¿Dominaría a todas las otras especies del universo? Ese es, pues, el tercer enigma del *big bang*.

Las especies del universo están sometidas a un proceso similar a la selección natural. Algunas desaparecen; otras dominan el panorama y generan períodos y eras glaciales no muy distintos de los experimentados en la Tierra. Hasta ahora, he simplificado la fauna del universo, de modo que el lector tal vez ignora qué quiero decir cuando hablo de otras "especies". Hasta aquí dije solamente que el fluido cosmológico estaba constituido por galaxias, porque ellas son el componente más evidente del universo. Pero no son lo único que hay. Presentaré ahora a los otros personajes de la tragicomedia cósmica.

La figura 5 es una imagen del cúmulo de la constelación de Coma, que contiene más de mil galaxias. En la figura 6 se ve una imagen de la misma región del cielo, pero esta vez tomada con un telescopio sensible a los rayos X, que son indicio cierto de un gas muy caliente; de hecho, de un gas cuya temperatura es de millones de grados. Se puede observar en la imagen que el cúmulo está inmerso en un caldo de gas caliente. Es posible demostrar que ese halo gaseoso contiene la mayor parte de la masa del cúmulo, lo que implica que hay muchas más cosas de las que podemos ver con los ojos.

Experimentos similares demuestran que lo que podemos observar con los telescopios convencionales constituye en realidad una pequeña fracción de la

Figura 5. Imagen del cúmulo de la constelación de Coma, una verdadera "jauría" de galaxias.

masa del universo. Estamos rodeados por materia oscura que no brilla pero que, sin embargo, podemos "ver" a través de los efectos inequívocos que produce su gravedad. Sólo podemos detectar su peso y, a juzgar por lo que indican las balanzas, la materia oscura constituye la mayor parte del universo. Por consiguiente, conocemos tres especies materiales del universo: las galaxias, el gas caliente y la materia oscura.

Hay más, sin embargo: otro componente que denominamos radiación cósmica de fondo, un mar de microondas que provienen del espacio remoto y que envuelven al vacío en una suerte de baño tibio pues elevan la temperatura de todo en unos 3 grados aproximadamente. Los radioastrónomos Penzias y Wilson descubrieron en la década de 1960 esa radiación de fondo, y al principio creyeron que el efecto provenía de excrementos de paloma depositados en la antena. Limpiaron el aparato concienzudamente, maldiciendo a las palomas que habían hecho nido en la antena. Pero por mucho que limpiaran, no podían eliminar la señal. ¿Tal vez las palomas habían arruinado definitivamente el instrumento? Al cabo de un tiempo, se dieron cuenta de que habían detectado algo mucho más importante, el eco de otro compo-

Figura 6. Imagen de rayos X de la misma región del cielo fotografiada en la figura 5. El cúmulo está inmerso en una gigantesca nube de gas sumamente caliente.

nente del universo, un fluido cósmico de radiación que debía agregarse al fluido de galaxias, gas caliente y materia oscura.

Pues bien, hasta donde sabemos, esos son los ingredientes básicos del *big bang*.[4] La pregunta que debemos formular es la siguiente: ¿cómo los afecta la expansión? La respuesta es muy sencilla. Lo que sucede depende de si el componente en cuestión tiene presión interna o no. Ya hemos visto que la presión y la tensión pueden afectar la potencia gravitatoria de un objeto. De hecho, si se comprime un objeto lo suficiente, ese objeto puede incluso producir un efecto de repulsión gravitatoria, como ocurre en el caso de la constante cosmológica, el artilugio que pergeñó Einstein para obtener un universo estático a partir de la reacia teoría general de la relatividad. Ahora

---

[4] Según la mayoría de las teorías en boga, también debería existir un mar, un fondo cósmico de neutrinos, pero este hecho no cambia la línea de argumentación que expongo aquí.

sabemos que la presión es el factor que determina si el universo en expansión podrá sobrevivir o no. De modo que tenemos un panorama complejo: en un rincón, las galaxias y la materia oscura; en otro, la radiación cósmica, y en un tercero, agazapada amenazadoramente, la constante cosmológica.

Empecemos por el fluido de galaxias, carente de presión, pues la presión se debe a movimientos aleatorios de las moléculas. La presión atmosférica, por ejemplo, es el resultado de veloces movimientos moleculares que causan el choque de moléculas contra cualquier superficie y generan así presión. Pero no hay movimientos de este tipo en las galaxias, y si los hay, son despreciables. En líneas generales, las galaxias están en su lugar y carecen de presión. Utilizando un giro algo poético, los cosmólogos denominan "polvo cósmico" a ese fluido desprovisto de presión.

A medida que el universo se expande, las galaxias carentes de presión se apartan o, mejor dicho, siguen incrustadas en un espacio que se expande y genera cada vez más lugar entre ellas. Si pudiéramos pintar de rojo una región del universo, la mancha roja aumentaría de tamaño con la expansión, pero el número de galaxias contenido en ella no cambiaría. La tasa de dilución de cualquier fluido similar al polvo cósmico carente de presión, que está sometido a expansión, es idéntica a la tasa de aumento del volumen. Por lo que sabemos hasta ahora, la materia oscura también se comporta como un fluido de polvo, de modo que su evolución con la expansión del universo coincide con la de las galaxias; la materia oscura también se diluye con una tasa idéntica a la del incremento de volumen.

Con la radiación ocurre algo distinto, porque está constituida por fotones, partículas de luz que naturalmente se mueven a la máxima velocidad posible en el universo. Por esa razón, un fluido de radiación como el del fondo de microondas cósmico tiene una presión bastante grande. ¿Cómo afecta este hecho a la evolución del fluido cuando está sometido a la expansión cósmica?

A medida que el universo se expande, los fotones están cada vez más dispersos pero también ejercen presión sobre el espacio en expansión. Es como si hicieran un trabajo y contribuyeran a la expansión utilizando parte de su energía. Como dijimos antes, mientras el universo se expande, una determinada región de él pintada de rojo también se expande, pero sigue conteniendo el mismo número de fotones. Sin embargo, cada fotón se torna más débil pues va agotando su energía en el aporte que hace a la expansión. Por consiguiente, un fluido de radiación se diluye con la expansión mucho más rápidamente que el polvo, por dos razones: por la expansión del volumen y por la reducción adicional de energía que implica su contribución a la expansión.

Este hecho tiene consecuencias de suma importancia para la historia del universo. Si la radiación se diluye más rápidamente que la materia, debió existir en las primeras etapas del universo una radiación muy densa y muy caliente. De hecho, si una especie se diluye más velozmente que otra, debe esfumarse en las fases tardías y debió predominar en las primeras etapas. En otras palabras, la radiación cósmica es algo así como un dinosaurio: algo que está prácticamente en extinción pero que imperaba en el universo en épocas arcaicas. Así, el descubrimiento de la radiación cósmica derivó en un modelo particular del *big bang* denominado hoy *hot big bang*, que entraña un universo en expansión con un pasado abrasador en el cual predominaban los fotones de alta energía que formaban un mar de radiación sumamente caliente.

Lo dicho hasta aquí se refiere a los ingredientes rutinarios del universo que integran la versión más apetecible del *big bang*. Pero ¿qué sucede con la supervivencia de los más aptos si agregamos unas gotas de constante cosmológica? ¿Qué destino le toca a ese animal hipotético cuando se lo somete a la expansión?

Recordemos que la energía del vacío ya está sometida a una tensión extrema, de suerte que se opone a la expansión al resistirse a una tensión mayor. De este hecho se infiere que, al contrario de lo que sucede con la radiación, la expansión cósmica debe transferir energía a la constante cosmológica a medida que estira esa especie de banda de goma que es Lambda, y la obliga a acumular cada vez más tensión. En consecuencia, la expansión tiene un efecto doble sobre Lambda: por un lado, diluye su energía y, por el otro, se opone a la tensión transfiriéndole energía. La disminución de la energía debida a la expansión del volumen y la acumulación de energía en forma de tensión son dos efectos opuestos que entrañan un resultado peculiar. La densidad de energía implícita en la constante cosmológica es la misma en todo momento y no se ve afectada por la expansión del universo: sometida a expansión, ¡su densidad energética sigue siendo la misma!

Se trata de un hecho de consecuencias espectaculares pues, si en un instante determinado de la vida del universo hay el menor vestigio de energía del vacío, entonces, a medida que el universo se expande, y se diluyen el polvo cósmico y la radiación, Lambda predomina cada vez más. Pero el predominio del vacío puede acarrear una catástrofe, es decir, un universo muy distinto del que conocemos. La oscuridad invadiría los cielos y nuestra galaxia se encontraría aislada; además, no se registraría ninguna radiación cósmica. ¿Por qué razón no hemos llegado a esa situación?

Hagamos lo mismo que hicimos antes y hablemos concretamente de cifras. Consideremos en primer lugar el universo al cabo de un segundo de existencia. Se puede demostrar que el porcentaje de energía del vacío en el universo debe ser inferior al 0, (34 ceros) 1 por ciento para que Lambda no haya dominado la situación hace ya mucho tiempo. Si imponemos más restricciones y suponemos que el universo se está expandiendo desde el tiempo de Planck, entonces el aporte inicial de la energía del vacío tiene que haber sido inferior a 0, (120 ceros) 1 para que las cosas sean como son.

Esto implica transitar por otra cuerda floja, mucho más peligrosa todavía.

LOS ENIGMAS DEL *BIG BANG* son muy incómodos, de modo que ya en la década de 1960 los cosmólogos luchaban por encontrarles solución, pero todas las que hallaron tenían fallas. Uno de los intentos más interesantes tal vez fue el de Yakov Zeldovich, cosmólogo ruso cuya vida tiene muchos puntos de contacto con la de Friedmann. Los seis años de escuela secundaria fueron toda su educación formal, circunstancia que quizás explique su extraordinaria imaginación y creatividad. Fue en gran medida un autodidacta, pero, aun cuando no asistió jamás a la universidad, recibió el título de doctor a la edad de 22 años.

A Zeldovich, como a Friedmann, le faltó lastre.[5] Tuvo tantas ideas innovadoras en el campo de la cosmología que a veces los investigadores creen que hubo varios científicos con el mismo nombre. De hecho, para distinguir las diversas fórmulas que llevan su nombre, se les agrega el de algún otro científico occidental que arribó al mismo resultado varios años más tarde. Pues bien, Zeldovich propuso el modelo de *universo oscilante o pulsante* como solución de los enigmas del *big bang*.

---

[5] Me disculpo por esta broma: Friedmann murió muy joven a consecuencia de un ascenso en globo a la estratosfera en el cual rompió el récord de altitud. Cuando uno lee sus anotaciones y las del piloto, se advierte claramente cómo funcionaba el programa espacial soviético: jalonado por una serie de éxitos que bordeaban permanentemente la catástrofe; producto escandaloso de una tecnología primitiva, a veces artesanal, y de la infinita capacidad de los rusos para sufrir.

Veamos en qué consiste su receta. Se toma primero un modelo esférico o cerrado y se le permite expandirse después del *big bang*. Sabemos que ese modelo termina por cambiar de rumbo e implosiona. Según la teoría general de la relatividad, su estado final debe ser el *big crunch*. Pero también sabemos que, a medida que el universo avanza hacia su colapso, adquiere una velocidad de contracción que es un reflejo exacto de la velocidad de expansión que tuvo en la época de Planck. En rigor, el universo debe ingresar en un período similar, en el cual entran en juego efectos gravitatorios cuánticos desconocidos. La única diferencia es que, en esta historia, el universo se contrae en lugar de expandirse. Los cosmólogos se preguntan si esos efectos gravitatorios cuánticos no pueden transformar el colapso en un nuevo *big bang*, esto es, si no habrá una especie de "rebote" cósmico.

El universo oscilante ha recibido también el nombre de universo fénix, pues renacería de las cenizas del colapso mediante una nueva explosión, cumpliendo así un ciclo infinito. Zeldovich pudo probar que cada nuevo ciclo debía ser mayor (más largo) que el anterior[6] (véase la figura 7). A partir de allí, intentó resolver los enigmas del *big bang* utilizando ese modelo.

No hay duda de que los misterios que encierra el *big bang* son deslumbrantes y riesgosos. Reclaman una física nueva, piden a gritos una cosmología distinta pero, sin embargo, no dan ningún indicio de una solución posible. Es muy fácil que, frente a ellos, la gente más inteligente parezca idiota. Recuerdo una de aquellas reuniones itinerantes sobre cosmología en la cual Neil Turok, uno de los principales adversarios de la teoría inflacionaria, mantuvo una acalorada discusión con alguien que sostenía que la inflación era la única solución conocida para el problema del horizonte y el de la planitud. Neil no se calla fácilmente, y retrucó de inmediato que eso no era cierto, que ahí mismo podía dar muchas explicaciones alternativas. Supongamos, dijo, que mientras el universo llegaba a ser "algo", empezaba a actuar algún principio que sólo garantizaba la existencia de un universo tan simétrico como fuera posible. Tal principio implicaría por fuerza un universo homogéneo y plano, ¿no es verdad? Pues bien, esa es una solución de los problemas de la homogeneidad y la planitud.

---

[6] La demostración se fundamenta en la segunda ley de la termodinámica, según la cual la entropía siempre crece. La magnitud de cada ciclo de un universo oscilante es una función de su entropía total.

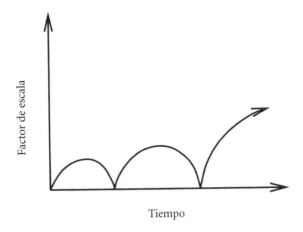

Figura 7. El factor de escala en un universo oscilante o pulsante. Cada vez que el universo se precipita en un *big crunch*, "rebota" y se inicia un nuevo *big bang*. Los ciclos son cada vez mayores y duran más. El universo se expande hasta adquirir un tamaño máximo mayor que el que tuvo en el ciclo anterior.

Hmmm… Siempre tuve la sensación de que el uso excesivo de la palabra "algo" permite que cualquiera resuelva todo tipo de problemas, incluso los insolubles. Pero aquí hay un error más evidente aún. Apenas Neil había terminado de hablar, Mark Hindmarsh, medio adormilado, desde unos asientos más allá, dijo súbitamente: "Bueno, en ese caso, ¿el universo no sería el espacio-tiempo de Minkowski?".

Hubo unos momentos de silencio mientras todos digeríamos ese nuevo comentario… y luego estallaron las carcajadas. Para cualquiera que domine las matemáticas elementales, lo que había dicho Hindmarsh era evidente: el espacio-tiempo de Minkowski, el espacio vacío carente de efectos gravitatorios, era el modelo más simétrico con que contábamos. Está tan vacío que su aspecto es idéntico en toda dirección, espacial o temporal. Desgraciadamente, ese "algo" que había mencionado Neil entrañaba un resultado manifiestamente erróneo –que deberíamos vivir en un mundo sin gravedad– en lugar de resolver cualquier problema cosmológico.

Todos se rieron de esa equivocada tentativa de resolver el problema del horizonte y el de la planitud, pero más tarde pensé que al menos Neil había intentado responder. El sello distintivo de los buenos problemas es su frustrante sencillez, frustrante porque apenas uno piensa que podrá resolverlos y abre la boca para proponer una solución, dice tonterías por más inteligente que sea.

Sin embargo, Neil se había equivocado en otra cosa. Para ser justos, y a pesar de todo lo que se dijera en el momento, a mediados de la década de 1990 había una sola respuesta para todas los enigmas que planteaba el *big bang*: la teoría del universo inflacionario de Alan Guth.

6. UNA ORGÍA DE ANFETAMINAS

A FINES DE LA DÉCADA DE 1970, la cosmología era una especie de broma. Los físicos particulistas habían avanzado como nunca en la explicación de la estructura de la materia aislando partículas fundamentales y determinando los campos que intervenían en sus diversas interacciones. Se construían aceleradores cada vez más potentes, en cuyo interior los físicos podían generar tremendas colisiones que permitían comprobar sus teorías. Esas máquinas enormes absorbían gigantescas sumas del erario público, pero todos pensaban que era dinero bien gastado porque los resultados eran excelentes: las teorías eran coherentes (en su mayor parte) y los experimentos que se llevaban a cabo en los aceleradores las ratificaban con firmeza.

Sin embargo, cuando los físicos intentaban engarzar ese enorme corpus de conocimientos que era la física de partículas con la teoría del *big bang*, sólo obtenían resultados sin sentido. En principio, la combinación debía arrojar algo con sentido que era, incluso, una necesidad lógica, porque el abrasador universo primigenio debía actuar como un poderosísimo acelerador de alta energía. Por consiguiente, en esos primeros instantes del universo debían haberse generado nuevas partículas, tal como se generaban en las colisiones de gran energía de los aceleradores. No obstante, la realidad no era tan prolija.

Los cosmólogos estaban especialmente interesados en un tipo de partícula, el monopolo magnético, invisible aún para los aceleradores, pero previsible a partir de ideas fundamentales que se habían *verificado* en ellos. Según las teorías, el universo primigenio debió producir monopolos, pero ¿fue prolífico en ellos? Además, ¿habrán decaído los monopolos una vez generados? Si no fue así, ¿existirían reliquias, vestidos de monopolos diseminados a nuestro alrededor, listos, por así decirlo, para que los descubriéramos?

Estas preguntas descansan sobre un razonamiento lógico que tenía sus raíces en el descubrimiento de los rayos cósmicos, realizado en la década de 1930. Los rayos cósmicos están constituidos en su mayor parte por partículas producidas en nuestra galaxia que tienen una energía muy inferior a la de los monopolos magnéticos.[1] Sin embargo, su energía superaba holgadamente el rango al que podían acceder los aceleradores existentes en el momento de su descubrimiento. Por ese entonces, Paul Dirac, que trabajaba en Cambridge, acababa de predecir la existencia de la antimateria, pero era imposible generarla en los aceleradores de la época. La antimateria fue detectada por primera vez en los rayos cósmicos, muchos años antes de que fuera posible generarla en la Tierra.

La lección era clara: a veces, no era necesario que los físicos particulistas recurrieran a aceleradores de alta energía para generar nuevas partículas; les bastaba con mirar el cielo, que les regalaba por pura cortesía una lluvia de partículas dotadas de gran energía. Quizá se pudiera usar la misma artimaña para observar energías más altas aún que las de los rayos cósmicos, utilizando las etapas iniciales del universo como un gigantesco acelerador capaz de producir partículas que todavía no se podían generar en la Tierra, como el monopolo magnético.

El interrogante fundamental, empero, se refería a la abundancia de esas reliquias del pasado. Comenzó ahí una verdadera pesadilla, porque apenas los físicos intentaron cuantificar el problema, los resultados no tuvieron ningún sentido. Según los cálculos, la abundancia de monopolos provenientes de esa etapa inicial y abrasadora del universo era tan grande que el universo entero debería estar constituido por monopolos magnéticos. Seguramente, había un error, ya sea en la física de partículas o en la cosmología del *big bang*.

Dadas las circunstancias, los hombres de ciencia se sintieron algo perdidos. Se hallaban frente a dos teorías que habían cosechado grandes triunfos, cada una de las cuales funcionaba muy bien dentro de su respectivo dominio. Según la lógica, tenían que superponerse en algún lugar, pero siempre que las combinaban, los resultados eran absurdos. Tal vez no deba sorprendernos que, en el clima que se vivía en la década de 1970, se echara toda la culpa del cataclismo a la cosmología. Se decía en aquel entonces que la "cosmología no era compatible con la física de partículas", lo cual tácitamente implicaba que nadie debía tomarla en serio.

Parecía que dos dioses distintos y enemigos hubieran creado el universo.

---

[1] Aunque hay excepciones: los rayos cósmicos de alta energía.

A FINES DE ESA MISMA DÉCADA, el joven Alan Guth trabajaba en el ortodoxo campo de las partículas y no debería haber perdido tiempo en la cosmología. Pero las cosas no andaban del todo bien en la carrera de Guth; había escrito varias memorias científicas pero casi nadie conocía su trabajo. Hoy en día, el propio Alan reconoce que sus primeros artículos carecen casi totalmente de importancia.

Por consiguiente, se acercaba para él ese momento de la carrera en que un físico pasa a formar parte del plantel permanente de la academia (en la jerga, obtiene un "cargo titular") o lo despiden sin más trámite. Esta impiadosa situación suele plantearse con mayor frecuencia cuando el profesional apenas supera los 30 años y no es muy conocido fuera del ámbito de la física. No obstante, los hechos suceden más o menos así: una hermosa mañana, el mercado de trabajo temporario cierra sus puertas para el físico que ya no es tan joven, y si éste no ha conseguido un cargo titular para ese entonces, lo más probable es que se vea obligado a trabajar en el mundo de las finanzas sintiéndose frustrado por el resto de su vida.

Puesto que las publicaciones de Alan hasta entonces no habían tenido demasiado eco, no podía esperar nada bueno, al punto que uno puede percibir cierto tono de desesperación en sus relatos posteriores sobre esa época sombría. Sin embargo, la gente suele hacer cosas imprudentes cuando se la arrincona. Alan tomó una decisión radical que habría de terminar en el descubrimiento de la inflación: se dedicó a la "cosmología de partículas", nombre que recibió después ese campo recién inaugurado. En ese momento, él no sabía nada de cosmología y decidió cambiar de rumbo eligiendo una especialidad que los físicos evitaban como si fuera la peste. Para empeorar las cosas, se puso a trabajar de inmediato en el problema del monopolo magnético.

Alan tenía un colaborador, Henry Tye, con quien abordó el problema de una manera no convencional. Comenzaron por buscar en la física de partículas modelos que *no* implicaran un universo superpoblado por monopolos magnéticos. Aparentemente, se trata de un enfoque ingenuo, pero no lo parece cuando lo contemplamos con más atención. La línea lógica de su razonamiento seguía la dirección contraria a las tendencias en boga: utilizaban la cosmología para indagar la física de partículas, como si la cosmología fuera una ciencia fiable. Siglos antes y en otro lugar, la Inquisición se habría interesado por ellos.

Para llevar a cabo su plan, tenían que estudiar en detalle el proceso de generación de monopolos magnéticos, lo que implicaba especializarse en un campo especial de la física de partículas, las transiciones de fase, procesos que generaron los monopolos magnéticos en las etapas iniciales del universo. Todos conocemos transiciones de fase en el caso del agua, que puede estar en estado sólido (hielo), líquido (lo que obtenemos cuando abrimos una canilla) o gaseoso. Estas tres versiones del agua se conocen habitualmente con el nombre de fases: modificando la temperatura es posible desencadenar una transición de fase. La conversión de agua en vapor –también conocida como ebullición– y de agua en hielo –conocida como congelación– son ejemplos de transiciones de fase.

Los monopolos magnéticos se generaron mediante transiciones de fase que afectaron el material constitutivo de las partículas fundamentales, sólo que esas transiciones se produjeron a temperaturas de fusión que expresadas en grados se escriben con un 1 seguido de 27 ceros. La hipótesis de la existencia de esas transiciones de fase formaba parte indisoluble de las fructíferas teorías de la física de partículas que estaban en vigencia. Por otro lado, no es posible alcanzar esas temperaturas en un horno, ni siquiera en el más potente acelerador de partículas, de modo que no cabe suponer que alguien pueda jamás descongelar semejante "hielo". No obstante, si uno tomaba en cuenta un período suficientemente próximo al *big bang*, el universo en expansión podía ser el tipo de horno capaz de generar condiciones tan extremas. El universo en expansión se enfría a medida que va envejeciendo, de modo que en sus comienzos debió ser muy caliente.

Como otros que trabajaron antes en el tema, Alan y Henry descubrieron, más precisamente, que el universo debió tener una temperatura más elevada que la necesaria en el período comprendido entre el *big bang* y 0, (19 ceros y un uno) segundos. Por consiguiente, en ese entonces, el material "sólido" de las partículas debió ser algo similar a "lava líquida". A medida que el universo se expandía y disminuía su temperatura, ese "líquido de partículas" primordial se fue congelando y constituyendo las partículas que conocemos. Según esta analogía, los monopolos magnéticos son como diminutas bolsas de vapor que el lector puede comparar con la niebla. Es lo que ha quedado de esa etapa de altísima temperatura, encerrado hoy en minúsculos núcleos. La cuestión es que la niebla primordial se parecía más a una emulsión de macizas balas de cañón. ¿Era posible evitar un universo ocupado totalmente por un espeso magma de monopolos superpesados?

Después de muchos ensayos y errores, Alan y Henry hallaron una salida. Descubrieron que en algunos modelos particulistas el universo se "super-enfriaba". Explicaré someramente el sentido de esta expresión: tomando agua muy pura, es posible disminuir progresivamente su temperatura por debajo del punto de congelación. De hecho, incluso es posible obtener agua super-enfriada por debajo de los -30° C. El líquido superfrío es sumamente inestable, de modo que el más tenue movimiento causa una explosión de cristales de hielo. En la naturaleza es posible encontrar agua y otros líquidos superfríos. Por ejemplo, la sangre de las ardillas árticas en hibernación puede enfriarse hasta -3 grados sin congelarse. Desde luego, sigue circulando, puesto que es un líquido, pero la menor perturbación puede causar su congelación y la muerte del animal, motivo por el cual no hay que molestar a las ardillas cuando hibernan.

En la física de partículas puede producirse un proceso similar. Alan y Henry sostuvieron equivocadamente que el super-enfriamiento eliminaba el peligro de la superpoblación de monopolos.[2] Escribieron un artículo en el cual exponían su descubrimiento. Este artículo, pese a errores fundamentales, tuvo "efectos secundarios" que desencadenaron una revolución en la cosmología. En realidad, cuando estaban a punto de presentarlo, sucedieron dos cosas que terminaron en el descubrimiento inesperado del universo inflacionario.

En primer lugar, Henry abandonó el barco y Alan quedó librado a sus propios recursos. A decir verdad, son muy pocos los que saben a ciencia cierta que algo importante se aproxima, pero Henry estaba además sometido a muchas presiones para que dejara de trabajar en semejantes tonterías. Cuenta Alan que, por esa época, Henry había solicitado un ascenso y que uno de sus superiores le comentó que su trabajo sobre los monopolos era demasiado "esotérico" para fundamentar una promoción. Henry cometió entonces un error capital: escuchó lo que le decía un científico de más rango que tenía poder de decisión sobre su carrera cuando, en principio, deberíamos supo-

---

[2] La idea consiste en lo siguiente: en una transición de fase retardada por el super-enfriamiento, se generarían menos monopolos. De hecho, tendríamos aproximadamente un monopolo por volumen de horizonte, y cuanto más tardía es la transición, tanto mayor es el horizonte. Sin embargo, esta circunstancia no basta para evitar la superpoblación de monopolos.

ner siempre que esa gente es algo senil. Así pues, abandonó el extraordinario trabajo que venía desarrollando con Alan en una etapa decisiva.

Sin duda, Alan debe haber padecido presiones similares, si no peores. Con el tema de los monopolos, no sólo ponía en peligro su promoción, sino que estuvo a punto de acabar con su carrera científica. No obstante, librado a sí mismo, cometió la insensatez de proseguir. En Portugal hay un dicho popular que viene al caso: "Es lo mismo perder una carrera por cien metros que por mil". La carrera de Alan estaba ya tan descarrilada en ese momento que le daba igual continuar con un tema tan "esotérico" hasta el final.

Un asunto importante que no se había estudiado todavía era todo lo relativo a las propiedades gravitatorias de la materia superfría, cuestión que Henry había planteado poco antes de levantar campamento. Alan se propuso analizar qué tipo de gravedad surgía de una forma de materia tan insólita.

Al llegar a ese punto, hizo un descubrimiento asombroso: el material superfrío de sus teorías tenía una tensión tal que su efecto gravitatorio sería repulsivo, es decir: ¡se comportaba de manera similar a la constante cosmológica! Su comportamiento no era exactamente el mismo que el de Lambda, sino que parecía una Lambda temporaria que sólo actuaba cuando el universo estaba superfrío.

Una vez más, el más grande error de Einstein volvía a aparecer.

A DIFERENCIA DE LO SUCEDIDO CON HENRY, a Alan no lo engañó el instinto. Se dio cuenta de que había hecho un descubrimiento que daba señales inconfundibles de ser toda una revolución. El entusiasmo lo dominó, y al día siguiente corrió a contarle sus deducciones a un colega eminente. Tal vez no deba sorprendernos saber que el otro recibió la noticia con frialdad y que su respuesta fue el siguiente comentario: "Lo increíble, Alan, es que nos pagan por esto". Evidentemente, Henry no era el único que no podía ver el extraordinario alcance de la nueva idea.

Es significativo que Alan haya pasado por alto esos comentarios y esas reacciones, de modo que llegó a un descubrimiento más asombroso todavía: ¡el universo superfrío, con su constante cosmológica temporaria, resolvía casi todos los enigmas cosmológicos! Por fin, los dos dioses enemigos –la física de partículas y la cosmología– se habían dado un abrazo. Según todas las apariencias, la física de partículas era el eslabón perdido necesario para explicar los más grandes misterios del *big bang*.

En realidad, en esta teoría, el universo superfrío tiene sólo una aventura pasajera con la constante cosmológica, un amorío efímero con el error más grande de Einstein, travesura de primera juventud que Alan bautizó con el nombre de *inflación*. No es una expresión caprichosa, pues alude al hecho de que la constante cosmológica ejerce una repulsión gravitatoria y causa una expansión sumamente rápida del universo, de suerte que el impulso hacia afuera acelera la expansión en lugar de desacelerarla como ocurriría en el caso de la gravedad habitual, que ejerce atracción. Por consiguiente, el tamaño del universo aumenta enormemente durante ese breve episodio de su vida (así como las distancias entre los objetos arrastrados por la expansión cósmica). De ahí, el término *inflación*: en el período en que la materia fría domina en el universo, el tamaño de éste aumenta tan velozmente como el de un globo que se infla.

En realidad, la inflación actúa como si se administrara al universo bebé una dosis enorme de velocidad. La unión superfría de esos dos dioses enemigos fue ungida con anfetaminas, de modo que el universo se *infló* súbitamente, en lugar de meramente expandirse. Esa primitiva orgía expansiva del universo llega a un final abrupto apenas el magma de partículas superfrías se congela. Entonces, retorna la normalidad burguesa, el proceso recupera su nombre habitual de *hot big bang* y la expansión desacelerada vuelve a su curso normal.

No obstante, ese amorío de juventud con el error más grande de Einstein tiene consecuencias importantísimas para la vida posterior del universo. En la misma noche interminable en que concibió la idea del universo inflacionario, Alan descubrió también que, con la inflación, las inestabilidades habituales del modelo del *big bang* desaparecían. En lugar de un paseo por una cuerda floja, la planitud se transformaba en un valle ineludible por el cual tenía que transitar el universo inflacionario. Los horizontes se abrían y permitían que todo el universo observable se pusiera en contacto, reuniendo en una bella totalidad lo que antes parecía un infame mosaico de islas desconectadas. Una vez separado de la fase inflacionaria, el "ajuste" del universo era tan bueno que podía caminar por la cuerda floja sin caerse. La inflación resolvía todas las inestabilidades de la teoría del *big bang*. Los enigmas de la esfinge estaban a punto de resolverse.

PARA EXPLICAR POR QUÉ la teoría de la inflación resuelve el problema del horizonte, debo empezar por confesar que hasta ahora he simplificado el problema. Como disculpa, debo decir que a menudo las simplificaciones son inevitables si uno pretende explicar la física sin recurrir a las matemáticas. Por otra parte, la versión que he dado del problema del horizonte es cualitativamente correcta para los modelos del *big bang* e, incluso, para los modelos de la velocidad variable de la luz. No obstante, no se ajusta a la expansión inflacionaria, porque en ese caso se pone en juego una sutileza. Se hace evidente entonces que al definir la distancia del horizonte hemos dejado de lado la interacción entre la expansión y el movimiento de la luz. Si prestamos a ese detalle la atención que le corresponde, allanaremos el camino hacia la solución inflacionaria del problema del horizonte.

Recordemos que el problema del horizonte surge porque, en cualquier momento dado, la luz –y por consiguiente cualquier interacción– sólo puede haber recorrido una distancia finita a partir del *big bang*. En consecuencia, en su más tierna infancia, el universo está fragmentado en horizontes, regiones que son invisibles entre sí. Ese mosaico de horizontes desconectados causa una enorme irritación en los cosmólogos, pues impide dar una explicación física, es decir, una explicación de ciertos fenómenos fundamentada en interacciones físicas, como la uniformidad del universo.

Nos gustaría que esa homogeneidad cósmica fuera consecuencia del contacto de todas las regiones del universo, de modo que la temperatura se equilibrara en una suerte de mar homogéneo. En cambio, en sus comienzos, el universo está dividido en una multitud de regiones que no tienen ningún contacto entre sí. En el marco de la teoría estándar del *big bang*, la homogeneidad sólo se puede alcanzar mediante una sintonía fina del estado inicial del universo, es decir, disponiendo minuciosamente las cosas de modo que esas regiones aisladas estén dotadas de las mismas propiedades. Es una solución sumamente artificiosa y, en el fondo, no se trata de una explicación sino de una confesión encubierta de la derrota.

Ahora bien, ¿qué tamaño tiene el horizonte exactamente? Dijimos que el radio del horizonte es igual a la distancia recorrida por la luz desde el *big bang*. Conforme a los cálculos más directos, esa definición significa que en un universo de un año de edad, el radio del horizonte es un año luz: la distancia que recorre la luz en un año. ¿Será verdad?

La respuesta es no, precisamente por esa sutileza que he mencionado hace un rato. Recorrer un universo en expansión acarrea una sorpresa: la distancia desde el punto de partida es mayor que la distancia recorrida concretamente, por la sencilla razón de que la expansión "estira", por así decirlo, el espacio que se va recorriendo. Hagamos una analogía. Pensemos en un vehículo que se desplaza a 100 km por hora durante una hora. Transcurrido ese tiempo, habría recorrido 100 km, pero, si entretanto el camino se ha estirado, la distancia medida desde el punto de partida será mayor que 100 km.

Podemos imaginar también una autopista cósmica construida sobre una Tierra que se expandiera muy rápidamente. Según el cuentakilómetros, en un viaje de Londres a Durham se habrán recorrido unos 480 km, pero la distancia real entre las dos localidades al final del viaje podría ser de 1.400 km.

Análogamente, en un universo de 15.000 millones de años, la luz habrá recorrido 15.000 millones de años luz desde el *big bang*. Sin embargo, su distancia al punto inicial sería de aproximadamente 45.000 millones de años luz. Haciendo los cálculos como se debe, esas son las cifras que se obtienen, o sea que, como resultado de este peculiar efecto, el tamaño actual del horizonte es el triple del que esperaríamos con un razonamiento ingenuo.

Este hecho no modifica la esencia del efecto horizonte en los modelos del *big bang*. Desde luego, el horizonte es más grande, pero se puede demostrar que aun así su tamaño aumenta con el tiempo, elemento clave del problema. Así, en comparación con su tamaño actual, el horizonte fue muy pequeño en el pasado y podemos aun llegar a la conclusión de que vemos los objetos muy lejanos, como fueron en un pasado remoto, cuando el horizonte era mucho más pequeño. Por consiguiente, podemos hallarnos fuera del horizonte de otra región y viceversa. De modo que la homogeneidad observada del universo pretérito y lejano sigue siendo inexplicable, porque sus múltiples regiones no pudieron estar en contacto, tengamos en cuenta o no este efecto que "triplica" las distancias.[3]

Sin embargo, lo que venimos diciendo es verdad en el contexto de una expansión normal, desacelerada. Toda la argumentación se viene abajo si consideramos una expansión acelerada o inflacionaria, pues en tal caso, en lo

---

[3] Aunque en el instante mismo del *big bang* el universo se reduce a un punto, no por ello todas sus regiones están en contacto. En el momento de la explosión, el horizonte también se reduce a un punto, y debo decir que el número de horizontes que caben en el universo en el instante de su creación es infinitamente grande. De algún modo, en el momento de la explosión, el horizonte es un punto infinitamente más pequeño que el universo.

esencial, la distancia recorrida por la luz desde el comienzo de la inflación se vuelve infinita. La expansión es tan veloz que su efecto de estirar la distancia ya recorrida supera el movimiento de la luz. Por esa razón, se dice a veces que la expansión inflacionaria –o acelerada– es una expansión superlumínica, expresión vívida aunque no totalmente correcta. La cuestión radica en que, cuando hay expansión "con anfetaminas", la luz recorre una distancia finita pero la expansión es "más veloz que la luz" y estira infinitamente la distancia que separa el rayo de luz de su punto de origen.

Por consiguiente, la inflación abre los horizontes. Antes de la inflación, la totalidad del universo observable hoy en día era una porción diminuta del universo que estaba en contacto causal. Regiones aparentemente disociadas pudieron estar en comunicación y alcanzar una temperatura homogénea, así como la mezcla de agua fría y agua caliente genera una masa de agua uniformemente tibia. Durante el período de inflación, esa porción diminuta y homogénea se transformó en una región inmensa, mucho más grande que los 45.000 millones de años luz que podemos ver hoy. El problema del horizonte se nos presenta solamente cuando trasladamos la expansión debida al modelo estándar del *hot big bang* hacia el pasado, hasta el mismo instante cero. En cambio, si introducimos un breve período de expansión inflacionaria en la vida primigenia del universo, el problema del horizonte queda resuelto.

El problema de la planitud fue la víctima siguiente.

Ya hemos visto que la constante cosmológica tiene propiedades extravagantes, muy distintas de las que poseen los materiales corrientes que encontramos a diario. Primero y principal, ejerce un efecto gravitatorio de repulsión, algo realmente insólito. Segundo, tiene otra característica fuera de lo común: su densidad de energía no merma con la expansión, permanece constante.

Las formas habituales de materia se "diluyen" si las colocamos en un recipiente que luego se expande, porque el contenido se difunde por todo su interior, ley que se cumple por igual para los copos de maíz y para el polvo cósmico. Si tomamos 1 metro cúbico que contiene 1 kilogramo de polvo cósmico y duplicamos su volumen, la densidad se reduce a la mitad. Todavía tenemos 1 kilogramo de polvo que ahora ocupa el doble de volumen, de modo que su densidad es 0,5 kilogramo por metro cúbico.

No sucede lo mismo en el caso de Lambda: dadas las mismas circunstancias, obtendríamos una densidad de 1 kilogramo por metro cúbico aunque estuviéramos frente a un volumen de 2 metros cúbicos, y, por algún motivo, acabaríamos con 2 kilogramos aunque al principio sólo teníamos uno. Un recipiente de Lambda contiene la misma cantidad de kilogramos por metro cúbico aunque su volumen se duplique; por consiguiente, contiene el doble de la masa o la energía inicial.

Esta insólita propiedad, como hemos visto, se debe a que Lambda es un material muy tenso, de modo que la energía del mar de Lambda aumenta de la misma manera en que una banda elástica de goma acumula energía cuando se la estira. No obstante, mientras que en el caso de la banda elástica el estiramiento significa un aporte muy pequeño a la energía interna, la tensión de Lambda es tan grande que la acumulación de energía compensa la "dilución" que genera la expansión. Esta última reduce la energía de Lambda, pero la tensión compensa exactamente esa reducción.

Precisamente, esa discrepancia entre el comportamiento de Lambda y el de la materia común y corriente nos llevó a formular el problema de la constante cosmológica. Un mínimo vestigio de Lambda no tardaría en producir un universo en el que no habría ninguna otra cosa, pues la expansión cósmica acarrearía una "dilución" de toda la materia normal, pero la densidad de Lambda seguiría constante. No mucho más tarde, no habría más que Lambda, señora del universo para toda la eternidad.

En algún sentido, el problema que plantea la constante cosmológica se parece al problema de la planitud. Los dos problemas son producto de las tendencias predominantes; en un caso, la curvatura, y en el otro, Lambda. Corresponde recordar que llamamos problema de la planitud a la inestabilidad del modelo de Friedmann. Habíamos visto que los modelos cosmológicos homogéneos pueden tener una geometría plana, ser esféricos o abiertos (también llamados seudoesféricos), y habíamos razonado que los modelos esféricos se curvarían cada vez más rápidamente hasta terminar cerrándose sobre sí mismos en un *big crunch* (gran colapso). Por el contrario, los modelos abiertos se abrirían cada vez más de modo que acabarían en un vacío estéril, desprovistos totalmente de materia. En cualquiera de los dos casos, la curvatura ejerce una suerte de dominio sobre la materia y el resultado sería algo muy distinto del universo en que vivimos.

Hasta aquí, no he hecho más que recapitular ideas que ya expuse. Ahora, llamaré la atención del lector sobre un asunto crucial que todavía no he mencionado. El problema de la planitud y el de Lambda tienen que ver con las tendencias antisociales de la curvatura y de Lambda, que procuran predominar sobre la materia común durante el transcurso de la expansión cósmica. Pero ¿qué sucede si hay una pulseada entre la curvatura y Lambda? ¿Cómo podrían interactuar el problema de la planitud y el de la constante cosmológica?

Alan Guth descubrió que uno de los dos villanos aniquilaría al otro: la imperiosa acción de la curvatura no sería un rival digno de la avasallante Lambda. Guth llegó a la conclusión de que un universo de geometría plana sólo resulta inestable por obra de la lucha entre la curvatura y la materia ordinaria. Enfrentada con Lambda, la curvatura perdería la batalla sin remedio, de modo que el resultado sería un universo de geometría plana (en el cual reinaría Lambda). Todo sucedería como si la curvatura *también* se "diluyera" por obra de la expansión, aunque a un ritmo más lento que el de la materia común. Así, la curvatura saldría ganando en la batalla contra la materia pero perdería la guerra frente a algo que no se reduce con la expansión, algo similar a la materia superfría o a la constante cosmológica.

Sin embargo, a diferencia de Lambda, la inflación no es una verdadera dictadura. La constante Lambda inflacionaria ejerce una parodia de dictadura y su dominio pronto acaba por voluntad propia cuando la materia superfría termina por "congelarse". La inflación es algo así como una constante cosmológica fingida, una Lambda transitoria que decae, transformándose en materia común cuando su tiempo se ha acabado. No obstante, mientras está en vigencia, ese símil de dictadura consigue eliminar violentamente a un enemigo menos poderoso: la curvatura. Finalizada esa tarea, se restablece la democracia y el dictador se convierte en materia común y corriente, o en radiación. Tal es la ingeniosa solución que ofrece la teoría inflacionaria para el problema de la planitud.

Para los lectores afectos a Omega, cociente entre la energía gravitatoria y la cinética durante la expansión, los procesos anteriores se pueden reformular diciendo que, cuando predomina Lambda, el valor Omega igual a uno ya no es inestable y se transforma en eso que los científicos han bautizado como atractor (véase la figura 1). Todo depende exclusivamente del hecho de que Lambda tiene una tensión elevadísima y, por consiguiente, no se reduce con la expansión.

Llegado a este punto, Alan recordó la conferencia de Dicke que había escuchado mucho antes. En su exposición, Dicke había dicho que el universo de un segundo de edad sólo podría haber sobrevivido hasta nuestros días si Omega

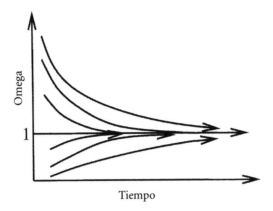

Figura 1. Un universo con Omega = 1 se transforma en un atractor durante la inflación, de modo que la teoría inflacionaria resuelve el problema de la planitud.

estaba comprendido entre 0,99999999999999999 y 1,00000000000000001. Casi enseguida, calculó que una inflación bastante modesta reduciría la curvatura de tal modo que el universo de un segundo de edad podría exhibir un valor de Omega comprendido entre 0, (varias páginas cubiertas de nueves) y 1, (varias páginas cubiertas de ceros) con un 1 al final. La inflación era un método muy eficaz para anular la curvatura y aportaba el "ajuste" necesario para resolver el problema de la planitud.

AL TERMINAR EL PERÍODO INFLACIONARIO, el universo superfrío decae y se transforma en la materia y la radiación normales del modelo *hot big bang*, la constante cosmológica deja de actuar y la desorbitada expansión alimentada por anfetaminas cede el paso a la expansión desacelerada estándar que caracteriza la gravedad atractiva. Se reanuda el curso normal del *big bang*, pero las peores pesadillas se han conjurado. Además, el hecho de que el universo sea homogéneo pese a los horizontes desconectados ya no es producto de una mera coincidencia, pues todos los horizontes fueron al mismo jardín de infantes. La inestabilidad propia de los modelos sensatos del *big bang* (los de gometrías planas) tampoco es fuente de preocupación. El período inflacionario consiguió la sintonía fina del universo; a la hora de su nacimiento, le aportó la estabilidad necesaria para que pudiera sobrellevar las "inestabilidades" de su vida posterior.

El único problema que la teoría de la inflación no consigue resolver, desde luego, es el de Lambda, pues, en alguna medida, toda la teoría descansa sobre la constante cosmológica. Pero, si además de la constante temporaria que aporta la materia superfría hubiera también una constante cosmológica permanente, la inflación no la eliminaría. Tanto en el caso de la Lambda real como la fingida, la densidad de energía permanece constante durante la inflación; su tasa es fija. De ahí que la existencia de una constante cosmológica genuina pueda amenazar el universo en cualquier momento posterior a la inflación.

Sin embargo, la batalla estaba ganada en todos los otros frentes. La audaz estrategia de Guth consistió en utilizar uno de los enigmas que entraña el *big bang* para resolver los otros, lo que, en algún sentido, era volver la esfinge contra sí misma. La esfinge quedó gravemente herida, aunque no derrotada del todo, si bien de ahí en adelante sólo podía esgrimir una única arma. Tal fue la notable hazaña de la teoría inflacionaria del universo.

Para terminar la historia de la teoría inflacionaria, agregaré que el universo superfrío de Alan Guth resultó un mero accesorio del verdadero paradigma inflacionario. Por diversas razones técnicas, la propuesta inicial de Guth entrañaba errores fatales, pero a quién le importa: él fue el autor de la idea, aunque no le dio su ropaje definitivo. Es deplorable que muy a menudo todo el crédito de una idea novedosa se lo llevan los que ajustan los últimos detalles en lugar de los que la concibieron. Lee Smolin expresó esa situación como una dicotomía entre "los pioneros y los granjeros", pues con frecuencia se atribuye a los "granjeros" todo el prestigio que implica el descubrimiento de un territorio desconocido. Por suerte, esa actitud desdichada no triunfó en el caso de la inflación, y el hombre que trazó los mapas del nuevo territorio cosechó la fama que merecía.

Sin embargo, si hemos de ser justos, los que siguieron los pasos de Alan hicieron mucho más que ajustar detalles. Los físicos emplearon varios años de arduo trabajo en eliminar los defectos de la propuesta inicial, de modo que el producto final contenía muchas novedades cualitativas con respecto al modelo de Alan. En esa tarea estuvieron empeñados Paul Steinhardt y mi futuro colaborador Andy Albrecht.[4] En ese entonces, Andy

---

[4] En verdad, hubo un tercer físico que se dedicó a este tema, pero se irrita tanto cuando no se lo menciona que no puedo evitar la tentación de omitir su nombre aquí.

era sólo un estudiante de posgrado y, siguiendo la tradición ya instalada en la historia de la ciencia, el excelente libro de Alan Guth, *The Inflationary Universe*, está adornado con retratos de todos los científicos que intervinieron en el desarrollo de la teoría inflacionaria, excepto el de ese muchacho tan joven, Andy.

En la actualidad, en los modelos inflacionarios el super-enfriamiento ha sido reemplazado por mecanismos más efectivos que postulan un campo especial, el *inflatón*, capaz de generar un período de inflación cósmica y resolver todos los problemas cosmológicos (con la sola excepción de Lambda) sin tropezar con las dificultades que afectaron al primer modelo de Alan. Lamentablemente, nadie ha visto jamás un inflatón.

Para terminar, debo decir que nadie considera ya que el monopolo, que tanto preocupaba a Alan Guth en sus comienzos, sea un problema cosmológico. Una vez más, fue un paso accesorio en el camino hacia ideas más elevadas, pero lo irónico del caso es que la patología del monopolo se atribuye ahora a los modelos de la física de partículas y no a la cosmología. Francamente, quizás en el futuro veamos los enigmas cosmológicos como meros problemas accesorios. Estimularon la imaginación de los hombres de ciencia, pero las teorías del universo primigenio concebidas para resolverlos fueron mucho más trascendentes que las motivaciones iniciales. No hay duda de que esta afirmación es verdadera en el caso de la teoría inflacionaria, pero ésa es otra historia, que merece un libro aparte.

Terminaré este capítulo diciendo algo que a esta altura debe ser evidente para el lector: Alan no fracasó en su carrera como físico y no terminó calculando derivadas a destajo. Después de cierto escepticismo inicial, los científicos advirtieron pronto el potencial que encerraba su teoría. De hecho, la teoría se hizo célebre de la noche a la mañana, y mucho antes de que el artículo de Alan apareciera publicado, la mayoría de las universidades estadounidenses más prestigiosas se disputaban su persona para que formara parte del cuerpo académico. A esta altura, el lector habrá advertido probablemente que tengo inclinaciones algo anárquicas o que, al menos, me incomoda la camisa de fuerza que imponen las figuras académicas consagradas y que reduce tanto nuestra creatividad. Sin embargo, no soy demasiado quisquilloso al respecto: a veces (por mero accidente), las figuras consagradas hacen lo que debe hacerse, como lo prueba la exitosa carrera de Alan Guth después del alocado curso que siguió la teoría inflacionaria.

A medida que pasaban los años, la aceptación de su teoría entre los físicos continuó aumentando hasta que, por fin, la propia teoría inflacionaria se transformó en lo consagrado, al punto de convertirse paulatinamente en la única manera socialmente admitida de hacer cosmología: los intentos de soslayarla se descartan con frecuencia con el mote de desvaríos estrafalarios.

Pero no sucede así en las tierras de Su Majestad Británica, la reina Isabel II.

PARTE II
AÑOS LUZ

7. UNA HÚMEDA MAÑANA DE INVIERNO

A UNOS CIENTO CINCUENTA KILÓMETROS de Londres hay una gran llanura que antes fue un pantano. Azotados permanentemente por vientos fríos, los escasos caseríos que hay allí están sumergidos siempre en una atmósfera gris y deprimente. Si tenemos en cuenta que la chispeante Londres está muy cerca, esas tierras, llamadas *Fenlands*, constituyen una zona de carácter insólitamente rural; en esos verdes campos uno encuentra más vacas que gente. En medio del sombrío paisaje, se levanta una pintoresca ciudad medieval que eleva las torres de sus iglesias y su universidad hasta el cielo. Ha sido un centro de saber desde la Edad Media, época en la cual, huyendo de los campesinos furiosos, los profesores universitarios de Oxford se refugiaron allí con la esperanza de encontrar algo de paz y un ambiente más propicio para las empresas intelectuales.

Desde entonces, el lugar ha cobijado gente con un nivel de desequilibrio necesario para producir ideas novedosas. Allí me mudé en octubre de 1989 para estudiar física teórica. Me atraía la fama de Cambridge, que se remontaba a la época de Newton y revelaba una vocación por las ciencias naturales que le valió el apodo de Politécnico de Fenland.

Mis sentimientos con respecto a la institución fueron encontrados desde un principio, pero dentro de esa confusión, siempre estuvo presente un apremio inequívoco por idear algo nuevo. Me resulta difícil transmitir la mezcla de cosas buenas y malas que recibí allí, pero intentaré hacerlo.

Los aspectos positivos eran la tolerancia que reinaba en Cambridge hacia lo diferente y el modo como se fomentaba allí el pensamiento original. No se trata solamente de tal vez estar sentado en los mismos lugares que ocuparon físicos célebres como Paul Dirac y Abdus Salam. Ni de que la actitud general de apostar a todo o nada otorgue una enorme confianza en sus propias fuerzas a los que consiguen navegar en esas aguas. Tampoco tiene que ver con los buenos modales británicos, que a menudo disculpan la mala educación en función de que triunfe la tolerancia (una noche calamitosa terminé vomitando prácticamente encima de la esposa de una de las autoridades, pero al día siguiente todos me trataron como si nada hubiera sucedido). Ni siquiera se trata de que la mayoría de los profesores hayan alcanzado una etapa de senilidad feliz que termina inevitablemente en cómicas excentricidades. Es todo eso y mucho más, pero la impresión general es que uno vive en una casa de locos inofensivos, con la única salvedad de que nadie se gana su lugar si por lo menos no plantea una idea extravagante que esté en total desacuerdo con lo que todos pensaban hasta ese momento.

Esos son los aspectos positivos de Cambridge, que recuerdo como lo mejor de los años que pasé en St. John's College en calidad de investigador.[1] Pero hay otros aspectos que me resultaron menos atrayentes. En las comidas, los miembros del cuerpo docente (*fellows*) se sientan a una "mesa alta" colocada sobre un estrado elevado con respecto a las mesas de los estudiantes. Una cantidad sorprendente de personas que pertenecían a la universidad fueron a parar en un momento u otro al hospital psiquiátrico; recuerdo, por ejemplo, un té en el cual estaban representados casi todos los trastornos mentales. Cambridge es un lugar poco acogedor para las mujeres y los extranjeros, al punto que, como extranjero, empecé a tomarle cierta simpatía sólo cuando adquirí confianza suficiente para retrucar los comentarios xenófobos que me hacían. Lleva sobre sus espaldas lo peor del pasado clasista británico y de su legado colonial, impregnado de un chauvinismo patético.

Hay una anécdota que resume para mí esa impía mezcla de humor y creatividad por un lado y esnobismo por el otro. No fui testigo presencial del incidente que voy a relatar, que bien podría ser un "mito", pero da una idea del clima que pretendo describir. Parece ser que, una noche, uno de los estudiantes se emborrachó, se trepó al techo de uno de los *colleges* (deporte que cuenta con muchos adeptos, por otra parte) y orinó sobre un portero que pasaba. Perseguido por la víctima, el joven cometió además otra herejía: pisó el césped, privilegio reservado a los *fellows*, como el de comer en el estrado. Esas

---

[1] A los que no saben mucho de Cambridge quizá les sorprenda enterarse de que la universidad en sí misma no ofrece a los estudiantes más que clases magistrales y exámenes; la vida real se desenvuelve en unos treinta *colleges* donde los estudiantes asisten a clases para grupos pequeños, tienen su habitación y comen. Cada *college* está dirigido por una suerte de decano (*Master*) y un "consejo tribal" integrado por *fellows* o *dons*. Los *colleges* más antiguos parecen fortalezas medievales a las que se accede a través de imponentes puertas custodiadas por un ejército de porteros (*porters*) agotados por el trabajo e insólitamente toscos.

infracciones le valieron una amonestación de su tutor y una multa: veinte libras por caminar sobre el césped y diez por orinar sobre el portero.[2]

Si se trata de un mito, no es el único de su especie. Hay cantidad de anécdotas similares, todas odiosas, pueriles y de un anacronismo ridículo. No deja de ser revelador que algunos de esos incidentes sean consecuencia de la extravagancia de los estatutos de la universidad y los *colleges*, un cúmulo de anacronismos grabados en piedra hace siglos. La situación se presta al abuso, que a veces se manifiesta en forma de discriminación racial o sexual y otras de manera más inofensiva. Desde luego, una persona de piel negra puede solicitar una beca en el Trinity College, pero sólo después de un año de "desinfección" transcurrido en algún *college*. La ley universitaria tiene también facetas ridículamente absurdas; he oído decir que, durante un examen, un estudiante causó consternación general invocando un estatuto medieval poco conocido según el cual los que dan examen tienen derecho a pedir un vaso de cerveza. La confusión se apoderó de todo el mundo, pero al final uno de los encargados de vigilar a los examinandos corrió a un bar para cumplir con el susodicho estatuto. Al cabo de un tiempo, sin embargo, los empleados se vengaron: después de escudriñar las polvorientas páginas del estatuto, impusieron al estudiante una multa… por haberse presentado al examen sin portar espada.

En ese insólito ambiente estudié relatividad y cosmología, y redacté mis primeras publicaciones científicas. Casi al mismo tiempo que me enteraba de los enigmas que planteaba la teoría del *big bang*, descubrí también que los hombres de ciencia no habían tardado mucho en hallar una respuesta: el universo inflacionario. Muy poco después de formulada, la teoría de Guth se vio envuelta en una ola de entusiasmo colosal que recorrió toda la comunidad científica e inyectó un nuevo vigor a la cosmología hasta nuestros días. La teoría inflacionaria fue ideada para resolver los enigmas del *big bang* y, en cierta medida, consigue su propósito. No obstante, no se trata de algo comprobado; falta la confirmación experimental. Como ya he dicho, nadie ha visto jamás un inflatón, ese presunto campo al que se atribuye la expansión acelerada o inflación. Mientras no comprobemos su existencia, hay espacio

---

[2] No hace falta decir que el esnobismo de los porteros es el peor de todos, fenómeno muy inglés que los extranjeros no suelen entender. Es algo que se repite. Por ejemplo, no hay nadie más respetuoso de las jerarquías académicas que los aspirantes al doctorado.

para proponer teorías alternativas que permitan resolver los problemas planteados y hay también lugar para peleas infantiles entre los cosmólogos.

De hecho, desde mi atalaya de Cambridge, advertí que había algo en la física británica que rechazaba la teoría inflacionaria. Pronto habría de darme cuenta de que la renuencia británica no se debía solamente a cuestiones científicas. No obstante, los británicos esgrimían argumentos atendibles pues, en realidad, la inflación no descansa en ninguna rama de la física susceptible de verificación en el laboratorio: le falta contacto con la física, "que tiene los pies en la tierra". Sin embargo, yo tenía la impresión de que había algo más. Tal vez esa sensación se debía a mi condición de portugués, que me daba una perspectiva distinta, algo así como ajena. A los británicos no les gustaba la teoría inflacionaria, porque la habían formulado sus primos más jóvenes del otro lado del charco. De acuerdo con la consabida tradición competitiva de la ciencia, los físicos del Reino Unido no estaban dispuestos a aceptarla hasta que no hubiera pruebas incontrovertibles a su favor.

Sin embargo, no tenían una teoría propia que pudiera rivalizar con ella, porque hallar una alternativa no era fácil: cualquiera fuese su índole, todas las teorías propuestas se parecían demasiado a la inflacionaria o no conseguían resolver los problemas que planteaba el *big bang*. Empecé a sentir que no había derecho a criticar la teoría inflacionaria mientras no se pudiera presentar otra que la reemplazara. El deseo de formular una teoría alternativa me llevó a pensar meses y años en todos estos problemas, pero fue en vano.

Hasta una húmeda y gris mañana de invierno en que me hallaba caminando por los campos de deportes de St. John's College. Pensaba en el problema del horizonte y probablemente lo maldecía porque era inasible. Tal vez no sea evidente del todo para el lector que postular una expansión inflacionaria permite "abrir" los horizontes y explica la homogeneidad del universo. Pero mucho menos evidente es el hecho de que sin recurrir a la inflación es muy difícil resolver el problema del horizonte. Para un cosmólogo bien adiestrado, no obstante, la dificultad es patente y enojosa. La teoría inflacionaria había ganado por abandono, por la sencilla razón de que ningún competidor se había presentado en el ring.

De pronto, me detuve en medio de la caminata y creo que empecé a hablar en voz alta. ¿Y si en el universo primigenio la velocidad de la luz hubiera sido mayor que la actual? ¿Cuántos problemas se resolverían con esa hipótesis? ¿Y cuál era su costo para el resto de nuestras ideas sobre la física?

Eran ideas caídas del cielo como la lluvia, algo repentino e inesperado, pero enseguida me di cuenta de que esa hipótesis permitía resolver el problema del horizonte. A los fines de esta argumentación, supongamos que hubo una gran revolución cuando el universo tenía un año de edad y que antes de ese momento la luz era mucho más veloz que posteriormente. Pasemos por alto también los sutiles efectos de la expansión en la determinación de los horizontes, que desempeñan un papel protagónico en la teoría inflacionaria pero no en los modelos estándar del *big bang* ni en los de la velocidad variable de la luz. El tamaño del horizonte en ese momento, entonces, es la distancia recorrida por la luz –se trata ahora de una luz veloz– desde el inicio del *big bang*: un año luz veloz. Si no pensáramos en la luz rápida, supondríamos que en ese momento la dimensión del horizonte es de 1 año luz habitual, pero esa cifra es mucho más pequeña que la vasta región homogénea que hoy vemos, con una extensión de 15.000 millones de años luz comunes. De ahí el problema del horizonte. No obstante, si la luz rápida fuese mucho más veloz que la que conocemos, podría suceder que un año luz veloz fuera mucho mayor que 15.000 millones de años luz comunes. De modo que en los tiempos primigenios las colosales regiones cuya homogeneidad observamos hoy habrían estado en contacto. Así, quedarían abiertas las puertas a una explicación física de la homogeneidad sin recurrir a la teoría inflacionaria.

Se me ocurre que esta idea debe haberse cruzado por la mente de muchos lectores cuando describí por primera vez el problema del horizonte, porque es muy lógica. Pero creo que uno debe ser un físico de profesión para darse cuenta de que implica una herejía formidable, y para amilanarse y rechazarla apenas concebida. No obstante, la idea no es tan escandalosa como puede parecer. Por ejemplo, jamás se me ocurrió la posibilidad de que alguien pudiera viajar con una velocidad mayor que la de la luz; tampoco dije nunca que se pudiera acelerar la luz. Todo lo que dije es que la velocidad de la luz, que continúa siendo un límite local para las velocidades, podía variar en lugar de ser una constante universal. Lo juro: intenté ser tan conservador como podía; mientras trataba de resolver el problema del horizonte sin recurrir a la teoría inflacionaria, respeté la relatividad hasta donde pude.

Desde luego, a diferencia de la teoría inflacionaria, la teoría de la velocidad variable de la luz (VSL) exigía importantes modificaciones de los fundamentos de la física. Desde el principio, contradecía la teoría de la relatividad.

Sin embargo, no me parecía que este hecho entrañara desventajas de peso; por el contrario, me parecía que podía ser una de las características más convenientes del modelo. Me seducía la posibilidad de utilizar el universo primigenio para comprender la naturaleza del espacio y del tiempo, de la materia y la energía, más allá de nuestra limitada experiencia. Tal vez, el universo intenta decirnos que, en su nivel más fundamental, la física es muy distinta de lo que nos enseña la relatividad, al menos cuando sometemos las cosas a las colosales temperaturas que soportó el universo inmediatamente después del *big bang*.

Concebir una idea es apenas el comienzo de una teoría científica. El relámpago de inspiración que tuve esa cenicienta mañana de invierno habría sido totalmente inútil si hubiera quedado ahí; yo sabía que era necesaria una teoría matemática para que cobrara vida. Se trataba de una solución muy lógica para el problema del horizonte –y para todos los otros problemas que planteaba el *big bang*, como se vería después–, pero exigía sin embargo la revisión de todo el marco de la física que había erigido Einstein a comienzos del siglo xx. Una imponente labor se avecinaba.

EL COMIENZO DE LA TRAVESÍA no fue auspicioso. Poco después de mi mágico encuentro inicial con la vsl, descubrí que las largas vacaciones que venía disfrutando en mi torre de marfil iban a terminarse. Mi beca estaba llegando a su fin; los hombres que comían en el estrado esperaban que encontrara otro trabajo y amenazaban con dejarme desocupado. Puede ser que la teoría inflacionaria de Alan Guth haya nacido en medio de la presión que se ejercía sobre él para que encontrara otro puesto; pero a mí, la misma situación me impedía continuar con el tema de la velocidad variable. Sabía muy bien que si empezaba a dedicar todo mi empeño a una locura semejante, nadie me daría trabajo. La vsl era una apuesta tan escandalosa y arriesgada que pronto me habría hallado vendiendo *Big Issue* en las calles.[3]

Además, la teoría era escurridiza. Cada vez que sacaba los papeles del cajón e intentaba convertir la hermosa intuición que tuve en una teoría matemática concreta, sobrevenía la catástrofe. Las fórmulas gemían y clamaban que no querían un valor variable de c, arrojando una serie de incoherencias que me obligaban a guardar de nuevo los papeles en el cajón con

---

[3] *Big Issue* es una revista escrita por los sin techo, que se vende en las calles.

desesperanza y humillación. Necesitaba un colaborador: hay cosas que no están hechas para los creadores solitarios. Necesitaba alguien capaz de rechazar ideas, suplir mis deficiencias y sacarme de los atolladeros. Pero mis intentos por encontrar a alguien dispuesto a hablar del tema se topaban siempre con miradas inexpresivas o, peor, con estruendosas carcajadas y comentarios desdeñosos.

Para mi eterna vergüenza, debo reconocer que al final cedí y conseguí atravesar esa penosa época de incertidumbre profesional olvidándome de la VSL, tratando de no hablar de ella y de borrarla de mis pensamientos. Nada romántico, pero es la pura verdad. Todos estamos hechos de carne y hueso, y padecemos la inseguridad material, circunstancia que a menudo se apodera de nuestra vida. Tal vez la vergüenza radique en la estructura misma de la sociedad, orientada con voracidad hacia la productividad convencional. Lo sorprendente es que a veces, aun así, la gente consiga tener ideas novedosas.

Una tarde de mayo de 1996, cuando iba leyendo mi correspondencia mientras caminaba por King's Parade, llegó la liberación: me ofrecían una beca de perfeccionamiento de la Royal Society. Para mí, eso significaba una sola cosa: ¡la libertad! Podría hacer lo que quería, donde quería y como quería, y estar seguro de que nadie me molestaría durante los próximos diez años. La alegría me puso fuera de mí; por fin podría darme el lujo de ser de nuevo un científico romántico en una época en que el romanticismo es una mercancía sumamente cara.

Por aquel entonces ya conocía bien a Andy Albrecht y habíamos escrito tres artículos en colaboración. Decidí trabajar con él en Londres, pues siete años en el manicomio de Cambridge eran más que suficientes para mí. Lo curioso del caso es que jamás había hablado con Andy del tema de la velocidad variable de la luz. Pero aquel verano sucedió algo que nos mantuvo unidos durante varios años.

Con el estilo pomposo característico de tales instituciones, la Universidad de Princeton organizó una conferencia sobre cosmología para celebrar su 250º aniversario. Suponiendo que con su fama era suficiente, la universidad casi no aportó fondos para organizar el evento, de modo que mientras caminaba frente a la lastimosa réplica ampliada de la capilla de King's College (Cambridge) que adorna el campus universitario de Princeton pensaba que a menudo los Estados Unidos copian lo peor de la cultura británica, su arrogancia académica incluida.

Sin embargo, habían elegido al mejor coordinador posible, Neil Turok, quien de inmediato se fijó el objetivo de conseguir que la conferencia fuera sumamente polémica. Me parece que Neil quería ver sangre: organizó las reuniones en forma de "diálogos" entre facciones opuestas de todos los campos de la cosmología que todavía suscitaban debates apasionados. Aunque el término *diálogo* era tan sólo un eufemismo que encubría los encontronazos de científicos que intentaban asesinarse mutuamente, la organización fue productiva. Permítame el lector contar lo que ocurrió durante una de las sesiones como una muestra del clima que imperaba.

Entre los asuntos que figuraban en el temario estaban las pruebas de homogeneidad del universo tal como surgían de los censos galácticos. Pese a lo que dije cuando expuse los descubrimientos de Hubble, la evidencia más rotunda a favor de la homogeneidad proviene de la radiación cósmica, pues no hay aún una única opinión sobre los catálogos de galaxias. De hecho, un equipo de científicos italianos ha analizado los mapas galácticos y ha llegado a la conclusión de que, por lo que sabemos, el universo no es homogéneo sino fractal. Si esto llega a comprobarse, recomiendo al lector que queme el presente volumen, se olvide del *big bang* y comience a llorar.

Sin duda, el tema quedará aclarado cuando contemos con mapas que abarquen una población más grande de galaxias, cosa que no está lejos de suceder. Entretanto, los "fractalistas", como se los llama, desempeñan un papel fundamental en la cosmología: nos obligan a ser honestos. Si tenemos datos lamentables y queremos embellecer su apariencia, no es difícil que la hipótesis de homogeneidad se desprenda de la manera misma de analizarlos, de suerte que se arriba a un producto final tan primoroso como recién salido de la cirugía plástica. En este sentido, los fractalistas han sido muy útiles para mostrar que algunos métodos analíticos de la astronomía son circulares, es decir, dan por sentado lo que presuntamente pretenden probar. Lo confieso, pese a que abrigo la esperanza de que los fractalistas estén total e irreversiblemente equivocados.

En la conferencia de Princeton, Luciano Pietronero, que encabezaba la delegación italiana, expuso su tesis con brillantez. Por desdicha, suponiendo que la victoria sería fácil, el encargado de defender la tesis contraria, la de la homogeneidad, no se preparó bien y tuvo una sorpresa muy desagradable. Para asombro de todos los presentes, aun cuando defendía algo incalificable, Pietronero se las arregló para que su tesis pareciera mucho más lógica.

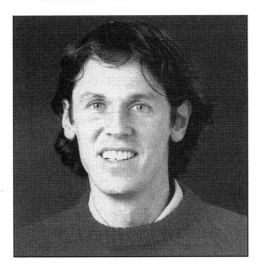

Andy Albrecht en la época en que nos conocimos.

Se debatieron muchos otros temas y hubo varias sorpresas similares. Recuerdo con especial deleite el debate sobre la velocidad de expansión del universo, es decir, las mediciones actuales de la "constante de Hubble". Si bien los voceros de las distintas posiciones no estaban lejos del consenso, eso no les impidió caer en una hilarante batalla de insultos.

Dada la rigidez que esperaba, comprobé con sorpresa que el clima era electrizante. Los temas principales estaban nítidamente definidos y todos los expositores abundaron en explicaciones. Además, Neil consiguió que el encuentro no zozobrara recurriendo al uso de un colosal y anticuado reloj despertador que ensordecía a todos cada vez que un orador excedía el tiempo estipulado o intentaba acaparar la atención.

Tal era el telón de fondo cuando se planteó la cuestión de si la teoría inflacionaria era realmente la respuesta definitiva a todos los problemas de la cosmología. La sesión en la cual se debatió la inflación fue especial porque la discusión no se limitó al estrado y se generalizó en el auditorio, lo que terminó en una batalla campal. Excitados por el alto nivel de hormonas generado a esa altura, todos nos enzarzamos en acaloradas discusiones que a veces estuvieron al borde de la agresión física. Como era habitual, parecía que el Atlántico dividía las opiniones.

Al final de ese día agitado, me puse a hablar con Andy y otra colega, Ruth Durrer. Aún bajo el hechizo de una jornada tan singular, Andy habló de su obsesión: la necesidad de encontrar una teoría alternativa para la inflación. Como ya dije antes, uno de los artículos fundamentales sobre la teoría inflacionaria fue el primero que publicó Andy, escrito en colaboración con su tutor en la universidad, Paul Steinhardt, cuando todavía no había terminado el doctorado. Andy pensaba que en sus primeros balbuceos científicos no podía estar la respuesta a todos los problemas del universo. Ahora bien, si la teoría inflacionaria no era la respuesta, ¿dónde buscarla? Nos confesó que, al cabo de todos esos años, se sentía perdido, pues todo lo que había intentado había fracasado o había resultado ser la teoría inflacionaria bajo otro ropaje, a menudo más pobre. Nos preguntó si teníamos alguna sugerencia.

De inmediato, Ruth intentó una explicación, pero desgraciadamente parecía una seguidora de la escuela de Turok: usaba la palabra "algo" en exceso y la acompañaba de grandes gestos. Entonces esbocé para ellos la idea de la velocidad variable de la luz. Se hizo un silencio sepulcral; pensaron que bromeaba y que la broma ni siquiera era buena. Era el embarazoso silencio que le sigue a un chiste malo. Les llevó un rato darse cuenta de que hablaba en serio. Como ya estaba acostumbrado a esas reacciones, no me sentí demasiado incómodo. Pero hubo algo que me llamó la atención: me pareció advertir un débil chispazo en los ojos de Andy.

Se dice a veces que los hombres de ciencia se pasan el tiempo en congresos que se llevan a cabo en lugares exóticos, derrochando así los fondos públicos y divirtiéndose a rabiar. Ojalá fuera cierto. No es raro que los congresos sean una pérdida de dinero y de tiempo, pero son increíblemente aburridos. No obstante, cada tanto, una de esas reuniones científicas abre nuevos rumbos. En muchos aspectos, era el caso de la conferencia de Princeton. A los fines de la historia que me propongo contar, baste decir que para mí esa conferencia fue el punto de inflexión en la teoría de la velocidad variable de la luz. Por fin, había conseguido un alma amiga que se pondría a pensar en el problema.

Entre julio y agosto de 1996 estuve en Berkeley, y la suerte quiso que Andy anduviera por allí también. Sin embargo, él estaba muy ocupado escribiendo un libro sobre la flecha del tiempo y yo trabajaba con dedicación exclusiva en otro proyecto, de modo que sólo nos vimos de vez en cuando. Pero, en un momento, mientras contemplábamos la bahía de San

Francisco, acordamos que haríamos un intento juntos con la vsl cuando volviéramos a Londres.

Debo reconocer que a los dos nos inquietaba el proyecto y que vislumbrábamos una verdadera pesadilla para el futuro; pero al mismo tiempo me parecía que todo estaba maduro para intentarlo… o yo era tan inmaduro que así lo creía.

8. NOCHES EN GOA

PASÉ LA NOCHE DEL 31 de diciembre de 1997 en el Jazz Café de Camden Town* escuchando a uno de mis músicos predilectos, el saxofonista Courtney Pine. Las desalentadoras palabras que empleó para dar la bienvenida al nuevo año están grabadas para siempre en mi memoria: "Feliz Año Nuevo para todos, pues llegada esta hora, estoy seguro de que ya podemos despedir al año que se va. Fue un año pésimo para mí, pero aquí estoy, y aquí están ustedes también. No fue fácil, pero de algún modo seguimos aquí, con la esperanza de que el próximo año sea mejor: sin duda, es imposible que sea peor". No sé lo que sentía el resto de la concurrencia, pero dado lo que yo había tenido que pasar, esas palabras reflejaban mi estado de ánimo.

El nuevo año comenzó para mí sin grandes novedades. Me había mudado a Londres en octubre y todavía estaba en el proceso de adaptación a mi nueva casa y mi nueva situación profesional, que tenía algunas ventajas rotundas. Por ejemplo, el papel de asesor de los estudiantes que hacían su doctorado me causaba enorme placer. Sin embargo, algunas de mis nuevas responsabilidades, en especial las que tenían que ver con tareas administrativas, me sacaban de quicio. ¿Por qué se perdía tanto tiempo en papeles que nadie leía jamás?

En enero de 1997, de regreso de unas vacaciones en Portugal, descubrí que Neil Turok me había encargado la tarea más deprimente de este planeta… y probablemente de muchos otros. Se me había encomendado la pesada misión de preparar una gigantesca propuesta de subsidios que abarcaba unas diez instituciones distintas distribuidas por toda Europa, lo que implicaba llenar toneladas de formularios y escribir innumerables cartas.

---

* Camden Town es un distrito perteneciente al municipio de Camden, dentro del Gran Londres, situado a unos 4 km al noroeste de Charing Cross. Es una zona muy frecuentada por los estudiantes de ultramar que asisten allí a instituciones especializadas en la enseñanza de inglés para extranjeros. Se ha hecho famosa también por los mercados al aire libre y los locales dedicados a espectáculos y música alternativa. [N. de T.]

Quien crea que los cosmólogos viven en un ambiente de perpetua efervescencia intelectual tendrá que despedirse de esas ilusiones de inmediato. En realidad, nuestra supervivencia depende de instituciones sumamente burocráticas que administran los fondos para las ciencias y están dirigidas por ex científicos que ya no están en la flor de la vida, de modo que las instituciones cuentan con un gran poder, pero, en otro sentido, son una especie de depósito de desechos intelectuales. En consecuencia, en lugar de consagrar nuestro tiempo a los descubrimientos, nos vemos obligados a desperdiciarlo bostezando en reuniones eternas, escribiendo informes y propuestas sin sentido y llenando interminables formularios cuya única finalidad es justificar la existencia de esas instituciones y su personal senil. Me gusta decir que los formularios para proponer subsidios son "certificados de supervivencia de las momias", pues, por lo que puedo ver, sólo sirven para crear una supuesta necesidad de esos parásitos. ¿Por qué no se funda un hogar de ancianos para los científicos que ya no pueden hacer ciencia?

Sumergido como estaba en esa indolencia intelectual, no podía menos que envidiar a Neil, quien astutamente había elegido ese momento para hacer un viaje a Sudáfrica y eludir tantas estupideces. ¿Por qué no se me había ocurrido hacer un viaje al Polo Sur para esa época? ¿O a la galaxia de Andrómeda? Evidentemente, una falta de previsión funesta.

Aunque nadie me crea, debo repetir que los trámites burocráticos me causan alergia. En esa época desdichada, llegaba al Imperial College al final de la mañana, miraba abatido los temibles formularios que se apilaban en mi escritorio, dejaba todo para después del almuerzo, recorría los pasillos vacíos porque estábamos en las vacaciones de fin de año y, por último, a mitad de la tarde, mortalmente aburrido, exprimía mi cerebro para armar un par de frases banales, tristes simulacros de un entusiasmo que no sentía.

Cuando por fin me retiraba, lo hacía en un estado nauseoso, lleno de desprecio por mí mismo y listo ya para trenzarme en una pelea en algún bar. ¿Acaso estos síntomas no indican alergia? Querría que algún médico me diera un certificado que me declarara incapaz de hacer tareas burocráticas de cualquier naturaleza.

En ese sombrío estado de ánimo, cuando ya había terminado la jornada y me hallaba bebiendo en algún lugar de Notting Hill, conocí a la que sería mi

Kim

novia, Kim. Llegada esa hora, me sentía tan asqueado que procuraba con desesperación limpiar mi mente de toda esa basura por cualquier medio. De hecho, después de la segunda botella, la sordidez se esfumaba. No es extraño que tantos británicos sean alcohólicos.

Hay borracheras tristes y alegres. Como la mayoría de los mediterráneos, soy un bebedor alegre, para quien un vaso de buen vino forma parte de las cosas buenas de la vida. Para los europeos del norte, la bebida suele ser triste; beben cantidades colosales con el único objetivo de borrar de la conciencia la sordidez de una jornada impregnada de rivalidad protestante. Yo corría el riesgo de caer en ese tipo de actitud hacia la bebida si no hacía algo drástico para evitarlo.

Casualmente Kim también se dedica a la física. Tratamos de evitar los temas científicos, pero una de aquellas noches me sentía tan asqueado de mí mismo que rompí la regla. A decir verdad, sólo intentaba sacudirme de encima la pegajosa sensación de repugnancia que todo científico merecedor de ese nombre siente cuando debe enfrentarse con las políticas de la ciencia. No es de extrañar que me desahogara con un sermón sobre lo más demencial que tenía a mano, la teoría de la velocidad variable de la luz, más para entretenerme, en realidad, que para divertir a mi interlocutora.

Había hablado con Kim sobre la teoría, pero sólo al pasar. Esa vez me explayé, tratando de adornar mis ya lunáticas ideas con ropajes más psicóticos todavía. Cuando Kim me preguntó por qué tendría que variar la velocidad de la luz, le contesté sin vacilar que se trataba de un efecto proyectivo de las otras dimensiones. Lo dije sin pensar, pero resultó que la idea tenía cierto sentido.

Los intentos realizados por Einstein para unificar la gravedad con todas las otras fuerzas de la naturaleza tuvieron muchos retoños, entre ellos las teorías de Kaluza-Klein, según las cuales vivimos en un universo multidimensional que no tiene solamente las cuatro dimensiones (las tres espaciales y el tiempo) perceptibles. Según el modelo más sencillo de Kaluza-Klein, el espacio-tiempo tiene en realidad cinco dimensiones: cuatro espaciales y una temporal. Si esto es así, ¿por qué no vemos la cuarta dimensión espacial? Klein sostuvo que esa dimensión es muy pequeña y por eso no la percibimos. Si dejamos provisoriamente de lado el tiempo, conforme a este modelo vivimos sobre una lámina tridimensional dentro de un espacio tetradimensional. Estamos "achatados" sobre la lámina, de modo que jamás advertimos el espacio mayor que nos engloba.

Se trata de una concepción que puede parecer abstrusa y cualquiera puede preguntarse por qué demonios el universo tendría esas características. No obstante, los primeros intentos por unificar todas las fuerzas de la naturaleza recurrieron a ese modelo. Sin entrar en detalles, diré que el artilugio radica en explicar la electricidad como un efecto gravitatorio en la quinta dimensión. En los modelos más sencillos del tipo Kaluza-Klein, la única fuerza existente en la naturaleza es la gravedad: todas las otras son ilusiones creadas por la gravedad cuando toma atajos por las dimensiones adicionales.

Si bien el propio Einstein consagró buena parte de sus últimos años a este enfoque, la mayoría de los físicos nunca lo tomó en serio y lo consideró la apoteosis de una física desquiciada. Tal vez sea útil contar una anécdota relativa a Kaluza, uno de los creadores de la teoría. Era un hombre que no se disculpaba por ser teórico y mostraba irritación ante el tono condescendiente que empleaban los físicos experimentales para referirse a él y a sus ideas. Vale la pena recordar que durante el siglo XIX, la física teórica era la "hermana pobre" de la física: los "verdaderos" físicos hacían experimentos. En efecto, el hecho de que un gran número de científicos judíos hayan intervenido en los grandes avances teóricos de la física de principios de siglo XX revela claramente la combinación de esa actitud con un ubicuo antisemitismo. Tal era el panorama cuando Kaluza, que no era una nadador experto, se propuso disipar los matices negativos que tenía la palabra *teórico* y le apostó a un amigo que podría aprender a nadar limitándose a leer libros. Reunió gran cantidad de material relativo a la natación y, una vez satisfecho con su comprensión "teórica" del asunto, se sumergió en aguas profundas. Para sorpresa de todos, salió a flote.

Actualmente, ya nadie piensa que las teorías de Kaluza-Klein sean excéntricas, al punto que las teorías modernas de la unificación las utilizan con toda naturalidad. Aquella noche, mientras charlaba con Kim, se me ocurrió utilizarlas en la teoría de la velocidad variable de la luz. Era una idea apasionante que me hizo olvidar los desagradables formularios.

Mi argumento descansaba en el hecho de que en algunas teorías del tipo Kaluza-Klein la cuarta dimensión espacial adicional tiene tamaño finito pero además es curva. Según esa concepción, no vivimos en la superficie de una lámina delgada (como dije antes) sino sobre un cable cuya "longitud" representa las tres dimensiones extensas de nuestra experiencia cotidiana y cuya sección normal es una circunferencia muy pequeña y representa la dimensión espacial adicional que no podemos percibir. Es algo difícil de imaginar, de modo que recomiendo al lector observar la figura 1. No era ésa mi idea, pero la mayoría de las teorías modernas del tipo Kaluza-Klein suponen dimensiones adicionales circulares.

Supongamos ahora que los rayos de luz se mueven describiendo hélices, es decir, rotando alrededor de la dimensión circular adicional y desplazándose al mismo tiempo a lo largo del cable, es decir, a lo largo de las tres dimensiones perceptibles (figura 2). Esta insólita geometría del universo implica que la constante fundamental, la velocidad de la luz, es su velocidad a lo largo de la hélice y no la que concretamente observamos, que sería su proyección sobre el "eje" del cable tridimensional. La relación entre las dos velocidades se refleja en el ángulo de la hélice. Si ese ángulo pudiera variar según una dinámica determinada, podríamos observar una variación en la velocidad de la luz como efecto proyectivo, sin salirnos del marco de una teoría en la cual la velocidad de la luz fundamental, multidimensional, seguiría siendo constante.

La dificultad radicaba en poder explicar por qué la velocidad de la luz que se observa parece constante, lo que en este escenario equivale a fijar el ángulo que determina la hélice. Mi idea consistía en cuantizar el ángulo, como se hace con los niveles de energía de un átomo. La teoría cuántica postula que la mayor parte de las cantidades existen sólo como múltiplos de unidades

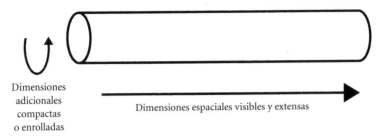

Dimensiones
adicionales
compactas
o enrolladas

Dimensiones espaciales visibles y extensas

Figura 1. El universo de Kaluza-Klein. Según esta concepción, el universo es un cable multidimensional cuya "longitud" involucra las tres dimensiones espaciales observables. La dimensión adicional está compactada o enrollada en forma de circunferencia.

Figura 2. Propagación de la luz en el universo de Kaluza-Klein. Si la luz avanza reptando por la superficie del cable, describiendo una hélice, su velocidad real es mucho mayor que la velocidad tridimensional que observamos. Si pudiéramos hacer que la luz se propagara en forma rectilínea a lo largo del cable, observaríamos una velocidad mayor.

básicas indivisibles denominadas cuantos.* Así, la energía de una luz de cierto color debe ser un múltiplo de cierta cantidad mínima de energía, la que corresponde a un único fotón de ese color. Análogamente, los niveles de energía del átomo están organizados como los peldaños de una escalera: los electrones adoptan órbitas que deben estar comprendidas dentro de un conjunto de valores posibles.

Con idéntico espíritu, yo abrigaba la esperanza de que el ángulo de la luz helicoidal en el modelo de Kaluza-Klein pudiera adoptar solamente ciertos valores. Así, cada uno de los valores angulares posibles implicaría una velocidad de la luz distinta para nuestra percepción, pero un salto entre un nivel

---

* El autor dice textualmente en inglés: "most quantities can exist only as multiples of indivisible basic amounts, the quanta". [N. de T.]

cuántico y otro exigiría una gran cantidad de energía. Por consiguiente, sólo en el caso de los colosales niveles de energía del universo primigenio se podría "desenrollar" la hélice y "ver" un valor mayor de la velocidad de la luz. Al menos, ese era mi deseo.

En el momento en que lo pensé no lo sabía, pero la idea no era totalmente nueva. Se sabía desde mucho tiempo antes de las teorías de Kaluza-Klein que las constantes de la naturaleza (la carga del electrón o la constante gravitatoria de Newton, por ejemplo) son distintas cuando se las contempla desde la perspectiva del espacio total o cuando las perciben seres tridimensionales como nosotros. En general, los dos conjuntos de valores están relacionados por el posible tamaño variable de las dimensiones adicionales. El problema de semejante enfoque es que cae de lleno en el impenetrable reino de la teoría cuántica de la gravedad, de modo que prever el comportamiento del modelo es más una adivinanza que una ciencia rigurosa.

Mi modelo era algo mejor (la idea de cuantizar el ángulo de la hélice no es mala), pero entrañaba otros problemas. Por ejemplo, el nivel mínimo de energía sería en realidad aquel en que no hay rotación en la dimensión adicional, es decir, el de un desplazamiento rectilíneo en el sentido del eje de la hélice; pero ese valor corresponde a la mayor velocidad tridimensional posible, y lo que yo pretendía era precisamente lo opuesto: quería que la velocidad de la luz fuera mayor cuando el universo estaba caliente, no cuando estaba frío. Había maneras de salir de ese atolladero, pero eran inverosímiles.

Nunca exploré la idea plenamente, pero me hizo pensar en la velocidad variable de la luz durante mucho tiempo. Me reveló que había tres caminos, aunque imperfectos, de implementar la teoría dentro del marco de la física conocida. El año anterior, no sólo había conseguido un colaborador; también había adquirido más confianza.

Unos días después, Neil volvió de su viaje y descubrió que yo había hecho muy poco con respecto al proyecto de los subsidios y, peor aún, que lo hecho era prácticamente inútil. En esa época, Kim trabajaba con Neil, y volvió al día siguiente de Cambridge muy divertida porque a Neil mi desempeño no le había parecido nada del otro mundo; según ella, había dicho: "no se le puede confiar a João ninguna tarea administrativa".

A CONSECUENCIA DE AQUELLA IDEA rudimentaria, en enero de 1997 dediqué todo el tiempo a la teoría de la velocidad variable de la luz. En alguna medida, era una manera de desintoxicarme del patológico comienzo de año. Por fin, tenía la seguridad necesaria para trabajar en la teoría a toda máquina y contaba también con la motivación y la confianza indispensables para hacerlo.

Sin embargo, me hallaba casi solo pese a lo que habíamos acordado con Andy en el verano anterior. Él estaba muy entusiasmado con la VSL y escuchaba con regocijo todas las tonterías que le decía, pero también estaba muy ocupado para dedicarse a cualquier tipo de ciencia. Se estaba transformando en un mártir de la burocracia. Las cosas llegaron a tal punto que tuvo que encerrarse en la oficina para poder hacer algo. Aun así, apenas iba al baño, las secretarias lo acosaban con pedidos. Le sugerí que llevara un orinal a la oficina, pero creo que nunca tomó en serio un consejo tan atinado.

Desde luego, me sentía algo impaciente: al fin y al cabo, me había trasladado al Imperial College para hacer ciencia y no para quedar enterrado bajo una montaña de basura burocrática. Sé perfectamente que él debió sentirse aún peor, pues también pasaba por malos momentos en su vida privada, que fueron empeorando.

Desde Chicago, Andy se había mudado a Londres con su mujer y tres hijos para ocupar un cargo titular en el Imperial College. No tardó en descubrir que en Gran Bretaña se supone que los hombres de ciencia viven como monjes: en la pobreza, preferentemente sin familia y en una situación deprimente. Detrás de esa situación está el tabú que impide discutir asuntos económicos; ningún académico debe hablar de dinero. Supongo que esa actitud proviene de la época en que los académicos de Gran Bretaña eran todos caballeros ricos. Cuando la composición social de la academia cambió, los nuevos profesionales provenientes de la clase media y la clase obrera copiaron los peores aspectos de la clase alta, en un todo de acuerdo con la tradición británica. Cada vez que yo mencionaba los bajos salarios en las reuniones, los asistentes empezaban a mover las colas en las sillas con incomodidad. Hablar de dinero era algo vulgar; sólo un latino* podía tener tan mal gusto.

La actitud británica puede resumirse en una máxima: la solución para el hambre en el mundo es que todos perezcamos de hambre, que nadie se alimente. Digo esto porque los ingleses no sólo parecen disfrutar la estrechez

---

* El autor dice "*some Latin wog*". Este último es un término muy despectivo aplicado en Gran Bretaña a los extranjeros de piel oscura. [N. de T.]

sino que aborrecen a cualquiera que parezca próspero y feliz. Recuerdo bien que la Universidad de Cambridge les amargó la vida a los estudiantes que provenían de Europa continental y contaban con jugosos fondos, al extremo de poner por escrito la argumentación siguiente: si los doctorandos ingleses vivían en la pobreza, ¿por qué no podían hacerlo también los extranjeros? Cuando me compré un departamento nuevo, debí sufrir los desaires de un pariente de uno de mis estudiantes, persona que antes me trataba con deferencia. Más tarde reconoció que no podía soportar el hecho de que hubiera escapado de las sórdidas condiciones en que él vivía. Gran Bretaña es el único país del mundo en que la gran mayoría de la gente inculta *quiere* que sus hijos sean también incultos: "lo que es bueno para mí, es también bueno para ellos".[1]

Para gente como yo, que no tiene cargas familiares, la cuestión de los bajos salarios no es en realidad demasiado acuciante, pero la situación es muy distinta para los que tienen familia, y peor aún si viven en Londres. En ese caso, trabajar en una institución académica implica un nivel de vida realmente bajo. Recién llegados de los Estados Unidos, los Albrecht nunca lograron superar la conmoción; al fin y al cabo, los ingleses pueden estar acostumbrados a soportar la adversidad apretando los dientes, pero los estadounidenses no están preparados para tales estupideces metafísicas. Sé a ciencia cierta que durante todo el período que pasó en el Imperial College, Andy no dejó de solicitar trabajo en los Estados Unidos con la esperanza de salvar a su familia de la pesadilla en que estaba sumida. Además de las cuestiones familiares, el caos administrativo de la institución también le pesaba. Si yo me sentía impaciente, no quiero imaginar siquiera lo que sentía él.

Sin embargo, siempre que tenía tiempo, Andy escuchaba mis cada vez más insistentes divagaciones sobre la vsl y, aunque pocas veces asumía un papel activo, me prestaba oídos incluso con envidia. En febrero de 1997, sin embargo, me citó en su oficina y cerró la puerta para decirme que había llegado el momento de ponernos a trabajar en la teoría y mandar a la mierda todo lo demás.

---

[1] Cuando le conté todas estas historias a una trabajadora social sudafricana, pensó que mentía. Los habitantes de los barrios bajos de Johannesburgo con quienes trabajaba podían ser alcohólicos o delincuentes, pero todos querían educación para sus hijos a fin de que salieran del círculo vicioso de la pobreza.

Esas explosiones no eran nuevas para mí: las había visto en otros, y yo mismo había caído en ellas. Es que uno siente de pronto que el amor al trabajo es la única razón para soportar un sueldo tan bajo, aunque la realidad indica que el papeleo y las tareas administrativas se van devorando todo el tiempo disponible. Se llega así a explotar, pues, si uno está dispuesto a darle prioridad a lo burocrático, da lo mismo trabajar en un banco y recibir un sueldo decente. Ante ataques semejantes, no es raro que fajos enteros de formularios vayan a parar al inodoro. Después de esa descarga, uno se acomoda en el sillón, feliz y relajado, totalmente reconciliado con el universo, y comienza a investigar con tesón pasando por alto los mensajes que dejan en el teléfono los imbéciles de Sherfield Building. Una cálida ola de libertad inunda el mundo augurando el advenimiento de la Edad de Oro… hasta que la realidad vuelve a dar un zarpazo.[2]

No se hace ciencia por decreto, pero después del "histórico" suceso que acabo de relatar, vino un período de nueve meses muy productivos. Nos reuníamos con regularidad en la oficina de Andy e intercambiábamos las ideas que se nos ocurrían hasta que yo terminaba con dolor de cabeza. Buena parte de lo que decíamos no tenía sentido, pero servía para descubrir nuevos rumbos. No tardamos mucho en dejar de lado mi primitiva idea sobre el modelo de Kaluza-Klein y adoptamos enfoques que nos parecían mejor definidos y menos precipitados. Lentamente, comenzamos a navegar hacia algo que se parecía vagamente a una teoría. Pero ¿era correcta esa teoría?

Al terminar cada una de esas sesiones, Andy borraba todo lo que habíamos escrito en el pizarrón. La teoría de la velocidad variable de la luz se transformó en algo secreto, pues Andy temía que alguien nos robara la idea. Parece que había tenido algunas experiencias lamentables de ese tipo al principio de su carrera y ahora tomaba todas las precauciones necesarias. Nunca tuve una actitud tan paranoide, pero el cambio no me vino mal: meses antes mi teoría era aún tan poco consistente que no merecía comen-

---

[2] Sherfield Building es la sede administrativa del Imperial College. Consume enormes sumas de dinero y genera toneladas de papeles inútiles. Alguna vez sugerí que las cosas mejorarían mucho si los dejaran gastar todo el dinero que tienen asignado pero les impidieran "trabajar". Otras veces, recuperando inclinaciones juveniles, pensé también en algo más radical, como lanzar un devastador ataque terrorista contra el edificio y su personal. El coeficiente de inteligencia del Imperial College se elevaría notablemente en tal caso y la calidad de la enseñanza y la investigación también mejorarían.

tarios y ahora, repentinamente, se había transformado en algo precioso que debía guardarse en una caja fuerte hasta que el proyecto estuviera maduro para la publicación, momento en que su paternidad sería indudable. En consecuencia, durante todo ese período crítico, nadie supo de la teoría excepto Andy y yo.

Había otra cosa reconfortante: la actitud de Andy hacia lo "desconocido". Unos meses antes, yo tropezaba a cada paso: apenas introducía en las fórmulas habituales de la física una c variable, todo se venía abajo. Confundido y decepcionado, renunciaba al intento. El hecho de contar con alguien para discutir las cosas me ayudó a entender que esos descalabros matemáticos no eran una señal inequívoca de incoherencias auténticas sino que reflejaban las limitaciones del lenguaje físico a nuestra disposición. Teniendo en cuenta esto, era mucho más fácil ver lo que intentaban decirnos las fórmulas que se derrumbaban y también era más fácil idear otras nuevas que dieran cabida a una velocidad variable de la luz sin perder coherencia.

El temerario enfoque de Andy fue algo crucial. Su actitud podría resumirse así: ¡al diablo con todo!, pensemos en algo que tenga consecuencias cosmológicas interesantes. Si los teóricos que se dedican a las supercuerdas son tan inteligentes como pretenden, ya tendrán tiempo de elaborar los detalles de nuestra teoría.

Por consiguiente, nuestras charlas giraban en torno a las implicaciones cosmológicas de la variación de c. Queríamos formular un nuevo modelo del universo capaz de explicar los enigmas del *big bang* pero radicalmente distinto de la teoría inflacionaria. Desde luego, no bastaba con aseverar que en el universo primigenio la velocidad de la luz era mayor que la actual y que ese hecho resolvía el problema del horizonte. La lógica indica que si la vsl es variable, hay consecuencias para las leyes fundamentales de la física y, en última instancia, para la cosmología. Necesitábamos encontrar una manera de implementar la velocidad variable de la luz que fuera compatible con las matemáticas y la lógica. En otras palabras, necesitábamos una *teoría*. ¿Y qué ocurría con los otros enigmas del *big bang*? Pues bien, en algún sentido, el problema del horizonte no es más que un precalentamiento para otros problemas de mayor envergadura.

Así, comenzamos a preguntarnos qué cambiaría si c fuera variable. Es una pregunta muy amplia y de gran alcance, cuya respuesta entrañaba un proceso largo que se desarrolló durante los meses siguientes, en los cuales pasamos revista a los efectos de esa hipótesis sobre la mayor parte de la física. Descubrimos entonces que si c fuera variable, ese hecho tendría profundas consecuencias sobre todas las leyes de la naturaleza.

En la mayoría de las ecuaciones aparecían necesariamente nuevos términos para los cuales usábamos una especie de clave: los términos "c-punto sobre c". Era casi una broma entre nosotros que sólo se refería a la fórmula que expresa la tasa de variación de la velocidad de la luz.[3] Las correcciones que introducíamos en las fórmulas habituales de la física tenían que ver con esa tasa, los temidos términos "c-punto sobre c", que se transformaron en el eje de nuestros esfuerzos. ¿Qué eran esos términos cruciales y qué efectos permitían predecir?

Me encontré de pronto tan inmerso en la pesadilla de calcular los términos "c-punto sobre c" que ya no sabía qué hacer con ellos. Avanzábamos, pero en medio de una gran maraña. Se abrían tantos senderos posibles que no podíamos saber cuál era el más productivo. La misma riqueza de las posibilidades que vislumbrábamos se convertía en una pesadilla. No tiene sentido que exponga aquí esos enfoques primitivos, baste decir que había *muchos* y que la mayoría llevaban a callejones sin salida. Mientras los papeles burocráticos se apilaban en los escritorios y cada tanto acababan misteriosamente en el cesto, construíamos conjeturas sobre la vsl y con mucha frecuencia nos sentíamos algo perdidos.

Por fin, en el mes de abril, la necesidad de un descanso se hizo imperiosa para mí, de modo que decidí abandonar todo por un tiempo y desaparecer de Londres junto con Kim. Viajamos a Goa, hermosa región de la India tropical que siempre había querido conocer. En otros tiempos, Goa fue una colonia portuguesa, pero a principios de los años sesenta, el ejército indio expulsó a los otrora omnipotentes señores coloniales. En la retirada, se registraron varios récords de velocidad que constituyen uno de los episodios más divertidos para mí del colonialismo portugués. Así y todo, los portugueses dejaron algunas obras módicas, entre ellas un sistema educativo bastante decoroso que ofrecía un agudo contraste con el que imperaba en la mayor parte de la India, aunque no en todo su territorio. Hasta el día de hoy,

---

[3] Más precisamente, la expresión $\dfrac{\dot{c}}{c}$.

se tiene la impresión de que los habitantes de Goa no quieren formar parte de la India y desean la independencia, pues conservan una identidad cultural definida que tiene muchos elementos portugueses. Hay gente que todavía habla portugués o, lo que es más desconcertante, canta *fado*, versión portuguesa del *blues*.

Apenas se fueron los portugueses, llegaron los hippies de California, y desde entonces Goa ha tenido que soportar varias generaciones de lunáticos marginales de Occidente. Se formaron colonias semipermanentes, de suerte que Goa figura ahora en todos los itinerarios nómades de los occidentales cuyo lema es "amor y paz". En 1997, cuando fui allí por primera vez, la cultura del *rave* estaba en su apogeo y había reuniones a la luz de la luna, en la playa, que duraban toda la noche al son de la música *trance* que inundaba el Océano Índico y el resto del universo. Allí viajé para descansar.

Como era de esperar, Anjuna, lugar donde parábamos, era todo un zoológico en el sentido estricto de la palabra y también en el metafórico. Había gatos de albañal, perros semirrabiosos, vacas que vagabundeaban por la playa, monos juguetones que se sentaban en los bares, cabras, cerdos, etc. Pronto empezaron a seguirnos unos perros fieles, pues los canes de Goa están desesperados por encontrar dueño, en especial para protegerse de los otros perros. En cuanto al zoológico en el sentido metafórico…

Mientras estábamos tendidos en las esteras de un "restaurante" afgano, los *ravers* lanzaban al aire impresionantes fuegos artificiales para festejar el cumpleaños de la abuelita afgana de la casa. Interrumpieron la música *rave* para que la abuela expresara sus deseos, con la música de Pink Floyd de fondo. En el desayuno nos acompañaban largos sermones sobre la ética y otras ramas de la filosofía que pronunciaba una muchacha francesa totalmente desquiciada, a la que enseguida le pusimos el apodo de "Simone de Beauvoir".

Las reuniones en la playa duraban hasta la salida del sol, enriquecidas cada tanto por el tronar de un helicóptero policial que enfocaba los reflectores sobre nosotros advirtiendo que no se habían pagado suficientes coimas. En respuesta, la multitud apuntaba sus láser sobre el helicóptero, que quedaba estampado de pequeños corazones rojos.

Despojos de hippies tocaban la flauta ante jaurías de perros furiosos que se entremezclaban ladrando y mordiéndose en medio de bares y restaurantes. La ceremonia del adiós al sol poniente en la playa empezó a parecernos la cosa más normal del mundo.

Curiosamente, en contraste con los hippies desnudos que habitaban en la copa de los árboles y *ravers* atiborrados de éxtasis, en los habitantes autóctonos de Goa se podía percibir algo así como un vestigio de lo que en portugués se llama *brandos costumes*, una afable gentileza anticuada y fosilizada que ya no existe en el propio Portugal. Me hice amigo de algunos, como el señor Eustaquio, propietario del restaurante "Casa Portuguesa" y hábil cantante de *fado*. Recuerdo con ternura el exquisito placer que sentía al volver de ese restaurante, a las cinco de la mañana, después de una tormenta tropical, cantando *fado* a los gritos a miles de kilómetros de Bairro Alto (barrio bohemio de Lisboa) y despertando a toda la fauna de Goa.[4]

Si bien semejante paisaje no parecía propicio para la actividad mental, debo decir que mi cerebro funcionó allí mejor que nunca. Más tranquilo, se me ocurrieron algunas ideas importantísimas sobre la velocidad variable de la luz. Desde luego, no hice más que apuntarlas sucintamente para elaborar los detalles cuando volviera a Inglaterra, pues las noches de Goa no son el mejor ambiente para los cálculos complicados. No obstante, un conjunto de ideas interesantes comenzó a acumularse lentamente en lo recóndito de mi mente. Le envié una tarjeta postal a Andy que mostraba una playa bordeada de palmeras y le dije que consagraba todo el tiempo que tenía a los términos "c-punto sobre c". Seguramente, pensó que era una broma, pero en parte era verdad.

Muy tarde a la noche, mientras hacía uso de las instalaciones sanitarias de Dios –las únicas existentes en la mayoría de los bares de Goa– alzaba de pronto los ojos y veía el cielo entre las palmeras. Como allí casi no hay luz eléctrica, el oscuro cielo revela magníficamente la infinitud de las estrellas. Me doy cuenta de que mirar el cielo mientras se orina no es demasiado poético, pero, por eso mismo, la impresión era más intensa cuando la plenitud del universo sorprendía mi mirada. De lejos, me llegaban los lugares comunes del *rave* que emitía algún sistema de sonido: "Cuando sueñas, ya no hay reglas; todo puede suceder, la gente puede volar".

CUANDO VOLVÍ A LONDRES, feliz y tostado por el sol, la VSL ingresó en una nueva etapa. Las sucintas notas que había tomado en Goa valían la pena, de

---

[4] A Kim, mis conciertos de *fado* no la impresionaban más que a los animales del lugar, y me bombardeaba con comentarios despectivos hasta que por fin me limité a cantar *fado* mientras nadaba en el mar, donde nadie podía oírme.

modo que muy pronto lo que había empezado como una intuición divertida florecía en una teoría matemática, por estrafalaria que fuera. Poco a poco, mis reuniones secretas con Andy comenzaron a transitar caminos más concretos a través de la maraña de la física. De ese laberinto, terminaron por surgir claramente los términos "c-punto sobre c", y los nuevos efectos físicos comenzaron a cristalizarse.

Si c variara, ¿qué otras cosas cambiarían? Algunas consecuencias eran sin duda espectaculares. El descubrimiento más alarmante tal vez haya sido que no se cumplía la ley de conservación de la energía, dogma fundamental de la ciencia desde el siglo xviii. Si la velocidad de la luz variaba, la materia podía crearse y destruirse.

Puede parecer raro, pero es fácil de comprender. A principios del siglo xx, los hombres de ciencia se dieron cuenta de que hablar de la conservación de la energía era simplemente otra manera de decir que las leyes de la física deben ser siempre las mismas. Es lo que debería enseñarse en las escuelas pues, de lo contrario, la conservación de la energía parece un milagro. De hecho, es un mero reflejo de la uniformidad del tiempo: nosotros cambiamos, el mundo cambia, pero las leyes de la física son siempre las mismas; se hacen unos pocos cálculos matemáticos y se infiere en forma trivial la conservación de la energía.

Al modificar la velocidad de la luz, nosotros habíamos violado ese principio y, de hecho, imponíamos un cambio correlativo a las leyes de la física, pues la velocidad de la luz forma parte de la formulación concreta de todas las leyes de la física, al menos desde la aceptación de la teoría especial de la relatividad. Por consiguiente, no era asombroso que se arrojara por la ventana la conservación de la energía. En nuestro razonamiento, permitíamos que las leyes de la física evolucionaran a lo largo del tiempo, cosa que contradecía el principio fundamental sobre el cual descansa la conservación de la energía. Si la VSL es la teoría, es más que lógico que la energía *no* se conserve.

A esa misma conclusión había llegado por otros caminos en uno de mis apuntes de Goa. En realidad, es increíble que no me haya dado cuenta antes, pues cualquiera con un conocimiento elemental de geometría diferencial lo habría advertido de inmediato. Las ecuaciones de Einstein nos indican que la materia curva el espacio-tiempo y que la curvatura resultante es proporcional a la densidad de energía. Ahora bien, la curvatura debe satisfacer un conjunto de identidades que se llaman "identidades de Bianchi", exigencia matemática que no tiene nada que ver con la relatividad general. Se trata de proposiciones del tipo 1 + 1 = 2, que valen para cualquier espacio-tiempo independientemente de su curvatura. Pero si la curvatura es proporcional a la densidad de energía, según lo expresa la ecuación de campo de Einstein, ¿qué implican las identidades de Bianchi con respecto a la energía? Nada más y nada menos que su conservación.

Detengámonos aquí un instante: acabo de decir que la curvatura es proporcional a la densidad de energía, lo cual equivale a decir que la curvatura es igual a la densidad de energía multiplicada por un número. ¿Qué es ese número, denominado constante de proporcionalidad? Escondida en esa constante, acecha la velocidad de la luz. En otras palabras, si la constante de proporcionalidad es realmente una constante, las identidades de Bianchi implican la conservación de la energía; pero si ese factor no es una constante –como ocurriría si la velocidad de la luz fuera variable–, esas identidades implicarían una *violación* de la ley de conservación de la energía. Desde luego, la exposición pormenorizada de la argumentación es algo más compleja, pero lo que acabo de decir da una idea aproximada de mis apuntes de Goa. Había descubierto que, si la velocidad de la luz variaba, la energía no podía conservarse.

Por consiguiente, se nos presentaban dos líneas de pensamiento que indicaban que la energía no se conservaría si la velocidad de la luz era variable. Cuando hicimos los cálculos necesarios para saber en qué medida se violaba la ley de la conservación, todo encajaba: los dos enfoques arrojaban resultados coincidentes. En ese momento, hicimos un descubrimiento increíble.

Nuestras ecuaciones indicaban que la magnitud del cambio en la energía total del universo estaba determinada por la curvatura del espacio. Si la gravedad curvaba el espacio sobre sí mismo dando origen a un universo cerrado, la energía se evaporaría; si el espacio tenía forma de silla montar y el universo era abierto, se generaría energía a partir del vacío. Ahora bien, puesto que según la célebre fórmula de Einstein, $E = mc^2$, hay una equivalencia entre masa y energía, en un universo cerrado desaparecería la masa, y en un universo abierto, se crearía materia.

Se infería de allí una consecuencia impresionante. Para comprenderla, recordemos que en un universo cerrado la densidad de materia supera la densidad crítica característica de un mundo plano. A medida que el universo cerrado perdiera energía, el excedente de densidad de materia se reduciría, y el universo evolucionaría hacia una configuración plana o crítica. Por el contrario, en un universo abierto aumentaría la energía y, por consiguiente, la densidad de materia. Pero hemos visto que en un universo abierto en todo momento la densidad es inferior a la densidad crítica. En consecuencia, si no se conserva la energía, cualquier deficiencia de la densidad de materia con respecto al valor crítico se recuperaría, de modo que el universo se vería empujado de nuevo a la configuración crítica, la plana.

En ese escenario, pues, lejos de ser improbable, un universo plano era inevitable. Si la densidad cósmica difería de la densidad crítica característica de un universo de geometría plana, el hecho de que no se cumpliera la ley de conservación de la energía empujaría de nuevo las cifras hacia el valor crítico. Por ende, la planitud, en lugar de ser una cuerda floja, una cornisa, se transformaba en un gran desfiladero, camino obligado para todos los otros universos posibles. Además, en un universo de geometría plana, no se creaba ni se destruía materia. Acabábamos de descubrir un nuevo valle para la planitud que no arrancaba de la teoría inflacionaria.

Estábamos exultantes. Nos habíamos puesto a resolver uno de los problemas cosmológicos, el del horizonte, y habíamos tropezado con la solución de otro que aparentemente no tenía relación con el primero: el de la planitud. Paulatinamente, en medio de nuestras lucubraciones, caímos en la cuenta de que los resultados excedían nuestros propósitos. Cuanto más nos zambullíamos en la física, más eran los problemas cosmológicos que en apariencia quedaban resueltos, a veces de manera inesperada.

Evidentemente, podíamos explicar el origen de la materia. A partir de propiedades aparentemente abstrusas de la teoría, como la posibilidad de que se creara materia porque la velocidad de la luz variaba, descubrimos con sorpresa una explicación del origen de toda la materia del universo. No es uno de los enigmas tradicionales del *big bang*, pero para mí es una cuestión más fundamental aún, algo que todos deberíamos preguntarnos alguna vez: ¿cómo nació el universo? La VSL aportaba una respuesta.

EL FELIZ RESULTADO de esos primeros empeños desencadenó un período de trabajo arduo durante mayo y junio de 1997. Sabíamos que estábamos por fin en el camino correcto y ese hecho nos hizo avanzar cada vez más lejos. En aquel tiempo, yo estaba tan entusiasmado que a menudo me quedaba en la oficina del Imperial College hasta muy tarde, a veces hasta las cinco de la mañana. Elaboraba los detalles que iban surgiendo de la nueva teoría y a cada paso descubría propiedades interesantísimas. Me hice amigo por ese entonces de algunos integrantes del servicio de seguridad de la institución, que sin duda debían pensar que yo era un bicho raro. Había también un estudiante que trabajaba por la noche y parecía el conde Drácula. La primera vez que lo vi recorriendo de un extremo al otro el pasillo pasadas las dos de la mañana, pensé que tanto entusiasmo estaba afectando mis facultades mentales.

Por desgracia, esos estados de gran euforia no son frecuentes en la ciencia, pero cuando ocurren, producen efectos extraordinarios, como una enorme descarga de adrenalina difícil de igualar por otros medios. Siempre me pregunto si esa es la razón por la cual los científicos son tan raros: tal vez, después de experiencias intelectuales tan intensas, los placeres comunes de la vida –comer, beber, charlar con los amigos– parezcan aburridos. Quizá por ese motivo tantos de nosotros nos suicidamos desde el punto de vista social.

Sin duda, yo estaba a punto de transformarme en un solitario animal nocturno: volvía a casa muy tarde, caminando por calles vacías y envueltas en un silencio inquietante y muy raro en una ciudad tan grande. Creo que pocos lo saben, pero algunas zonas del centro de Londres albergan una gran población de zorros que se adueñan de la ciudad durante horas. Yo mismo no lo sabía hasta que me aventuré en esas noches sobrenaturales. Cuando volvía a casa agotado y con la mente totalmente embarullada, me encontraba de golpe con esas criaturas que desfilaban tranquilamente delante de mí con su tupida cola. De vez en cuando, alguno de ellos se detenía y me miraba, preguntándose tal vez qué clase de animal nocturno era yo. Luego, se deslizaba en algún jardín para reaparecer unas cuadras más allá, después de recorrer atajos conocidos sólo por los zorros, habitantes de una ciudad paralela que está fuera de nuestro alcance.

En esas noches pobladas de zorros, trabajé también en algunos pormenores fastidiosos. Por ejemplo, era necesario calcular en qué proporción tenía que cambiar la velocidad de la luz y cómo lo haría. En aquel tiempo, tanto Andy como yo concebíamos la variación de la velocidad de la luz como un cataclismo cósmico que había sucedido en la época primigenia del universo, cerca de la época de Planck. A medida que se expandía, el universo se enfrió hasta alcanzar una temperatura crítica, momento en que, según nuestra visión, la velocidad de la luz pasó de un valor muy alto a otro muy bajo. Nos imaginábamos algo así como una transición de fase, como cuando el agua se transforma en hielo a medida que la temperatura desciende hasta el punto de congelación. Análogamente, nos decíamos, el universo habría alcanzado una temperatura de "congelación", por encima de la cual la luz debía haber sido mucho más veloz y "líquida", y por debajo de la cual se habría cristalizado formando esa luz "lenta" y glacial que observamos hoy. Más tarde, descubrimos que esa no era la única posibilidad, aunque sí la más simple, pero por ahora nos basta con imaginarlo así.

Por consiguiente, la tarea que nos aguardaba consistía en imponer condiciones a esa transición de fase que nos permitieran resolver el problema del horizonte. Calculamos que, para una transición de fase de la velocidad de la luz acaecida en el tiempo de Planck, el factor de reducción de la velocidad de la luz tendría que haber sido un 1 seguido de 32 ceros, si es que queríamos una conexión causal del universo observable en su totalidad. Si el lector pensaba que una velocidad de 300.000 km/seg es muy grande, piense en esa misma cantidad, agréguele 32 ceros y obtendrá una cifra realmente increíble. De hecho, ese valor era el mínimo exigible y nos apabulló tanto la cifra que decidimos postular escenarios en los cuales la velocidad de la luz en la época de Planck fuera infinita. En tales circunstancias, la totalidad del universo observable habría estado en contacto, en razón de esa velocidad descomunal.

Según ese escenario, apenas el universo salió de la transición de fase, se encontró transitando la cuerda floja de la planitud, aunque esa situación ocurrió después de que la planitud se transformara en un desfiladero por obra de la reducción de la velocidad de la luz. A partir de esta conclusión, la cuestión radicaba en calcular cuánto tenía que cambiar la velocidad de la luz para que ese malabarismo primigenio garantizara al universo las condiciones necesarias para recorrer con seguridad la cuerda floja de la planitud en su vida posterior. El resultado fue el mismo que habíamos obtenido antes para el problema del horizonte: la velocidad primigenia de la luz tendría que haber sido igual a la actual multiplicada por un factor con 32 ceros. Aunque en ese momento no lo sabíamos, ese hecho no era mera coincidencia.

Así siguieron las cosas… mientras yo pasaba en vela buena parte de esas largas noches, se iba materializando por fin ante mis ojos un auténtico tesoro. A esa altura, habíamos descubierto dos cosas fundamentales: que variar la velocidad de la luz implicaba violar la ley de conservación de la energía y que esto permitía resolver el problema del horizonte y, por añadidura, el de la planitud. Nuestro supuesto, además, nos proporcionó un par de dividendos adicionales; nos permitió, por ejemplo, explicar el origen de la materia. No obstante, aún nos faltaba analizar un elemento crucial: ¿qué pasaba con la constante cosmológica?

Desde un comienzo, nos pareció evidente que tenía que haber una interacción interesante entre la constante cosmológica y la velocidad variable de la luz, pues, al fin y al cabo, si ésta pierde su categoría de constante y se transforma en un ser salvaje y variable, ¿por qué la energía del vacío debería ser una constante rígida? En efecto, pronto advertimos que, si c no era constante, la energía almacenada en el vacío tampoco podía ser inmutable. La energía del vacío se puede expresar en un todo de acuerdo con Lambda, ese extraño objeto geométrico que introdujo Einstein, pero mirando las cosas más a fondo se descubre que la velocidad de la luz también desempeña un papel en la fórmula. En general, se puede observar en los cálculos que la energía del vacío aumenta si la velocidad de la luz se incrementa.[5]

A la inversa, si la velocidad de la luz decreciera en el universo primigenio, la energía del vacío disminuiría abruptamente y se canalizaría en la materia y la radiación. De modo que postular la variación de la velocidad de la luz nos permitía hacer algo que era imposible en los modelos de expansión cosmológica, incluso en los de expansión inflacionaria: sacarnos de encima la omnipresente energía del vacío. Quiero recordar que la dificultad de la constante cosmológica radica en que la energía del vacío no se reduce con la expansión, a diferencia de lo que ocurre con la materia y la radiación. Por eso mismo, la energía del vacío acabaría predominando en todo el universo muy rápidamente si no halláramos una manera de eliminarla radicalmente en el universo arcaico. Pues bien, el modelo de VSL aportaba un mecanismo posible para hacer desaparecer la energía del vacío, proporcionaba una manera de convertirla en materia, permitiendo así que el universo se expandiera en su edad adulta sin la amenaza de ser dominado por la nada. Habíamos encontrado la manera de exorcizar la constante cosmológica.

De más está decir que las cosas no eran tan simples como acabo de describirlas. Sabíamos que el mecanismo no era perfecto, y que sólo resolvía un aspecto del problema que planteaba la constante cosmológica tal como los

---

[5] Más precisamente, parece que la energía del vacío es proporcional al producto de Lambda por la velocidad de la luz a la cuarta potencia.

cosmólogos lo habían ido caracterizando y modificando a lo largo de los últimos decenios. Sin embargo, llegados a ese punto, a veces me era imposible no sentir que la teoría de la velocidad variable de la luz era un ejercicio de pedantería, pues estábamos resolviendo problemas que ya estaban resueltos… en la teoría inflacionaria. Nos habíamos topado con algunas sorpresas bellísimas, pero, en rigor, ¿qué había de nuevo, excepto la idea misma de que la velocidad de la luz podía ser variable? Pero, súbitamente, el panorama de la vsl cambió en su totalidad cuando descubrimos que esa hipótesis permitía derrotar al monstruo proverbial, Lambda. La teoría inflacionaria no podía resolver el problema de la constante cosmológica, pero nuestra teoría, sí.

A fines de junio de 1997, ya estábamos listos para lanzar al mundo nuestro preciado engendro. Habíamos trabajado mucho y acumulado una cantidad colosal de notas. Yo estaba más entusiasmado que nunca, y Andy parecía también muy complacido.

Entonces, repentinamente, Andy se acobardó. Sin que hubiera algún motivo aparente, empecé a sentir que se sentía incómodo con nuestro temerario proyecto. Lo que no advertí en ese momento fue que las vacilaciones de Andy podían descarrilar totalmente la teoría.

9. CRISIS DE MADUREZ

Con la perspectiva que dan los años, veo que la teoría de la velocidad variable de la luz fue producto de un colosal vaivén maníaco depresivo. Hasta junio de 1997, Andy y yo habíamos estado sumergidos en un incesante clima de gran entusiasmo. Pero los seres humanos somos criaturas alérgicas a la felicidad eterna, de modo que ese estado de ánimo tenía que acabar. Nos aguardaba un período más sombrío.

Cerca de fin de mes, teníamos material suficiente para varios artículos, no sólo para uno. A decir verdad, esa abundancia se debía en parte a que habíamos hallado dos versiones distintas de la teoría, una de ellas más compleja pero mejor fundamentada. No obstante, el contenido físico de ambas era muy semejante. Nos propusimos escribir un primer artículo tentativo a fin de demarcar territorio como los perros que orinan. No debe sorprender que hayamos elegido la versión más sencilla de la teoría, que era también la más vaga.

Los dos teníamos que viajar en julio al Centro de Física de Aspen, Colorado, donde pasaríamos quince días. Ese centro tiene una organización singular: en cualquier programa, el número de charlas o presentaciones formales es mínimo, y se pone el acento en el intercambio informal entre los científicos asistentes. En la práctica, como ya me lo había advertido Andy, siempre hay peligro de que alguien nos robe las ideas. La gente que trabaja duro pero está desprovista de talento o imaginación suele pasearse por esos lugares escuchando las conversaciones "informales" y aprovechando ese material para triunfar en la carrera. Tanto es así, que todos los años una conocida universidad estadounidense otorga un premio al mejor artículo publicado que se haya basado en ideas ajenas.

Andy pensaba que la reunión de Aspen era la ocasión ideal para debatir la teoría de la VSL con muchos físicos, pero fue inflexible en su posición de que teníamos que protegernos escribiendo antes un artículo y colocándolo en un archivo de la web, como <http://www.astro-ph.soton.ac.uk>. Así, quedaría demostrada de algún modo nuestra paternidad, y podríamos utilizar la reunión de Aspen para sacar a relucir a nuestro hijo bastardo.

Hago constar que Andy escribió el resumen, las notas publicitarias y las conclusiones, y que yo elegí material proveniente de mis notas para redactar el cuerpo del artículo. Parecerá trivial, pero escribir lleva mucho tiempo. De pronto, Andy se puso taciturno, cosa que atribuí en un principio a las eternas presiones burocráticas que padecía. Poco a poco, sin embargo, me di cuenta de que los motivos eran otros.

Unos días antes de mi partida hacia Colorado, Andy se quedó en el Imperial College hasta muy tarde, de modo que pudimos terminar el susodicho artículo. Algo después, mientras cenábamos en un restaurante de las cercanías, se sinceró. Reconoció que tenía miedo de presentar el artículo a una revista; quería esperar un poco.

No era la primera vez que veía un retroceso de ese tipo: siempre ocurre que unos días antes de presentar un artículo científico, alguno de los autores se acobarda y empieza a inventar excusas para demorarlo. Es un efecto psicológico frecuente, similar al pánico escénico que sufren los actores. No obstante, nuestra situación era diferente, pues lanzar al mundo una teoría en la cual la velocidad de la luz era variable habría amedrentado a *cualquiera*, y tal vez *debíamos* sentir temor. A fin de cuentas, lo que estábamos haciendo equivalía a echar abajo *el pilar* de la física del siglo xx: la constancia de la velocidad de la luz.

Tal vez por esa razón me contagió el miedo y tomé una decisión que luego habría de lamentar: accedí a esperar. Por consiguiente, tendríamos que postergar el envío del artículo hasta después de la reunión de Aspen, lo que me ponía muy incómodo porque empezaba a sentir que la teoría necesitaba los comentarios de otra gente. El proyecto llevaba ya seis meses y se había desarrollado en secreto absoluto. Había algo insalubre en tanto aislamiento, pues habitualmente uno consulta a los colegas en cada etapa de desarrollo de una idea.

La única excepción al secreto había sido una conversación que tuve con el jefe de nuestro grupo, Tom Kibble, archiconocido por sus dictámenes secos y cortantes. Fui a su oficina y le dije que estábamos buscando una teoría alternativa a la inflacionaria. Me contestó enseguida: "Ya era hora". Sonreí y empecé a explicarle el panorama del problema del horizonte. "Muy razonable", comentó. Entonces, le expliqué cómo se resolvía ese problema postulando una velocidad variable de la luz. "Eso es menos razonable", dijo. Cuando seguí hablando de los pormenores de la conservación de la energía, se quedó dormido. Me fui de la oficina mientras roncaba, deslizándose feliz hacia otro horizonte.

Comenté con Andy mis temores de que podríamos perder comentarios preciosos si no hablábamos de nuestra teoría en Aspen, pero él dijo que no podíamos hacer otra cosa.

LA CONFERENCIA DE PRINCETON del verano anterior había sido electrizante, pero la de Aspen fue un aburrimiento. En realidad, nuestra fase depresiva comenzó allí. Aunque presuntamente esa conferencia debe ser un remanso para el intercambio informal de ideas, en los hechos ocurre exactamente lo contrario. Tal vez por el carácter tan competitivo de la ciencia estadounidense, Aspen es un lugar donde la gente interrumpe las charlas científicas y cambia de tema apenas alguien se acerca a su charla "informal" en los jardines. En un par de ocasiones alcancé a oír parte de lo que decían y comprobé después que aparecían artículos sobre los temas que causaron sensación. Cuando llegó Andy y empezamos a hablar de la velocidad variable de la luz, también comprobé que él cambiaba de tema cuando alguien se acercaba. Así se comportaba la flor y nata de la cosmología estadounidense.

El clima no me resultaba nada acogedor; ese mundo era muy distinto al de las batallas campales en las que había participado en Gran Bretaña desde los días de Cambridge. Me llevaba muy bien con todos en Aspen, de modo que no creo que me excluyeran por motivos personales; hacían lo que les parecía más conveniente. Sin embargo, cuando vi que Andy ocultaba también nuestra teoría, me sentí asqueado.

Sin duda, pese a lo desagradable que resulta, esa actitud da sus frutos. Objetivamente, no refleja otra cosa que el vigor de la cosmología estadounidense, a lo cual se suma un afán competitivo impiadoso. En todo momento, los cosmólogos más productivos trabajan en los mismos problemas relativos a la inflación, cualquiera sea la moda predominante de la temporada, por lo que no es sorprendente que se genere un ambiente asfixiante y feroz. Desde el punto de vista colectivo, la ventaja reside en que, cuando el tema que está en boca de todos tiene una importancia fundamental (nunca se puede estar seguro de que sea así), hay toda una comunidad científica trabajando en él, de modo que, estadísticamente, el sistema funciona. La producción es tan colosal que necesariamente debe contener trabajos de verdadera calidad. Por otro lado, es difícil percibir en semejante ambiente que la gente disfruta de lo que hace o ejerce su libertad.

Era la primera vez que experimentaba con tal intensidad lo que ocurre con ese método de hacer ciencia, y fue una verdadera sorpresa. Al fin y al cabo, al ambiente científico estadounidense le gusta difundir una imagen de libertad individual. Alguna vez, Richard Feynman escribió unas líneas destinadas a los querían seguir una carrera científica. Expresaba allí su pesar porque en la ciencia había cada vez menos espacio para la innovación y nos incitaba a cambiar las cosas. Decía que debíamos guiarnos por el olfato e intentar nuestro propio camino por insensato que pareciera; que debíamos soportar la soledad que acarrea la originalidad aunque implicara una carrera breve. Advertía también que debíamos estar preparados para el fracaso, y que fracasaríamos con certeza si anteponíamos a la ciencia nuestras consideraciones individuales. Sin embargo, creía que valía la pena arriesgarse.

La vida de Feynman fue un excelente ejemplo de la actitud que propugnaba, pues fue un científico a quien no le importaron las opiniones y que siguió su propio rumbo sin concesiones. A la larga, se transformó en el símbolo por excelencia de la ciencia estadounidense aunque la prosaica realidad sea muy distinta: en ese mundo se incita a los jóvenes a trabajar en los problemas que constituyen la corriente preponderante de la ciencia y no se les infunde valor para alejarse del mundanal ruido. A este respecto, siento lo mismo que sentía con la burocracia: si hay que hacer ciencia de esa manera, tanto da irse a trabajar a un banco.

Mi estadía en Aspen fue una desilusión, porque las otras veces que había viajado a los Estados Unidos me había sentido a mis anchas. Siempre me había parecido que la gente estaba dispuesta para el intercambio, que era abierta y tenía entusiasmo; todo lo opuesto de lo que vi en Aspen. Tal vez los lugares que había visitado antes fueran un microclima, un medio aislado. Tal vez Aspen fuera la excepción. ¿Cómo conciliar dos caras tan opuestas?

Quizá la respuesta sea que en la ciencia, como en todo, los Estados Unidos no se prestan a las generalizaciones pues allí conviven el mejor y el peor de los mundos. Pasé seis meses en el grupo de Neil en Princeton, y después hice muchas visitas aisladas, y siempre me pareció que reinaba allí un clima estimulante. También pasé dos meses en Berkeley, donde hallé gente prácticamente trastornada, chismosa y siempre dispuesta a ahogar las ideas nuevas.

Con esta perspectiva ampliada, lo que sucedió en Aspen puede verse como algo característico y también como propio de una minoría. Hacer un comentario general sobre la ciencia estadounidense es como hacer un comentario sobre la música en general. Hay música que a uno le gusta; otra que no… ¿Debería gustarnos todo tipo de música?

Lamentablemente, sucede con frecuencia que la gente está orgullosa de sus peores cualidades; de hecho, muchos científicos estadounidenses parecen apreciar más esos desfiles de circo que el legado de Feynman. Desde luego, no son los únicos que piensan así. Una vez, conocí en Nueva York a una joven que se estremecía de sólo saber que yo era físico, pero quedó desilusionada sin remedio cuando le dije que vivía en Inglaterra y no abrigaba ninguna esperanza de mudarme a los Estados Unidos. No podía entenderlo. Cuando le pregunté por qué, me replicó con el ejemplo de un físico, pero no podía recordar su nombre: "¿Cómo se llamaba ese físico que era mejor que Einstein, pero no vino a los Estados Unidos y por eso fracasó?".

Hasta el día de hoy ignoro quién pudo haber sido ese mítico personaje. Pero las opiniones de esa chica sobre Einstein y las virtudes estadounidenses no son meramente ridículas. Pobre Albert, ¡como si su grandeza se debiera al hecho de haber emigrado a los Estados Unidos! En el momento en que cruzó el Atlántico, lo mejor de su obra ya estaba hecho, y ya había recibido el Premio Nobel. Se trasladó porque el régimen nazi lo acosó desde un principio, en una época en que todos –incluso muchos judíos ricos– intentaban todavía llegar a una componenda. Sus comentarios políticos siempre causaron mucha incomodidad; en este aspecto, Einstein a veces me recuerda a Muhammad Ali. De modo que era de esperar que en 1933 lo expulsaran de Alemania, le confiscaran todas sus pertenencias y que corrieran rumores de que atentarían contra su vida.

Einstein fue recibido en los Estados Unidos con los brazos abiertos en un momento en que necesitaba desesperadamente esa hospitalidad.[1] Si aquella chica hubiera contemplado todo el asunto desde este punto de vista, habría tenido un motivo mejor para estar orgullosa de su país.

---

[1] Siempre y cuando pasemos por alto las protestas de una organización estadounidense llamada Sociedad Patriótica de Mujeres (*Women Patriot Society*), la cual se opuso a recibirlo porque "ni siquiera Stalin pertenecía a tantos grupos anarco comunistas".

EN VISTA DE UN CLIMA tan desfavorable, me dediqué en Aspen a cualquier cosa menos al intercambio científico. Hice mucho *footing*, yoga, emprendí excursiones a las montañas y practiqué diversos deportes. Cuando estaba en la oficina, me absorbían tareas más agotadoras que ocuparon mi mente durante todo el tiempo que pasé allí.

Desde un principio, para Andy resolver el problema del horizonte no implicaba resolver el problema de la homogeneidad del universo. Se puede hallar una manera de conectar la totalidad del universo observable en algún momento del pasado, dejando así las puertas abiertas para que algún mecanismo físico homogeneíce las vastas regiones que vemos hoy en día. Aun así, había que encontrar el agente, el mecanismo que actuó en el universo arcaico y garantizó su aspecto uniforme en todas partes. En el lenguaje de la ciencia, resolver el problema del horizonte era una condición necesaria pero no suficiente para resolver el de la homogeneidad.

La experiencia respaldaba la sabia actitud de Andy. Es un cosmólogo maduro, lo que implica que cometió muchos errores en el pasado.[2] Su modelo inflacionario inicial tuvo, precisamente, la desventaja de resolver el problema del horizonte sin resolver el de la homogeneidad. Según ese modelo, si bien la totalidad del universo observable había estado en contacto durante el período inflacionario, cuando se calculaba lo que realmente había ocurrido con la homogeneidad, se llegaba a una versión muy extraña de universo. No se trata de un problema exclusivo de la teoría inflacionaria; de hecho, Andy me había contado que el universo oscilante o pulsante padece un destino similar y que esa circunstancia había sido la pesadilla de Zeldovich. Andy temía que nuestra teoría cayera en una trampa parecida y a menudo lo había expresado en nuestras reuniones.

En los últimos meses yo había intentado dejar de lado sus preguntas al respecto porque sabía que para poder contestarlas había que hacer una enorme cantidad de cálculos. Quien quiera provocarle náuseas a un cosmólogo sólo deberá mencionar las palabras "teoría cosmológica de las perturbaciones", uno de los temas más complejos de la cosmología, ante el cual hasta el mejor se pone a temblar.

---

[2] Aplicando un idéntico criterio, dentro de algunos años yo también seré un cosmólogo maduro.

Sabemos que si introducimos un universo homogéneo en la ecuación de campo de Einstein, el resultado son los modelos de Friedmann. La idea consiste en repetir los cálculos para un universo "perturbado", en el cual haya pequeñas fluctuaciones de densidad sobre un fondo uniforme. En algunas regiones, la densidad es ligeramente superior a la normal; en otras, ligeramente inferior. El objetivo es averiguar si la "diferencia o contraste de densidad", como le decimos, desaparece o aumenta a medida que el universo se expande. Para descubrirlo, se introduce en la ecuación de campo de Einstein un universo perturbado y se obtiene una fórmula que describe la dinámica de las fluctuaciones. Es un cálculo sumamente engorroso que lleva muchas páginas de tediosos cálculos algebraicos: el tipo de ejercicio que un alumno de primer año del doctorado hace una única vez y luego trata de olvidar durante el resto de su vida.

Por complejos que sean los cálculos, su resultado es imprescindible para comprender el universo. En la radiación cósmica (véase la figura 1) se producen pequeñas ondulaciones; el fluido galáctico sólo es homogéneo a escalas muy grandes, pues a escalas más reducidas está compuesto por galaxias, las cuales, desde luego, ¡no son exactamente uniformes! Entonces, visto en detalle, el universo no es homogéneo y esa circunstancia puede explicarse mediante la "teoría cosmológica de las perturbaciones".

Para responder a las objeciones de Andy y calmar su preocupación, tenía que hacer los cálculos correspondientes, pero esta vez para la VSL, lo que agregaba complejidad al problema. Sin embargo, el aburrimiento de Aspen fue suficiente como para que lo intentara.

La primera vez que hice los cálculos, llené unas cincuenta páginas de intrincadas fórmulas algebraicas. No soy torpe con los cálculos largos, pero ése era tan complejo que las probabilidades de no haber cometido un error eran prácticamente nulas. Sin embargo, el resultado final me dejó muy conforme, pues todo se resumía en una compleja ecuación diferencial que describía la evolución de las fluctuaciones de homogeneidad en un universo en el cual la velocidad de la luz variaba. Cuando resolví la ecuación, me encontré con que, además de resolver el problema del horizonte, la VSL resolvía también el de la homogeneidad. Mi suspiro de alivio recorrió los valles de Aspen.

Suponiendo que la velocidad de la luz era variable, podíamos reconstruir la totalidad del universo observable a partir de una región interconectada por interacciones rápidas cuyos procesos térmicos la uniformizaban, de la

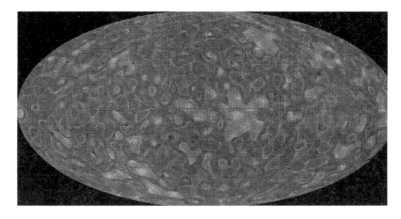

Figura 1. Imagen de la radiación cósmica tomada por el satélite COBE. Las fluctuaciones de temperatura son muy pequeñas (alrededor de una parte en 100.000) y representan el germen que permitirá la formación de estructuras en nuestro tan homogéneo universo.

misma manera en que la temperatura de un horno es pareja porque el calor circula por todo su interior y la homogeneíza. Aun así, en el mejor de los hornos se producen fluctuaciones de temperatura porque, cuando circula calor, siempre hay probabilidades de que una región se caliente más o menos que otra. Lo que acababa de descubrir con mis cálculos es que, si la velocidad de la luz variaba, esas fluctuaciones desaparecían a gran escala. Fue algo que surgió de las fórmulas y, aunque yo no entendía por qué, el resultado final correspondía a un universo totalmente homogéneo en el cual no había ninguna fluctuación.

Por consiguiente, no podíamos explicar la estructura del universo ni las ondulaciones de la radiación cósmica, pero podíamos armar el escenario de modo que apareciera algún otro mecanismo y perturbara el fondo totalmente homogéneo resultante del período de velocidad variable de la luz en la vida del universo. Era la mejor noticia que podíamos esperar. A fin de cuentas, pasaron años antes de que la teoría inflacionaria pasara de ser una mera solución de los enigmas del universo y se transformara en un mecanismo capaz de formar estructuras y de explicar, entonces, las ondulaciones de la radiación cósmica y la formación de cúmulos de galaxias. Nunca supusimos que la teoría de la VSL se nos presentaría en una forma capaz de explicar todas esas características. Por el contrario, para nosotros habría sido una pesadilla encontrarnos que, una vez resuelto el problema del horizonte, el universo seguía siendo tan poco homogéneo. Mis cálculos excluían esa posibilidad. Sin embargo, estábamos en los comienzos de nuestra teoría. ¿Debíamos aceptar entonces ciegamente ese montón de fórmulas algebraicas?

Intenté persuadir a Andy para que hiciera los cálculos por su cuenta a fin de ver si obtenía el mismo resultado, pero se negó rotundamente porque, según dijo, ya estaba muy viejo para semejante tarea. Por consiguiente, me dispuse a repetirlos yo. Esperé unos días a fin de olvidar los posibles errores que hubiera cometido y me sumergí de nuevo en lo que, según esperaba, sería un cálculo independiente. Esa vez descubrí algunos trucos, atajos que redujeron considerablemente la cantidad de fórmulas algebraicas, de modo que la segunda tanda de cálculos cubrió solamente treinta páginas. Pero tuve una gran decepción: la ecuación final era de otra índole. No obstante, conservaba la propiedad de eliminar cualquier fluctuación de densidad e implicaba un universo muy homogéneo. Lo lamentable era que alguno de los dos cálculos debía estar equivocado. Un suspiro de desilusión recorrió las montañas de Aspen.

Así ocupé el tiempo que pasé en Aspen: haciendo esos cálculos monumentales y sufriendo sus vaivenes mientras a pocos pasos todo el mundo se peleaba por algún detalle de la teoría inflacionaria. Era una labor solitaria y aburrida, pero me hacía bien mantenerme alejado de las discusiones. De vez en cuando me preguntaba qué pensarían los otros si supieran en qué andaba. Me decía que mi actitud era un suicidio científico, que perdía el tiempo, que estaba loco… Por pura casualidad, un día descubrí que alguien estaba leyendo los cálculos que yo había dejado desparramados sobre el escritorio. No había nadie más, y yo no había hecho ruido al acercarme. Por la bisagra de la puerta, vi que un espía escudriñaba a hurtadillas mis fórmulas y cifras. Jamás le dije que lo había descubierto, precisamente por el aspecto cómico que tenía: parecía un chico que roba bombones. De todos modos, estaba seguro de que no podía entender una sola palabra de lo escrito. Los cálculos que estábamos haciendo eran tan ajenos a lo que todos pensaban que seguramente pensó que los cosmólogos de Inglaterra utilizábamos un código para proteger nuestro trabajo. Esas eran las vibraciones mentales que circulaban en la conferencia de Aspen.

Tal vez haya exagerado los aspectos negativos al describir esa reunión. Si pienso en el tiempo que pasé en Aspen como unas vacaciones, debo decir que me divertí y descansé. Hacía excursiones, veíamos videos mientras tomábamos cerveza, salíamos todas las noches. Me disgustaba el esnobismo que reinaba en la conferencia, pero la diversión en serio empezó cuando descubrimos por fin un *night club* de hispanos en las afueras de la ciudad. Practiqué además muchos deportes, en particular fútbol, juego en el cual soy una vergüenza pese a mi nacionalidad. Jugar fútbol con gente de ciencia es divertido: los rusos nunca pasaban la pelota (ni siquiera a otros rusos); los latinoamericanos batían los récords de faltas…

Un día aceptamos jugar un partido contra un grupo de muchachos del lugar que se pasaban las horas en el gimnasio. El equipo de científicos se puso eufórico al vencer a los locales por 10 a 0, éxito debido en parte a que Andy y yo formamos parte del equipo local para igualar el número de jugadores de ambos equipos. Mientras la gente de ciencia festejaba, los chicos nos lanzaban miradas asesinas a nosotros dos y se preguntaban seguramente si no éramos una especie de caballo de Troya; pero juro que no, que todo se debió a auténtica incompetencia.

CUANDO VOLVÍ A LONDRES, me puse de inmediato a buscar un departamento para comprar. El viaje a Aspen confirmó mis ganas de quedarme en Londres por algún tiempo pues, hasta ese momento, me rondaba la idea de irme a los Estados Unidos. Me fui a ver a Kim, quien estaba en Swansea, Gales, haciendo un posgrado.

"Swansea es la tumba de toda ambición",* escribió Dylan Thomas, quizá la única figura notable que engendró esa ciudad. La amaba y la odiaba a la vez; huía de ahí pero volvía a caer en su vida rutinaria y sórdida. Es significativo que ninguna de las avenidas ni de las calles de la ciudad lleve su nombre.

Mientras estuve en Aspen, localidad situada a 3.000 metros de altura, hice diariamente mucho ejercicio físico, de modo que al volver al nivel del mar, en Swansea, me sentía como si me hubieran hecho una autotransfusión.** En una ocasión, me aturdí de tal modo con mi propia energía mientras

---

* Dylan Thomas nació en Swansea y se dice que escribió en una carta este comentario, hoy célebre: "*Swansea is the graveyard of all ambition*". [N. de T.]

** El autor se refiere a una técnica, denominada "*blood-doping*", que se utiliza para aumentar transitoriamente el rendimiento de los atletas. Consiste en transfundirles sangre propia, previamente extraída y conservada, a fin de aumentar súbitamente la cantidad de glóbulos rojos en circulación y, por consiguiente, la oxigenación. [N. de T.]

recorría la pista que todos pensaron que había tomado alguna droga. El excedente de energía pronto encontró un cauce natural: ¿por qué no repetir los espinosos cálculos sobre la perturbación cosmológica? En esa época, Kim se alojaba en la casa de un psicólogo; me encerré en el consultorio resuelto a terminar el asunto de una vez. Al principio me distraía; me puse a leer los libros del psicólogo y descubrí cada vez más coincidencias entre su conducta y las alteraciones de la personalidad que supuestamente debía comprender. Después de horas de leer libros de psicología, terminé aburriéndome del tema y conseguí concentrarme en mi tarea.

Descubrí entonces un artificio excelente que me permitió llevar a cabo los cálculos de tres maneras distintas, ninguna de las cuales era demasiado engorrosa. Cada una me llevó unas diez páginas. Pero lo mejor del caso era que todos los resultados coincidían, y coincidían también con los que había obtenido la primera vez en Aspen. Volví a Londres con la buena nueva de que ya no había dudas: la teoría de la velocidad variable de la luz también resolvía el problema de la homogeneidad.

Todo me quedó claro una noche, tarde ya, cuando caminaba por las calles de Londres acompañado por los zorros. Para comprender el resultado no eran necesarias decenas de páginas de fórmulas, bastaba con un argumento sencillo, lo que los físicos llaman "un cálculo hecho en un trocito de papel".

El lector recordará que la VSL permite resolver el problema de la planitud porque no se cumple la ley de conservación de la energía. En un momento dado, la densidad instantánea de todo modelo de universo de geometría plana (es decir, la que le corresponde según su velocidad de expansión) debe ser igual a un valor determinado, su densidad crítica. Habíamos descubierto que si la velocidad de la luz disminuye, en un modelo cerrado y más denso se destruye energía, mientras que en un modelo abierto y menos denso se crea energía. Por consiguiente, la velocidad variable de la luz empuja la situación hacia la densidad crítica, es decir, hacia un modelo de geometría plana, circunstancia que bauticé con el nombre de "valle de planitud".

De pronto, me di cuenta de que ese mismo proceso explica la homogeneidad del universo. Veamos por qué. Consideremos un universo de geometría plana con pequeñas fluctuaciones. En él, las regiones de mayor densidad se asemejan a un universo cerrado, pues su densidad es mayor que la crítica. A la inversa, las regiones menos densas deben tener una densidad menor que la crítica, de modo que se asemejan a un pequeño universo abierto. Ahora bien, las ecuaciones que describen la violación de la conservación de la energía son *locales*, es decir que sólo tienen que ver con lo que sucede en una región y no con lo que ocurre en todo el espacio. Por consiguiente, en las regiones más densas debía destruirse energía, y en las menos densas debía crearse, lo que implica que en todas partes la situación tiende a la densidad crítica. Así, las fluctuaciones de densidad desaparecen y se impone la homogeneidad (figura 2). En otras palabras, la misma argumentación que permite resolver el problema de la planitud resuelve también el de la homogeneidad. Para llegar a esa conclusión, habría bastado con pensar un poco más. Yo no había estado muy sagaz.

Cuando estudiaba en Lisboa me hacía el listo y me negaba a resolver problemas de manera ortodoxa. Me parecía que aplicar los procedimientos de rutina era tan deshonroso como equivocarse y trataba siempre de encontrar una manera ingeniosa de resolverlos que no sólo me permitiera llegar al resultado correcto sino hacerlo en unas pocas líneas en lugar de utilizar varias páginas. A veces, esa actitud enfurecía a los profesores en los exámenes. De modo que el proceso de transformarme en un verdadero investigador fue para mí una lección de humildad. La naturaleza es una mesa de examen rigurosísima y descubrir algo nuevo siempre implica un camino difícil; cuesta sudor y lágrimas. Sólo después de recorrerlo uno descubre que había un atajo que permitía llegar al mismo lugar mucho más fácilmente. Es muy raro darse cuenta de ello antes de sumirse en la humillación y la desesperanza.

La buena noticia es que, de una manera o de otra, descubrimos cosas nuevas. Me di cuenta cabalmente de que así son las cosas a consecuencia de un incidente que ocurrió algo más tarde en ese mismo verano. Después de terminar los cálculos que acabo de describir, necesitaba otras vacaciones, de modo que fui con Kim a Portugal por un par de semanas. Recorrimos el país en el auto de mi papá, en busca de lugares remotos, situados casi en el fin del mundo. Un día, nos hallábamos a kilómetros de la vida civilizada, en una apartada playa de la costa del Alentejo. A la puesta del sol empezamos a tener hambre y nos dispusimos a volver a la civilización. En ese momento, Kim descubrió que había perdido las llaves del auto. La playa era enorme y estaba totalmente vacía; no había puntos de referencia y la marea subía rápidamente. Muy abatido, me preparaba ya a pasar la fría noche a la intemperie y a caminar varios kilómetros al día siguiente para pedir ayuda. Sin embargo,

Figura 2. Onda de densidad en un universo con densidad crítica. Las regiones con exceso de densidad son como pequeños universos cerrados; por lo tanto, pierden energía si disminuye la velocidad de la luz. Las regiones con déficit de densidad son pequeños universos abiertos, de modo que adquieren energía. En cualquiera de los dos casos, el universo se ve empujado hacia la densidad crítica característica de un modelo de geometría plana. Este fenómeno no sólo garantiza la planitud sino que genera un universo muy homogéneo.

Kim no dejó de buscar las llaves, pese a que estaba ya muy oscuro y el agua se acercaba.

Después de una hora, las encontró. Estaban cubiertas por varios centímetros de arena y, de haber tardado unos minutos más, se las habría tragado el mar.

Por eso, cuando me dicen que hallar una teoría es lo mismo que encontrar una aguja en un pajar, siempre recuerdo ese incidente. Podemos encontrar las llaves perdidas en la arena de la playa... a veces.[3]

ENTRETANTO, ANDY estaba cada vez más distante. Nos reuníamos con mucha menor frecuencia y nuestros encuentros eran más cortos; parecía que le resultaban enojosos. Para mí, su incomodidad y distanciamiento eran evidentes, pues su reacción visceral ante cualquier tema vinculado con la teoría de la velocidad variable de la luz era siempre hostil, no porque procurara mejorarla mediante una crítica constructiva sino por el afán de poner distancia. En consecuencia, la redacción del artículo que habíamos proyectado se postergaba una y otra vez. Andy no cesaba de encontrar errores que había que corregir y continuamente ponía excusas para no presentarlo. La situación se prolongó durante todo julio y agosto. Al final del verano, pese al feliz resultado de mis últimos cálculos, todo parecía estancado.

Yo tenía varias interpretaciones sobre su conducta. Ya he dicho que los científicos sufren ataques de pánico antes de presentar un trabajo a una revista. Tengo la convicción de que hay que contener al autor en pánico,

[3] Kim sigue jurando que perdió las llaves realmente y que no me jugó una broma pesada.

porque si uno le permite continuar en esa actitud, seguirá encontrando excusas para postergar el envío y terminará sin publicar el trabajo. Es una conducta autodestructiva que sólo se supera cuando los otros autores propinan dos cachetadas al histérico para que recobre el espíritu de colaboración.

Teniendo entre manos algo tan novedoso y radical como la VSL, yo daba por descontado que jamás estaríamos plenamente seguros de estar en lo correcto. Teníamos que lanzarnos al agua aun a riesgo de encontrarnos con un cardumen de tiburones. La inseguridad de Andy sólo acabaría arrojando el proyecto en el cesto de los papeles. Se lo dije, pero era demasiado joven todavía para saber que en ocasiones semejantes uno tiene que ser brutal. El quid de la cuestión es que la presa del pánico es siempre el autor que menos ha puesto las manos en la masa, es decir, el mayor y de más prestigio. Tal vez la vocecita de la conciencia le decía que debería haber trabajado más. En cualquier caso, la reacción habitual no es ponerse a trabajar sino manifestar disconformidad con los resultados. Exasperante, sin duda. En mi caso, empecé a lamentar la colaboración de Andy. Naturalmente, nuestra relación se puso muy tirante.

La ruptura definitiva ocurrió en septiembre, cuando Andy cumplió 40 años. Asistíamos a una reunión científica en St. Andrews, Escocia, y él invitó a unos cuantos colegas, entre los cuales me contaba, a la casa donde estaba parando con su familia. También estaban allí Neil Turok y Tom Kibble. Hacía unas semanas, yo había cumplido 30 años y la conversación giró en torno al tema de los efectos de la edad sobre la vida en general y sobre la carrera científica en particular. Andy hizo un chiste al respecto que jamás olvidaré: dijo que ahora que estaba por cumplir 40 años, le llegaba la hora de hacerse conservador y fascista, que al dar las doce campanadas su personalidad iba a cambiar tanto que al día siguiente ninguno de nosotros podría reconocerlo.

Todos nos reímos por cortesía, pero resultó que no era una broma. Debe haber sido algo así como una resolución pues, en lo que a mí respecta, su personalidad cambió perceptiblemente de la noche a la mañana. Al día siguiente, me dijo: "realmente, todas estas ideas son demasiado especulativas; de ninguna manera quiero ver mi nombre mezclado en cosas de ese tipo". Dejó bien en claro que ahora encabezaba el grupo de cosmología del Imperial College y que no podía permitir que su imagen se empañara con ideas que, a su entender, eran una sarta de cavilaciones estrafalarias. Se suponía que en St. Andrews daría una charla sobre nuestra teoría, pero decidió hablar de otro tema.

Me sorprendió mucho un cambio tan abrupto de actitud, pero debía haberlo previsto. Llegado a la "madurez", Andy quería el papel de director técnico y no el de simple jugador, cosa que suele sucederles a muchos científicos con los años. El director técnico se interesa por las investigaciones de los jóvenes, escribe breves comentarios de los artículos, demora las publicaciones solicitando una y otra vez tareas complementarias y, por último, pone su nombre en todo lo que se publica. Después, se apoltrona en reuniones científicas que son una suerte de sesiones de psicoterapia grupal ideadas con el único fin de proporcionarle a él, y a otros como él, la impresión de que realmente hacen algo.

Es una triste realidad, pero me resultaba increíble que Andy hubiese tomado ese camino. Había a nuestro alrededor algunas personas de su misma edad que todavía trabajaban codo a codo con los estudiantes, de modo que la edad no era el único factor en juego. Andy merecía algo mejor. Para empeorar las cosas, su desempeño como director técnico a mi parecer dejaba bastante que desear. En mi caso particular, su dirección había sido nefasta. Me había invitado a iniciar un camino tan poco convencional apartándome de proyectos más conservadores, y luego había decidido abandonar todo, lo que para mí implicaba un año totalmente perdido. Mirando la situación incluso desde un punto de vista exclusivamente administrativo, ¿qué impresión causaría si me iba con mi beca de la Royal Society a otra parte? Debo confesar que hice planes para trasladarme y que si no los llevé adelante fue porque me encantaba vivir en Londres.

Creo que Andy se dio cuenta de que estaba a punto de renunciar, porque las cosas mejoraron. El año anterior yo me había encargado de dirigir el trabajo de algunos de sus doctorandos sin obtener ningún crédito por hacerlo; ahora, Andy me asignó oficialmente un doctorando y se aseguró de que fuera el mejor de todos los postulantes. Además, él necesitaba el trabajo de ese estudiante en particular, de modo que habérmelo cedido implicaba todo un sacrificio. Evidentemente, intentaba reparar lo que había hecho. Más tarde, me pidió disculpas por el duro intercambio de palabras que habíamos tenido en St. Andrews y, en última instancia, no dejó totalmente el proyecto de la VSL. Pero ya no ponía en él su corazón y todo llevaba mucho tiempo. Se disculpó de nuevo diciendo que estaba muy ocupado. Al cabo de varios meses de avances lentos y trabajosos, en noviembre presentamos un artículo a una revista científica. Aquí comienza otra historia: la de la lucha para conseguir que la teoría fuese aceptada en un ámbito mucho más vasto.

En diciembre de 1997, yo estaba sumido en la depresión. Los últimos destellos de orgullo y de entusiasmo habían desaparecido ya tras las montañas: había dedicado un año entero a trabajar en un proyecto engorroso que, hasta donde sabía, no era más que basura. Desde mi punto de vista, la teoría era algo que nos incumbía exclusivamente a Andy y a mí, pero su rechazo fue todo lo que él me concedió a partir de cierto momento. En un ambiente en el cual se espera que uno publique cuatro o cinco artículos científicos por año, yo no había publicado ninguno. Además, lo que había comenzado con gran júbilo, ahora estaba agriado. Tenía la impresión de que había desperdiciado un año de mi vida y ni siquiera había disfrutado de la inactividad.

Por eso digo que aquella noche de Año Nuevo en el Jazz Café, tenía más de un motivo para identificarme con los sentimientos de Courtney Pine. Había terminado un año sumamente difícil y lo único que me cabía esperar era que el siguiente fuera mejor.

Desde luego, siempre es posible que las cosas empeoren y demás está decir que empeoraron.

10. LA BATALLA POR PUBLICAR

LAS PUBLICACIONES CIENTÍFICAS son importantes para la ciencia y para la carrera de un científico. Como individuos, nos juzgan por la cantidad de artículos que publicamos y en dónde los publicamos, por su calidad y por la frecuencia con que otros científicos los citan. Lo más importante, sin embargo, es que nosotros, que solemos vivir de los subsidios, estamos obligados a publicar para que nuestros descubrimientos e ideas lleguen a otros. Ningún científico puede conseguir financiación si no está respaldado por una lista de publicaciones sólidas.

Antes de aceptar un *paper* para su publicación, las revistas especializadas lo someten a un proceso de revisión por parte de pares del autor. La redacción de cualquier revista seria elige un evaluador anónimo y –es de esperar– independiente, a quien le pide que analice el artículo y escriba un informe al respecto. Según lo que diga ese informe, se determina si el *paper* ha de publicarse o rechazarse, o se sugieren modificaciones imprescindibles para la publicación. En general, los autores tienen derecho a responder a los informes adversos, en cuyo caso la redacción solicita la opinión de otros jueces.

Se ha discutido mucho sobre la utilidad de este sistema de control de calidad, pero por el momento no hay otro. Desde ya, deja mucho espacio para el abuso. La suerte de nuestro primer artículo "tentativo" sobre la VSL, escrito a fines del verano de 1997, es un ejemplo por demás patológico de lo que puede suceder. Decidimos presentar el artículo a *Nature*, una prestigiosa publicación en la cual aparecieron por primera vez memorias que daban cuenta de importantes descubrimientos científicos. Hasta el día de hoy, la revista exhibe con orgullo una encomiable tradición en muchos campos, pero desgraciadamente no en física teórica ni en cosmología, cosa que en aquel momento no advertimos.

A diferencia de otras revistas, *Nature* acepta trabajos sobre campos tan dispares como la biología y la física, y cada uno de ellos está a cargo de un director distinto. Por consiguiente, no puedo opinar sobre lo que ocurre con los artículos que no son de mi especialidad. En mi campo del conocimiento (aunque nadie se atreva a decirlo públicamente) hay un consenso sobre el director: todos opinan que es un necio. Después de lo que me sucedió, algunos colegas me han mostrado varios informes en los cuales este director expone su opinión, pero lamentablemente no me han permitido hacer un comentario crítico sobre esas perlas. ¡Son realmente cómicas! Este personaje se imagina que es un gran experto y para probarlo reparte a diestra y siniestra largas tiradas escritas en jerga que no son más que puro palabrerío.

Desde luego, hay que conocer el tema para darse cuenta de ello. Afortunadamente, sus opiniones sobre la teoría de la velocidad variable de la luz eran menos confusas, de modo que puedo ofrecer un ejemplo de los meandros de esa mente excepcional. Antes de enviar el artículo completo, presentamos a *Nature* un breve resumen de la teoría explicando que postular la variabilidad de la velocidad de la luz permitía resolver los problemas cosmológicos. A vuelta de correo, recibimos un informe en el cual se nos felicitaba por nuestro empeño y se agregaba, además, que nuestro artículo no se podía publicar en *Nature*. Para que fuera publicable, no teníamos que limitarnos a mostrar que nuestra teoría era *una* solución de esos problemas: debíamos demostrar que era *la única* solución posible.

¿Qué sentido tenía semejante comentario? ¿Cómo saber que uno tiene entre manos *la única* solución a los misterios del cosmos? ¿Acaso existe tal cosa? Por otra parte, si se aplicara el mismo criterio equitativamente a todos los trabajos presentados, ¿se publicarían *papers*? Con ese criterio, es posible que algún día acepten publicar en *Nature* las obras completas de Dios, pero tengo dudas.

Desde luego, todo tenía que ver con un científico fracasado y, en ese caso, uno no puede dejar de pensar en la envidia del pene. Es triste que el mundo esté lleno de esa clase de gente: críticos literarios, curadores de museos… gente que tiene, por un lado, considerable poder y, por el otro, amargura y frustración.[1]

De más está decir que aquel artículo jamás fue publicado (lo que puede haber agravado la crisis de los 40 años de Andy). Decidimos entonces abo-

---

[1] Toda la cuestión estriba en que los *papers* sobre cosmología que publica *Nature* son intrascendentes. Cuando por fin me di cuenta de este hecho, dejé de enviar artículos a esa revista y agregué unas líneas en mi currículum vitae en las cuales hago notar con todo orgullo que ninguno de mis trabajos fue publicado allí. Sin embargo, lamento no poder desquitarme publicando los informes.

carnos a un artículo más largo, que expusiera la teoría con tanto detalle como fuera posible. En noviembre de 1997, presentamos una reseña técnica de la teoría a *Physical Review D* (PRD, para los del ambiente), la misma revista que había publicado veinte años antes la teoría inflacionaria de Alan Guth. Por lo general, PRD había aceptado todos los artículos que yo había enviado a las pocas semanas de presentarlos. Sin embargo, el proceso de revisión del artículo intitulado "La variación temporal de la velocidad de la luz como solución a los problemas cosmológicos" ("Time Varying Speed of Light as a Solution to the Cosmological Problems") tardó prácticamente un año.

Incluso dentro del marco de esa tradición de debate áspero que caracteriza a la mayor parte de las argumentaciones científicas, el primer informe que recibimos rayaba en el insulto. Decía que nuestro enfoque "no era profesional", aun cuando el propio informe no refutaba nuestros argumentos con razonamientos científicos. Yo sentí que la carta era algo ofensiva, pero Andy perdió los estribos. Algunas indirectas fueron reveladoras para él, y adivinó quién era el árbitro anónimo que así opinaba: uno de sus más acérrimos enemigos de la época en que la teoría inflacionaria estaba en pañales. Creo que una de las desventajas del sistema de arbitraje es que muy a menudo la gente lo utiliza para saldar cuentas personales.

Después de ese primer informe, vinieron réplicas y contrarréplicas, de modo que al final todo era acusaciones e irracionalidad. Nuestra primera respuesta contenía perlas como ésta: "Hasta este momento, lo único que 'no es profesional' en este asunto es el hecho de que el evaluador ha adoptado una actitud tan exaltada que le ha sido necesario cuestionar nuestro profesionalismo. Los dos autores del artículo gozan de una reputación fundamentada en un sólido historial de excelencia en el campo de su especialidad. Hemos considerado que valía la pena respaldar con nuestro prestigio algunas ideas especulativas interesantes, y con esto debería terminar toda cuestión relativa al 'profesionalismo'".

Hice todo ese recorrido.

A fines de abril de 1998 era ya evidente que el proceso de revisión no llevaba a ninguna parte. Se había consultado a otros especialistas, pero las notas intercambiadas (que siempre se ponen a disposición de los nuevos evaluadores) eran de tal naturaleza que nadie quería fallar a favor de unos u otros, y mucho menos encontrarse en medio del fuego cruzado. Por último, en un heroico acto de altruismo, el director decidió intervenir y evaluar el artículo personalmente. Daba la casualidad de que era un especialista en el tema y expuso sus propias dudas sobre la teoría. En nuestra opinión, sus críticas no tenían fundamento, pero, por fin, la discusión versaba sobre ciencia y no sobre científicos.

Si el lector piensa que todas estas controversias sólo revelan mala predisposición, permítame desengañarlo explicándole que, con mucha frecuencia, esos informes contienen a lo sumo un uno por ciento de argumentación científica. De hecho, en medio de un aluvión de comentarios insultantes, en el primer informe había un único argumento científico: en un pasaje que contrastaba con el resto por su serenidad, quien había evaluado el artículo señalaba que en nuestra teoría no había una "formulación del principio de mínima acción". Era verdad, y en un comienzo esa circunstancia me preocupó. Los principios de acción fueron una bella reformulación de la mecánica de Newton y constituyen en la actualidad un marco común para todas las nuevas teorías, excepto la de la VSL.

Apenas se dieron a conocer, los *Principia* de Newton se convirtieron en una especie de biblia de la física aunque no todos se sentían conformes con sus implicaciones filosóficas. La concepción newtoniana del universo es descaradamente determinista y causal. Se encarna en un sistema de ecuaciones que indican que, una vez que se conoce la situación de cada partícula del universo en cada instante, es posible predecir exactamente qué le ocurrirá en el futuro, es decir, se trata de un formalismo destinado a vincular las causas y los efectos mediante un perfecto eslabonamiento mecánico que no admite desviaciones. Tomada al pie de la letra, esa concepción siempre causó incomodidad entre los "librepensadores".

En el mundo de Newton, todo lo que sucede se debe a una razón, en otras palabras, ocurre en virtud de alguna causa. Precisamente por ello, el sistema de relojería concebido por Newton no tiene razón de ser, en el sentido humano de la expresión. Dios intervino en el universo cuando creó las leyes causales, pero a partir de entonces lo dejó librado a sus propios mecanismos. En resumen, el universo newtoniano carece de sentido y de finalidad, como un autómata, y nada hay más alejado de un acto de amor. El problema estriba en que, entonces, podemos decir que las leyes de Newton también rigen para los actos de amor… idea por demás antipática.

En 1746, el físico francés Pierre de Maupertuis encontró otra manera de describir el mundo físico. Tomó en cuenta las trayectorias que describían las partículas en los sistemas mecánicos y advirtió allí un patrón: todo sucedía como si, al desplazarse a lo largo de su trayectoria, las partículas procuraran minimizar cierta magnitud matemática que denominó "acción". Así, pudo reformular la mecánica diciendo que la naturaleza se comporta minimizando la acción, afirmación que constituye el principio de mínima acción. Andy y yo no habíamos podido encontrar un tipo de formulación similar en el caso de la vsl.

Se trata de una concepción que puede parecer extraña, pero el lector deberá creerme cuando digo que equivale matemáticamente a la teoría de Newton. No obstante, este hecho no estaba totalmente claro al principio o, al menos, la gente se enredaba en juegos de palabras mezclando la física con la filosofía y la religión en una ignominiosa ensalada muy común en aquella época. Según la concepción de Maupertuis, parecía que hubiera finalidad en el universo en lugar de causalidad: las cosas sucedían de determinada manera *con un fin* (el de minimizar la acción) en lugar de ocurrir *por obra de una causa*. A diferencia del universo de Newton, el de Maupertuis tenía un propósito, una finalidad. Si uno daba un paso más por ese mismo camino, acababa probando la presencia de Dios en la labor cotidiana de la naturaleza y no solamente en el momento de la creación, pues en las obras de un Dios perezoso por naturaleza, la "acción" sería mínima.

En nuestros días, semejante idea parece inverosímil, pero refleja, sin embargo, las tendencias filosóficas de aquellos tiempos, la optimista doctrina de Leibniz según la cual vivimos en el mejor de todos los mundos posibles, por la gracia de Dios. Más tarde, la mecánica de Maupertuis se perfeccionó postulando un mínimo desperdicio de acción, de modo que la filosofía de Leibniz pareciera tener un fundamento científico. No obstante, las ideas propuestas eran tan similares que Maupertuis se halló al poco tiempo en medio de una disputa por la prioridad en la formulación del principio de mínima acción. Peor aún, heredó a los enemigos de Leibniz, en particular a su adversario más desapacible: Voltaire. Se arribó así a una polémica estruendosa que quedó registrada en los anales de la física. Más allá de cualquier paralelismo, las trifulcas en torno a la publicación de nuestra teoría palidecen al lado de aquellas batallas.

Es posible que lector se haya topado con una novela escrita por Voltaire, *Cándido*, en la cual un joven ingenuo soporta el caos y los sinsabores de un

mundo despiadado con la perpetua convicción de que todos esos padeci-
mientos tienen como fin el bien en el mejor de los mundos posibles. Se trata
de una parodia cruel de la filosofía de Leibniz que causa risa hasta hoy. En
los hechos, Voltaire era un *playboy*, un escritor satírico recalcitrante, pero
también un filósofo con una fe inconmovible en que Dios había ideado un
mecanismo de relojería que no se hacía presente en las obras cotidianas de
la naturaleza. Con su estilo habitual, por ejemplo, señaló que la catástrofe
causada por el terremoto que arrasó Lisboa en 1755 se debió, fundamentalmente, a la hora en que ocurrió: un domingo por la mañana, cuando toda la
población se hallaba en misa y había miles de velas encendidas, capaces de
desencadenar un devastador incendio.

Voltaire sentía un enorme desprecio por la filosofía de Leibniz y no es ninguna sorpresa que apuntara también sus cañones contra Maupertuis y su
principio de mínima acción. En esa disputa "científica" puede haber influido
también el hecho de que Voltaire y Maupertuis tuvieran un amorío con la
misma mujer, en una suerte de enmarañado *ménage à quatre* (si contamos
también al marido de la dama).[2] Como sea, en un panfleto intitulado "Diatriba del doctor Akakia" ("The diatribe of Dr. Akakia"), Voltaire pintaba a
Maupertuis como un científico lunático y paranoico que disecaba sapos en
vivo para estudiar la geometría, recomendaba la fuerza centrífuga para curar
la apoplejía, hacía trepanaciones en seres humanos para indagar los misterios
del alma y demostraba la existencia de Dios mediante fórmulas del tipo Z es
igual a BC dividido por A + B. Lamentablemente, todas esas tonterías son
detalles aislados de investigaciones que Maupertuis llevó realmente a cabo.

En el libro de Voltaire, los desatinos de Maupertuis son de tal magnitud
que se decide consultar al doctor Akakia, especialista en perturbaciones psi-
cológicas (¡y cirujano del Papa, además!), para ponerles remedio. El ilustre
Akakia opina que su demencial paciente ya está perdido, al punto que recurre a la Santa Inquisición para que dictamine su excomunión como forma
de psicoterapia. Invocando el principio de mínima acción, el paciente intenta asesinarlo.

Los ensayos de Voltaire sobre Maupertuis son un odioso monumento al
poder cáustico del sarcasmo. La alta sociedad de su época se entretuvo

---

[2] Por lo que sé, esa faceta de la historia de Maupertuis no tiene su correspondiente parale-
lo en la polémica sobre la velocidad variable de la luz.

durante meses riéndose a costa de Maupertuis, citando los panfletos de Voltaire y condenando al pobre físico al ostracismo. Maupertuis se convirtió en el hazmerreír de toda Europa y terminó refugiándose en Suiza. Su salud se había resentido y no tardó en morir, según dicen algunos, de vergüenza.

Para solaz del lector, acabo de mostrar las cloacas de la ciencia, muy parecidas a las de ahora pese a los siglos transcurridos. Siempre han existido –y siempre existirán– científicos que se sienten más satisfechos con un insulto personal que con un argumento racional. Hoy en día sabemos que Maupertuis era mucho mejor científico que Voltaire, aunque carecía de sus recursos retóricos y filosóficos, mucho más fáciles de comprender para el público.

Otro aspecto de la historia de Maupertuis que también viene al caso con respecto a la vsl es el relativo al sistema de arbitraje de su época: la Inquisición. En realidad, muchas obras de Voltaire (incluso la "Diatriba") fueron quemadas. Aunque hoy ya no se queman los artículos por considerarlos herejes, algunas cosas no han cambiado demasiado. Pienso, por ejemplo, en las ideas que Voltaire expuso en *Micromegas*, que cuenta la historia de un morador de un planeta que gira alrededor de Sirio. El héroe del relato escribe en su juventud un libro muy interesante sobre los insectos, pero

el muftí de su país, pretencioso y muy ignorante, halló en su libro proposiciones sospechosas, ofensivas, temerarias, imprudentes, heréticas o con un olorcillo a herejía, y lo persiguió a muerte: tratábase de saber si la forma sustancial de las pulgas de Sirio era de la misma naturaleza que la de los caracoles. Defendióse con mucho ingenio Micromegas y se declararon las mujeres en su favor. Al cabo de doscientos veinte años que duró el pleito, el muftí hizo condenar el libro por jurisconsultos que jamás lo habían leído, y su autor fue desterrado de la corte por ochocientos años. No lo afligió mucho alejarse de un lugar tan lleno de enredos y mezquindades.*

Me soprenden las semejanzas.

Dejemos de lado el ubicuo estiércol científico y analicemos el único bocado de sensatez que había en la carta enviada por nuestro evaluador. ¿Por qué no habíamos formulado la teoría de la vsl mediante un principio de acción?

---

* La traducción corresponde al texto de Voltaire en francés. [N. de T.]

Es evidente que la VSL contradice la teoría de la relatividad especial, la cual se fundamenta en dos postulados: el principio de relatividad (es decir, la afirmación de que el movimiento es relativo) y la constancia de la velocidad de la luz. La combinación de esos dos principios arroja dos conjuntos de leyes, denominados transformaciones de Lorentz, que indican cuál es la relación que vincula lo que ven distintos observadores que están en movimiento relativo. Las transformaciones de Lorentz condensan dos fenómenos: la dilatación del tiempo y la contracción de las distancias. Se dice que una teoría en la cual los fenómenos cumplen esas leyes de transformación satisface la "simetría de Lorentz" o es "invariante con respecto a la transformación de Lorentz". En ese tipo de teorías, todas las leyes se reflejan simétricamente por medio de las transformaciones de Lorentz.

Aparte de su sentido físico, la simetría de Lorentz es ventajosa desde el punto de vista matemático pues simplifica muchas ecuaciones y leyes. En particular, los principios de acción están en sintonía con ella aunque no la requieren específicamente (a fin de cuentas, se trata de principios descubiertos en el siglo XVIII, mucho antes de la relatividad). Son principios que encajan como anillo al dedo en las teorías invariantes con respecto a las transformaciones de Lorentz.

Evidentemente, nuestra teoría de variación de la velocidad de la luz entraba en conflicto con la simetría de Lorentz, porque implicaba negar el segundo de sus pilares: la constancia de la velocidad de la luz. Por consiguiente, cualquier formulación de ella como principio de acción era muy engorrosa, al extremo de que sólo pude elaborarla mucho tiempo después. Pero ¿implicaba ese hecho una incoherencia?

¡Desde luego que no! En los últimos tiempos cualquier teoría nueva suele expresarse mediante una acción. Sin embargo, la misma relatividad no fue formulada de ese modo en un comienzo, aun cuando las acciones son muy convenientes para expresarla. Pese a que las implicaciones filosóficas son aparentemente distintas, formular una nueva teoría con el lenguaje de Newton o el de Maupertuis es sólo una cuestión de conveniencia, y la teoría de la VSL se acomodaba mejor al lenguaje newtoniano. ¿Hay algo de malo en eso?

Ruego al lector que imagine una discusión científica al respecto con un asesor científico que se comporta como si lo hubiera mordido un perro rabioso.

John Barrow

MIENTRAS SE DESENVOLVÍA tan edificante intercambio de improperios, su-cedieron otras dos cosas. En primer lugar, logré convencer a Andy de que el proceso de revisión del artículo por parte de la revista llevaba ya tanto tiem-po que nos convendría distribuir copias del manuscrito a un número limita-do de personas. Una de ellas era John Barrow, científico con un sólido histo-rial en teorías denominadas "variación de constantes". Apenas se enteró del asunto, John quedó fascinado con la idea y empezó a hacernos muchas pre-guntas sobre el artículo.

Ese interrogatorio preocupó sobremanera a Andy, quien me dijo: "João, escúchame por favor. Supón que él se pone a escribir un artículo sobre el tema sin citar nuestro trabajo, que lo envía a PRD y tiene la suerte de que le asignen un evaluador más inteligente que el nuestro; al fin y al cabo, es como sacarse la lotería. ¿Qué podríamos hacer en ese caso? No sé nada de John Barrow, pero en los Estados Unidos sería probable que sucediera algo así. Y te digo más: si después uno se queja de lo sucedido ante el resto de la gente, todos se ríen de tu estupidez".

Me pareció que era una exageración, pero lo consulté con otro amigo que había trabajado con John. Me contestó lo siguiente: "Tal vez me equivoque y resulte un tipo deshonesto, pero, según mi experiencia, John es la persona más digna de confianza que he conocido".

Unos días después, nos dijeron que John estaba escribiendo precisamente un *paper* sobre la teoría de la velocidad variable de la luz. Por increíble que parezca, un par de semanas después de recibir la versión manuscrita de nuestro artículo, ¡John había escrito y enviado un artículo sobre ese tema a PRD!

De más está decir que quedamos consternados, tanto más porque en ese preciso momento viajé a Australia y, por diversos inconvenientes, no pude leer el artículo de John hasta pasado algún tiempo. Dada la situación, pensé que la única manera de salir del aprieto era proponerle a John que colaborara con nosotros. Desde luego, no era lo ideal, pero era mejor que nada y evitaba mayores perjuicios. Todo indicaba que alguien se nos adelantaría y que se cumplirían los peores temores de Andy.

Sin embargo, el viaje a Australia me dio una perspectiva muy distinta porque me contagié de la despreocupación del ambiente con gran alivio de mi parte. Kim nació en Australia pero había estado fuera por más de seis años, de modo que nos dedicamos a recorrer el país e hicimos más de 7.000 km en unas semanas. Nos divertimos mucho; mientras, los mensajes ofensivos iban y venían por el correo electrónico y se cernía sobre nosotros el fantasma de que se nos adelantaran en la publicación. Sin embargo, conseguí descansar en un país que me encantó. Fue una terapia ideal.

Como en el modelo cosmológico que propuso el célebre físico Milne, en Australia hay más espacio que sustancia, y en eso, precisamente, reside su encanto. La mayor parte del territorio está desierto o cubierto por una jungla exuberante habitada casi exclusivamente por cocodrilos. La superficie del país es apenas más pequeña que la de los Estados Unidos, pero su población no es mucho más grande que la de Portugal. Para horror de muchos turistas europeos y diversión de los espectadores australianos, allí los animales todavía son dueños y señores.

Durante horas, nuestro auto avanzaba en medio de la nada, contradicción filosófica que quizá desconcierte al lector. De vez en cuando (a veces *muy* de vez en cuando), la carretera se desdoblaba en medio de la nada y arribábamos a un pueblo abandonado por Dios, con un nombre que sonaba como Woolaroomellaroobellaroo y albergaba una decena de almas, pero siempre con un trazado napoleónico: grandes aceras, imponentes bulevares y anchas avenidas desiertas. Era evidente la impronta del Estado de bienestar; Australia parece producto de una cruza entre Dinamarca y los Estados Unidos, un retoño del Estado de bienestar, pero con hormonas.

Otras veces pasábamos todo el día sin ver ningún sitio civilizado; de tanto en tanto cruzábamos arroyos secos que tenían nombres muy inspirados: arroyo de 2 kilómetros, arroyo de 9 kilómetros, arroyo de 7 kilómetros, arroyo de 3 kilómetros, y así sucesivamente.

Mi cerebro matemático se puso a construir un histograma que reflejara la distribución de longitudes de los arroyos australianos. Como ya dije, en medio de semejante vacío, la mente comienza a revolotear en espacios surrealistas.

No quise limitarme al turismo, de modo que también di algunas charlas en varias universidades. La gente me gustó mucho, en especial sus categóricas ideas sobre cosmología. Tomo un ejemplo al azar: en Melbourne me encontré con Ray Volkas, quien escuchó atentamente mi exposición acerca de la VSL y comentó después que nuestra teoría no era ni más ni menos arriesgada que la inflacionaria y que tenía la ventaja de ser más interesante. En Adelaida, tuve una reunión con Paul Davies, que había dejado unos años antes su puesto en la universidad para escribir libros de divulgación. Muchos le habían hecho la cruz por esa decisión, pero a mí me parecía que tenía el mérito de no haberse transformado en un burócrata como la mayoría de sus críticos. Además, mientras caminábamos por el campus universitario, observé que todas las muchachas bonitas lo saludaban.

En Canberra me reuní con un grupo de astrónomos del observatorio de Monte Stromlo, lugar rodeado de canguros. Era la segunda vez que me acercaba a un telescopio; la primera fue en mis días de estudiante, cuando le di una mano a un compañero que hacía un trabajo de astronomía. En aquella ocasión, dejé caer la puerta de la cúpula sobre el espejo del telescopio y provoqué un aluvión de insultos aunque, por milagro, el espejo no se rompió. Desde luego, nunca más solicitaron mi ayuda. En Australia, en medio de los canguros, me di cuenta de que la astronomía había avanzado enormemente desde la época de Hubble, que la tecnología mejoraba sin cesar y los datos eran cada vez más precisos, lo que obligaba a los cosmólogos a observar atentamente el mundo real antes de librarse a sus fantasías. Como era de esperar, los astrónomos de Monte Stromlo tuvieron una actitud desdeñosa con mi teoría, que para ellos era un mero producto de mi imaginación.

La verdadera aventura comenzó cuando visitaba la Universidad de Nueva Gales del Sur, en Sydney.[3] En aquel entonces, John Barrow era director del departamento de astronomía de la Universidad de Sussex, muy cerca de Londres, pero jamás nos habíamos encontrado. Dio la casualidad que nos conocimos en Sydney durante este viaje, pero nuestro primer encuentro fue catastrófico.

Con su brillantez habitual, John acababa de dar una charla abierta al público intitulada "El universo, ¿es simple o complejo?". En el público, había una niña de unos 4 años, pero la claridad de la exposición de John fue tan notable que la pequeña escuchó toda la conferencia con suma atención e incluso formuló una pregunta pertinente al final.

Después de la conferencia, nuestro anfitrión, John Webb, nos llevó a comer a un simpático restaurante junto al muelle, en el cual se desencadenó la discusión. John Barrow y yo estábamos en extremos opuestos del espectro político, de modo que a lo largo de la cena sus inclinaciones conservadoras lo arrastraron a algunos comentarios imperdonables. Kim y yo terminamos gritando y, para colmo, intervino la esposa de Webb con una verdadera carga de artillería mientras los comensales de las otras mesas nos miraban escandalizados. Ni siquiera en Australia son frecuentes los escándalos en los restaurantes elegantes.

Después de lo sucedido, me pareció mejor descartar la colaboración con John. Sin embargo, nos encontramos en la universidad y nos pusimos a hablar de temas científicos. Desde el principio, hubo una plena comprensión mutua, de modo que en el curso del año siguiente escribimos juntos cuatro *papers* sobre la VSL. El poder de la ciencia para congregar gente incompatible en otros aspectos siempre me ha maravillado.

En Sydney conseguí ver por fin un ejemplar del *paper* que John había escrito sobre la VSL: no podíamos habernos equivocado más con nuestros temores. John había puesto sumo cuidado en reconocer nuestro trabajo, al punto de referirse a la teoría de la velocidad variable de la luz con el nombre de modelo de "Albrecht-Magueijo". El hecho de que hubiera escrito ese

---

[3] A diferencia de esa universidad y a despecho de su producción científica, el engreimiento que reina en el departamento de física de la Universidad de Sydney le impide aceptar visitas de meros cosmólogos. En vista de ello, no sería demasiado atrevido sugerir que le dieran un puesto allí al editor científico de la revista *Nature*.

paper con tanta premura no era un intento de adelantarse a nosotros con la publicación sino el reflejo de su genuino entusiasmo. Lo que más me complacía era la idea de que, siguiendo ese camino, el interés por nuestra teoría en la comunidad científica aumentaría muy pronto.

Pero no fue eso todo; durante ese viaje también me enteré de algo mucho más importante. Un grupo de astrónomos australianos, encabezado por John Webb, había encontrado pruebas de lo que podría ser una variación de la velocidad de la luz. ¡Qué noticia extraordinaria! Se me pasó por la cabeza volver al observatorio de Monte Stromlo para refregarla en las narices de sus despectivos astrónomos. Desde luego, las observaciones no eran incontrovertibles y podían interpretarse de diversas maneras, pero todo indicaba que nuestra teoría podía superar a la inflacionaria en un aspecto decisivo: podían encontrarse pruebas *directas* de ella mediante la observación.

Como he dicho ya muchas veces, la velocidad de la luz, esa "c" que figura en las ecuaciones, forma parte intrínseca de la trama misma de la física y tiene consecuencias que exceden con creces el ámbito de la cosmología. Aparece en los lugares más inesperados, por ejemplo, en las ecuaciones que describen el movimiento de los electrones en el interior del átomo. En particular, la "constante de la estructura atómica fina" (alfa) depende de c.

Cuando se ilumina una nube de gas, sus electrones absorben luz de determinados colores, lo que genera un perfil de líneas oscuras en el espectro, reflejo de los niveles de energía que ocupan los electrones en el interior del átomo. Sin embargo, cuando se observa el fenómeno más detenidamente, se advierte que algunas de esas "líneas" son en realidad varias líneas muy próximas, es decir que los espectros atómicos tiene una "estructura fina". Ese "fino" patrón depende de un número que se llama, naturalmente, constante de la estructura fina, estimada con bastante precisión en el laboratorio. Tal vez no deba sorprendernos que en la expresión matemática de alfa aparezca c, circunstancia que permite medir la velocidad de la luz analizando los espectros.

Aún más interesante es el hecho de que los astrónomos puedan realizar la misma medición con mucha mayor exactitud observando la luz que atraviesa nubes muy distantes de nosotros. Los trabajos de John Webb y su equipo mostraban que la luz proveniente de galaxias próximas confirmaba los valores de alfa obtenidos en el laboratorio, mientras que la luz proveniente de nubes remotas parecía indicar que la constante tenía otro valor. Ahora bien, cuando miramos objetos muy lejanos, los vemos como fueron en el pasado, porque a la luz le lleva tiempo recorrer la enorme distancia que los separa de nosotros. Por consiguiente, los resultados obtenidos por Webb parecían indicar que el valor de alfa cambiaba con el transcurso del tiempo. Si Webb no se equivocó, una explicación posible del fenómeno que observó sería que c, la velocidad de la luz, ¡está decreciendo! (más adelante expondré otras alternativas). Aunque esos resultados no se han confirmado todavía, parecen indicar algo y, dentro de esos límites, se los puede considerar un triunfo de nuestra teoría. El mayor homenaje que puede recibir una teoría proviene siempre de la naturaleza y ocurre cuando se comprueba que la teoría vaticina resultados experimentales.

Volví a Londres de excelente humor, trayendo conmigo tres nuevos bienes: había conseguido un colaborador en quien antes veía como el fantasma de la competencia y contaba ahora con datos observados que parecían respaldar nuestra teoría. Sin embargo, en Londres, la mayoría de la gente sólo advirtió la tercera adquisición: un bronceado espectacular.

DURANTE LOS MESES QUE SIGUIERON dedicamos todos nuestros esfuerzos a una tarea que John Barrow calificó más tarde como "la reeducación del editor de PRD". Fue un proceso engorroso, pero apenas intervino el editor de la revista, la discusión pasó al terreno científico. Algunas de las cuestiones que plantearon no venían al caso, pero otras eran atinadas. Las anotaciones que por esos días hice en mi diario señalan permanentemente que hay que aprender a aceptar las críticas: por un lado, cuando uno se encierra en su mundito propio, dicta la sentencia de muerte de la teoría que defiende; por el otro, buena parte de las críticas no tienen asidero y sólo reflejan que, para quien las hace, todo lo nuevo está mal. En una situación tan delicada, conviene andar con cuidado y tener criterio para discernir los comentarios pertinentes de los que no lo son.

Ponerse dogmático en un asunto como el que teníamos entre manos es suicida. Con posterioridad, conocí a varios físicos dogmáticos y belicosos a quienes nadie les llevaba el apunte, y también he comprobado que se vuelven sordos con los años. Ese fenómeno debe ser producto de la teoría de Lamarck, según la cual los órganos que no se usan se atrofian.

Voy a dar ahora un ejemplo de los temas que estaban en discusión. Una de las principales objeciones que planteó el editor se refería al sentido físico que tenía medir una velocidad de la luz variable. Sin duda, nos escribió, siempre es posible definir las unidades de espacio y de tiempo de modo que c no varíe. Este comentario me dejó desconcertado porque es evidentemente cierto. Supongamos que alguien dice que la velocidad de la luz era el doble de la actual cuando el universo tenía la mitad de su edad actual. Si a uno le desagrada esa afirmación, vuelve a calibrar todos los relojes utilizados cuando el universo tenía esa edad, de modo que su ritmo sea dos veces más veloz. Inmediatamente, la velocidad de la luz que uno mide coincide con la actual.

Con Andy discutimos mucho esa objeción y pronto nos dimos cuenta de que había un error en la argumentación, pues es evidente que uno podría también calibrar los relojes de modo que la velocidad la luz pareciera variar incluso en circunstancias en que habitualmente se la considera constante. Una manera de comprobarlo consistiría en llevar un reloj de péndulo en una misión espacial. En la Luna, el reloj de pie oscila más lentamente (porque la gravedad es menor); entonces, si uno insiste en medir el tiempo con él, termina opinando que en la Luna la velocidad de la luz es mucho mayor.

En algún lugar, el razonamiento fallaba. Pensé una y otra vez en el tema, lo volví a pensar… y acabé enredándome. Por donde la mirase, no veía la manera de desembarazarnos de la inteligente observación del editor. Por fin, descubrí dónde tenía que buscar inspiración: en las observaciones realizadas por John Webb (que, dicho sea de paso, el editor de PRD no conocía). Estábamos en ese caso frente a un experimento que podía interpretarse postulando un valor variable de c. ¿Había allí una falacia? ¿Acaso sin darse cuenta John Webb había utilizado un reloj de pie en sus observaciones del universo primigenio?

Cuando estudiamos el asunto más detenidamente, descubrimos que la respuesta era un no rotundo. Alfa, la constante de la estructura fina, se calcula como un cociente, en el cual intervienen el cuadrado de la carga del electrón (e^2) sobre el producto de la velocidad de la luz (c) por la constante de Planck (h). Si uno trabaja con las unidades, encuentra que las magnitudes del numerador y del denominador son del mismo tipo: energía por longitud. Por consiguiente, la constante de la estructura fina, que es un cociente entre magnitudes con unidades idénticas, no tiene unidades.

El razonamiento es el mismo que se aplica en el caso de pi (el número 3,14… que aprendimos en la escuela), que también carece de unidades pues es el cociente entre la longitud de una circunferencia y su diámetro, es decir, dos longitudes. En consecuencia, pi tiene siempre el mismo valor, aunque uno mida las longitudes en metros o en pies. Análogamente, alfa es un número y su valor no depende de las unidades que se usan para medir el tiempo: puede utilizarse un reloj electrónico o uno de pie. Por consiguiente, la observación del editor de la revista no afectaba el tema de la variabilidad o constancia de alfa, conforme a lo observado por John Webb y sus colaboradores. Como quiera que se calibrasen los relojes o se redefinieran las unidades, el valor de alfa seguiría siendo variable.

Surge aquí otro problema. Si John Webb hubiese hallado que alfa era constante, estaríamos todos de acuerdo en que e, c y h también son constantes. De hecho, halló exactamente lo contrario, descubrió que alfa varía con el tiempo. Ahora bien: ¿a cuál de los términos hay que achacar esa variación, a la carga del electrón (e), a la velocidad de la luz (c) o a la constante de Planck (h)? La situación tiene sus bemoles. Cualquiera sea la respuesta que uno proponga, de hecho está atribuyendo variabilidad a una constante que sí tiene unidades y se expone entonces a las críticas del editor de la revista; en otras palabras, puede siempre cambiar de unidades de modo que la "constante variable" se haga realmente constante. Pero no hay salida: no es posible decir que ninguna de ellas varía. Entonces, ¿cuál es la que varía?

Andy y yo nos dimos cuenta casi de inmediato que la simplicidad lleva a la respuesta correcta. La elección implica especificar un sistema de unidades, el cual, desde luego, es arbitrario. En la práctica, sin embargo, hay siempre un sistema de unidades que simplifica las cosas. Por ejemplo, medir la edad de un ser humano en segundos o en años es una mera cuestión de elección, pero si yo dijera que tengo 1.072.224.579 segundos de edad, todos pensarían que soy algo extravagante. Análogamente, la simplicidad indica cuál es el sistema de unidades que uno debe elegir, elección que determina, a su vez, qué constantes dimensionales han de *suponerse* variables.

En la VSL, alfa varía; por consiguiente, la manera más sencilla de describir el fenómeno consiste en elegir las unidades de modo que c varíe (y, posiblemente, también e o h). Para aclarar la cuestión, John Barrow y yo llevamos a cabo un interesante ejercicio en el cual cambiamos las unidades de nuestra teoría de modo que c resultara constante. Obtuvimos un prolijo entrevero matemático que nos convenció de nuestro razonamiento. En otras palabras, la variabilidad de c, como bien había señalado el editor de PRD, *era producto* de una elección o convención, pero se trataba de la convención más conveniente en el contexto de una teoría que contradecía la relatividad, como era el caso.

Con nuestra teoría, la relatividad quedaba hecha jirones, los principios de simetría de Lorentz ya no regían y las leyes ya no eran invariantes con el tiempo, además de una verdadera hueste de otras novedades que formaban parte de lo que se podía inferir de ella. Si dejábamos de lado uno de los pilares de la invariancia de Lorentz –la constancia de la velocidad de la luz–, lo más sensato era utilizar unidades que pusieran en evidencia ese hecho y, lógicamente, al hacerlo se obtenía una versión más transparente de la teoría.[4]

Lo curioso del caso es que esa polémica con el editor de PRD me recordó una gran frustración que tuve cuando estudiaba sólo física y matemáticas tratando de comprender aquel libro de Einstein, *El significado de la relatividad*. Recuerdo que me exasperaba comprobar que la mayor parte de los libros de física utilizan continuamente los resultados que pretenden demostrar. Tomemos como ejemplo el principio de inercia, según el cual las partículas se mueven con velocidad constante si no actúa sobre ellas ninguna fuerza. Ahora bien, ¿qué es una velocidad constante? Para medirla, es necesario un reloj. ¿Y cómo se construye ese reloj? Ahí comienza el problema: los libros eluden la cuestión o recurren descaradamente a aquello que pretenden probar (como la ley de inercia) para construir un reloj. Toda la argumentación parece totalmente circular.

En mis años juveniles, me harté tanto que decidí poner las cosas en su sitio y escribir yo mismo un libro de física. Resultó una empresa imposible porque, cualquiera fuera la formulación de la mecánica que eligiese para que nada resultara circular, siempre había errores en mis intentos. La ley de la inercia y otras proposiciones similares terminaban siempre en tautologías, y me veía obligado a comenzar de nuevo.

Detengámonos un poco aquí. La velocidad constante que menciona la ley de la inercia y la velocidad constante de la luz que postula la relatividad tienen algo en común: son, al fin y al cabo, velocidades. Y finalmente, cuando terminó nuestro debate con la revista, entendí por qué había fracasado en mis intentos juveniles de exponer la física sin fisuras.

La mayoría de las proposiciones de la física, como la ley de la inercia, la uniformidad del tiempo o la velocidad variable de la luz *son*, en algún sentido, circulares y sólo definen un sistema de unidades. La ley de la inercia sólo

[4] John Barrow y yo encontramos también *otras* teorías en las que conviene adjudicar las variaciones de alfa a la carga del electrón. Son muy distintas de la teoría de la velocidad variable de la luz y llevan a otras predicciones experimentales.

dice que hay un reloj y una vara de medición según los cuales la ley de la inercia es verdadera. No obliga a utilizarlos y no afirma nada que pueda jamás comprobarse experimentalmente sin circularidad. La ley de la inercia nos dice que si usamos ese reloj y esa vara, la vida será mucho más fácil para nosotros. Usándolos, se pueden expresar las leyes de Newton de manera sencilla, y también se pueden cosechar algunas proposiciones que no son circulares y que tienen poder de predicción.

No se puede evitar que algunos aspectos de la física sean tautológicos o sean, en definitiva, meras definiciones, pero esas tautologías nunca son gratuitas y la teoría en su conjunto siempre arroja un mínimo de proposiciones que tienen sentido concreto. Es de esperar que las definiciones elegidas aclaren el contenido real de la teoría.

Por consiguiente, agregamos una nueva sección al artículo para explicar todo este punto de vista y el editor retiró su objeción. No fue la única ocasión en que nos apuntamos un tanto, pero en este caso pudimos argumentar recurriendo a nuestra propia teoría. Seguimos así durante otros seis meses, hasta que el volumen del manuscrito original se duplicó. En total, hubo más de siete rondas de informes de la revista y respuestas de los autores.

Mirando las cosas retrospectivamente, debo admitir que el artículo mejoró enormemente a consecuencia de ese penoso proceso. Al fines del verano de 1998, sin prisa y sin pausa, todo parecía converger.

PESE A TODOS LOS AVANCES, había aún momentos de furia. Durante una visita al Imperial College del evaluador de PRD, entablamos con él una cortés discusión científica que rápidamente se transformó en trifulca. Intentamos salvar la situación acompañando al pobre hombre a la estación de subterráneo en un día de sol espléndido, pero la conversación decayó y casi no intercambiamos palabras porque él estaba de muy mal humor.

Otra vez, el evaluador tardó varios meses en darnos respuesta y entonces yo propuse enviar simultáneamente el artículo a otra revista (procedimiento que no está permitido) con el argumento de que teníamos derecho a hacerlo puesto que nos trataban mal. Sin embargo, Andy no quiso saber nada y me dijo que lo fundamental en estos pleitos era mantener la cabeza fría y no mandar todo al demonio.

Voy a reproducir sus sabias palabras: "Todo este encono genera un círculo vicioso. Cualquiera de los que están del otro lado ha sufrido probablemente en más de una ocasión un trato que provoca resentimiento. Lo que mantiene a la gente dentro del ambiente es la capacidad de reaccionar de manera constructiva ante situaciones de este tipo". A menudo, Andy había hecho el papel de "socio malo" en nuestras batallas con la revista, pero sabía cuándo detenerse, y yo no. Se lo agradezco enormemente.

En el último tramo de la guerra por la publicación, en pleno verano, Andy recuperó todo su entusiasmo por la teoría y aportó incluso algunos cálculos para ese artículo en perpetuo crecimiento. Tal vez esa actitud fuera producto de la adrenalina generada por la lucha. Como quiera que fuese, volvieron los días felices con todo su esplendor, el artículo siguió creciendo y nuestras ideas fueron madurando. En aras de la honestidad y la información exacta, me sentí obligado antes a describir la temporada sombría de nuestra relación, pero debo decir que Andy y yo seguimos siendo amigos durante muchos años. Quizá esas relaciones de amor-odio sean el crisol indispensable para las ideas realmente novedosas.

No obstante, durante ese último período en el que Andy y yo volvimos a congeniar, nos aguardaba aún un gran contratiempo: ese verano Andy se fue de Gran Bretaña para trabajar en una universidad de los Estados Unidos. Ahora que lo pienso, creo que sufrió distintas presiones hasta que por fin le hicieron una oferta que no pudo rechazar. Era una pérdida importante para la cosmología británica, pero lo que realmente me enfureció es que a Andy le encantaba el Imperial College. Aun así, tuvo que irse.

Gran Bretaña tiene una capacidad innata para perder talentos. Se suele decir que las instituciones académicas británicas no pueden competir económicamente con las de los Estados Unidos, pero creo que es una excusa barata. De hecho, la "fuga de cerebros" británicos es provocada por el propio país, producto de una cultura que aprecia mucho más a contadores, abogados, consultores, políticos e imbéciles de las finanzas que a los maestros, los médicos, las enfermeras, etc. En la actualidad, en Gran Bretaña no es de buen gusto hacer algo útil.

Quizá debería explicarme con más claridad. El Imperial College –y Andy lo sabía muy bien– tal vez sea el ámbito más propicio para las ciencias en todo el mundo. Los estudiantes tienen allí una preparación excepcionalmente amplia; son inteligentes, aplicados y es un placer trabajar con ellos. Puede ser que en un puñado de instituciones tengan un nivel académico algo mejor, pero en ellas su único horizonte es la academia. En cambio, las miras de los estudiantes del Imperial College son mucho más vastas, y más interesantes.

Además, trabajan allí investigadores muy destacados, ya sea como parte del personal permanente o itinerante. Si vamos a hablar de investigación, el Imperial College es una suerte de extraordinario crisol, en parte porque sus tendencias son muy eclécticas: hay en la institución una voluntad interdisciplinaria que permite investigar en conjunto temas que en otras partes se consideran incompatibles (como la teoría de cuerdas por un lado y otros enfoques de la gravedad cuántica, o la teoría inflacionaria y la teoría de las cuerdas cósmicas).

¿Qué más podía pretender Andy? Pues bien, mucho. En el Imperial College las malas direcciones son endémicas; parecería que los que ocupan altos cargos administrativos son los últimos en darse cuenta de que alguien se destaca. Peor aún, cuando por fin reconocen los méritos, parece que concedieran un favor, y siempre hay de por medio muchas reverencias y humillación. No es extraño pues que los investigadores se sientan mal y busquen trabajo en otra parte, por ejemplo en los Estados Unidos, ni que les hagan ofertas tentadoras. Entonces, súbitamente, las luminarias del Imperial College se dan cuenta de que no pueden igualar esas ofertas y empiezan a quejarse de las tendencias imperialistas de los Estados Unidos cuando, en realidad, nadie habría buscado trabajo en otra parte si hubiera estado conforme con el trato que recibía allí. Los que dirigen la institución siempre están un paso atrás con respecto a los investigadores, y me atrevería a decir que les hace falta más materia gris que dinero.

Seré brutal: los funcionarios del Imperial College actúan como rufianes de la ciencia en un escenario en el cual los científicos se ven obligados a hacer el papel de meretrices. Estas palabras tan gráficas no son mías sino de uno de los que se fue, y resumen el estado de ánimo de muchos otros. Unos años antes de que se fuera Andy, la institución había perdido a Neil Turok, y en este mismo instante en que escribo están cometiendo el mismo error con otra persona, esta vez un especialista en teoría de cuerdas de primer nivel. En mi opinión, los que quieren atribuirse todos los méritos científicos de una institución de primera línea tienen una actitud de mierda.[5]

---

[5] Debo ser justo: en el momento en que escribo creo que soy el único investigador activo que las luminarias del Imperial College no han conseguido alejar todavía. Sin duda, me han pasado por alto.

No obstante, no quiero ser excesivamente duro con ellos. Son funcionarios políticos del ámbito científico y, como tales, siguen el edificante ejemplo del resto de los funcionarios y políticos de este venerable reino. En lugar de recompensar como se debe a la infantería (léase, los que concretamente hacen algo), esa gente sólo se mira el ombligo: se pasa el tiempo elaborando estadísticas, ideando enormes procedimientos administrativos tendientes a verificar la "responsabilidad" de cada uno y metiendo las narices en aspectos de la vida ajena sobre los cuales no pueden aportar consejo alguno.

Por ejemplo, no hace mucho tuvimos que presentar un informe sobre cómo habíamos invertido cada minuto de una semana entera. Este tipo de cosas son muy perjudiciales, pero lo peor es que a nadie le importan las estadísticas resultantes de procedimientos tan costosos y que llevan tanto tiempo.[6]

Otro ejemplo cercano a mi corazón es el TQA, *Teaching Quality Assessment*, procedimiento para controlar la calidad de la enseñanza. Presumiblemente, ese sistema permite atribuir y evaluar las responsabilidades de todos los que ejercen tareas docentes en las universidades británicas; así, el gobierno tiene la impresión de que está haciendo algo por la educación. Pero surge una dificultad desagradable: ¿cómo se mide la calidad de la enseñanza? Peor todavía: ¿cómo se la mide de un modo que los funcionarios públicos sean capaces de entender?

En vista de la naturaleza intrínsecamente subjetiva de la cuestión, los encargados de llevar adelante el proyecto tuvieron una idea brillante: ¿por qué no medir la calidad del papeleo? Se trata de un parámetro bastante objetivo: se adjudican puntos por los documentos que uno eleva para describir sus objetivos y también se adjudican puntos por los documentos que demuestran que esos objetivos se han cumplido. Y nadie se preocupa por el hecho de que el sistema favorezca a las instituciones que no se plantean objetivos demasiado elevados, pues cuanto más bajas son las expectativas, tanto más fáciles son de cumplir.

El TQA genera literalmente toneladas de documentos, en su mayor parte ficticios. Lo irónico del caso es que, para escribir esos informes, los profesores tienen que restarle tiempo a la preparación de las clases y perjudican, por

---

[6] Cuando contesté, agregué varias descripciones detalladas de todas mis excursiones al baño. Nadie se quejó, lo que me hace pensar que nadie lee esos "informes".

consiguiente, la enseñanza. Por último, un montón de burócratas y profesores de universidades de tercera línea que no perdonan el éxito de otros en la educación superior se dedican a evaluar esas montañas de papel. Cuando termina el ciclo de evaluación, se ha gastado dinero suficiente como para retener en Gran Bretaña a diez Andys. Además, la calidad de la enseñanza se ha perjudicado considerablemente. Pero el gobierno está satisfecho porque puede pedir cuentas a las universidades. Lástima que nadie parece pedirles cuentas a los funcionarios que inventan toda esa basura.[7]

Me gustaría poder decir que es un problema que incumbe sólo a la educación superior, pero no es así. Los maestros de escuela tienen que *demostrar* que sus alumnos tiene mayor "valor agregado" que otros al cabo de los cursos. Para hacerlo, tienen que dejar de preparar clases y dedicar muchas horas a ingresar datos en carísimos programas estadísticos instalados por el gobierno en las computadoras, escribiendo cifras sin sentido para provecho de funcionarios que jamás estuvieron en un aula y que reciben un sueldo considerablemente mayor que el del docente. Entretanto, es ya casi imposible encontrar a alguien que quiera ocupar una vacante de maestro en el centro de Londres… Ni de enfermero, ni de cualquier otra profesión útil. Actualmente, es mucho más fácil ser un parásito y, además, está mejor remunerado.

De modo que, si bien me salía espuma por la boca cuando Andy se fue, y si bien contemplé la posibilidad de ejercer violencia física contra el Rufián del Director, debo admitir que desde una perspectiva más amplia, la partida de Andy –y la consiguiente pérdida para la cosmología británica– era un problema menor.

Avanzado ya el invierno de 1998, casi cuatro años después de aquella sombría mañana de Cambridge en que la vislumbré por primera vez, la vsl se había transformado en algo mínimamente respetable, porque las revistas habían aceptado ya un aluvión de artículos sobre el tema.

---

[7] Me han dicho que el tqa forma parte de los tipos de traumas ingleses que los extranjeros no pueden comprender. Por raro que me parezca, es parte de la estrategia del gobierno para darle a la clase trabajadora la impresión de que, en realidad, es clase media. En este caso, el procedimiento les da a los ex "politécnicos" la sensación de que son universidades hechas y derechas. Al menos, eso es lo que me cuentan mis colegas británicos, aunque nunca lo reconocerían en público.

Por una parte, el artículo original escrito junto con Andy seguía creciendo y se aproximaba al día de su publicación, aunque todavía no lo habían aceptado oficialmente; por otra parte, el artículo que escribí con John Barrow –redactado casi un año más tarde– fue aceptado con un informe muy favorable pocas semanas después de que lo enviáramos (sin duda, todo este asunto de publicar *es* una lotería). También estaban en proceso de evaluación los resultados experimentales de John Webb, en cuyo artículo se citaba a John Barrow. Sin lugar a dudas, fueron circunstancias que produjeron una ola de benevolencia que arrastró a todos los artículos presentados sobre la cuestión, incluida la magna obra de Albrecht-Magueijo. Habíamos ganado la batalla de la publicación.

Una vez que nuestra criatura estuvo en prensa, decidimos legalizar nuestra situación haciendo públicas nuestras ideas. En primer lugar, colocamos los *papers* en la web, en archivos que los físicos leen habitualmente. Por último, PRD publicó una nota que anunciaba nuestro artículo.

Sin embargo, yo no estaba listo para lo que sobrevino. Durante años me había preparado para la posibilidad de que mi pasión por la teoría de la velocidad variable de la luz jamás fuera compartida por la comunidad científica y, muchos menos, por el resto del mundo. De modo que quedé atónito cuando vi el entusiasmo que despertaba la idea en la prensa que reseña publicaciones científicas. Hubo breves artículos en los periódicos y luego más artículos en diarios y revistas. Después, empezaron a pedirme entrevistas y charlas para la radio hasta que, finalmente, la teoría apareció en Channel 4 (un canal británico de televisión de tendencia algo intelectual). La gente se interesaba en la idea y en sus orígenes: querían saber cómo se me había ocurrido que esa teoría podía ser una alternativa a la inflacionaria.

Apenas empecé a disfrutar de la gloria de la aceptación general, se desencadenó un tremendo altercado. El lector puede imaginar mi desconcierto cuando descubrí que otro físico había tenido la misma idea antes que nosotros.

Habíamos conseguido alunizar, pero nos encontramos con otra bandera plantada en la Luna.

11. LA MAÑANA SIGUIENTE

En 1992, John Moffat, físico teórico de la Universidad de Toronto, descubrió que postular la variación de la velocidad de la luz constituía una alternativa con respecto a la teoría inflacionaria. Formalmente, su teoría era muy distinta de la nuestra, aunque en el fondo se parecía. El hecho de que pudieran existir *otras* teorías sobre la VSL no me sorprendió: desde un principio supe que esa teoría, como la inflacionaria, podía presentarse con distintos toques, y que el nuestro era sólo uno de los posibles. Lo que me dejó pasmado fue que alguien hubiera jugado con esa idea antes que nosotros y que la comunidad científica en general no lo hubiera advertido.

Moffat había escrito un artículo sobre sus descubrimientos y lo había enviado a PRD, con resultados muy similares a los que debimos sufrir nosotros años más tarde. Sin embargo, el resultado de esa primera batalla fue muy distinto: después de un año de discusiones con el editor y los evaluadores, Moffat aceptó la derrota. Finalmente, su artículo fue publicado en una revista de segunda línea que yo no conocía, motivo por el cual ni Andy, ni John Barrow ni yo mismo sabíamos de su trabajo.[1]

Cuando nosotros conseguimos publicar, Moffat vio "con gran decepción" que la misma revista que había rechazado su artículo aceptaba los nuestros, que contenían esencialmente la misma idea. En un tono muy dolido, nos envió un mensaje electrónico en el que llamaba la atención sobre su *paper* y exigía que lo citáramos. Además, se puso en contacto con PRD. Quería que dejaran de publicar nuestros trabajos e incluso insinuó que emprendería acciones legales en defensa de su propiedad intelectual. Su furia era comprensible. Un ex doctorando suyo, Neil Cornish, a quien yo conocía muy bien, me escribió entonces tratando de describir objetivamente lo sucedido:

---

[1] Moffat también publicó su artículo en las páginas web que mencioné antes, pero en una época en que ninguno de nosotros las consultaba regularmente.

John Moffat

El artículo [de Moffat] fue recibido con el más absoluto silencio. [...] Janna [Levin] y yo tratamos de confortarlo, pero Dick Bond[2] no estaba interesado. [Moffat] considera que Albrecht y Barrow forman parte del *establishment*, como Bond, de modo que ahora debe estar pensando: "no quisieron tomarme en serio, pero ahora tendrán que aceptar mi artículo". No digo que las cosas hayan sucedido así exactamente, pero él debe verlas de ese modo. Voy a ponerme en contacto con Moffat para ver si puedo apaciguarlo. ¿Qué piensan hacer ustedes?

Por mi parte, no tenía dudas sobre lo que tenía que hacer: debía presentarle a Moffat mis sinceras disculpas y abrazarlo en señal de amistad. Para mí, él tenía sobradas razones para estar harto de las revistas científicas. Si yo hubiera tenido treinta años más y hubiera perdido la batalla por publicar, me habría sentido como él. Por otra parte, como nuestro artículo estaba aún en la etapa de composición, no había inconveniente en agregar una nota que explicara la situación.

---

[2] Jefe del Instituto Canadiense de Astrofísica Teórica y defensor acérrimo de la teoría inflacionaria.

Desde luego, adoptar una actitud conciliadora era mucho más fácil para mí que para Andy o John Barrow pues, en algún sentido, las invectivas de Moffat contra el *establishment* estaban dirigidas a ellos dos. Además, Andy ya había recibido otros reclamos por asuntos de prioridad, de modo que el tono de su respuesta fue muy distinto:

Gracias por llamar nuestra atención sobre sus publicaciones anteriores acerca de la VSL. Como ya le ha comentado João la semana pasada, nos complacerá agregar un comentario al respecto y citar su trabajo. Me disculpo por el descuido inicial que motivó la omisión. Me sorprende saber que, sin responder siquiera al mensaje de João, usted se ha puesto en contacto con PRD para plantear cuestiones de propiedad intelectual, pues cualquiera que lea los dos artículos puede advertir que son muy diferentes. Creo que nuestra actitud frente al problema suscitado es sumamente responsable y que, de haber pensado usted lo contrario, debió comenzar por responder a la invitación de João para que lo conversáramos más en detalle.

Saludos, Andreas Albrecht

P. D.: Tampoco me parece que deba contemplar "con gran decepción" la publicación de nuestro trabajo en PRD. En un comienzo, los evaluadores no recibieron bien nuestro artículo. Esgrimimos durante mucho tiempo argumentos poderosos para conseguir la publicación, hecho que redundará en beneficio de la suya también.

La "nota agregada en las pruebas de galeras", redactada por Andy, también era bastante fría.

Al final, las cosas mejoraron y terminé haciéndome amigo de Moffat cuando fui a Toronto unas semanas después. Jamás trabajamos juntos, pero tuvo una enorme influencia en mi carrera. Lo irónico del caso es que me enseñó a ser más conservador, único ejemplo de un extremista que me inducía a ser menos extremista. Decía que era importante resguardar en lo posible la figura de Einstein, y eso me gustó. Sin duda, esas "casi inofensivas" teorías de la velocidad variable de la luz se prestaban más a aplicaciones fuera de la cosmología, y yo quería explorar las implicaciones generales de una c variable. Empezaba a pensar que la cosmología no había sido más que la cuna de la nueva idea y que había llegado el momento de trasladarla a otros campos.

Los consejos de John Moffat me indicaron el rumbo.

LA MADRE DE JOHN MOFFAT era danesa, y su padre, escocés. Fue criado en Dinamarca (excepto en los años de la guerra) y llegó a ser físico de manera muy insólita. No hizo la carrera universitaria normal y en su juventud se dedicó a la pintura, para la cual demostró un precoz talento. Durante algún tiempo vivió en París mientras se perfeccionaba en arte abstracto con el famoso pintor ruso Serge Polyakoff. Desgraciadamente, a los pintores les suele ir mucho peor que a los científicos, de modo que se encontró en París sin un céntimo y decidió dedicarse a su otra pasión, la física.

Al volver a Copenhague, comenzó a estudiar matemáticas y física por su cuenta, y descubrió con asombro que tenía aptitudes poco comunes para aprehender conceptos abstractos. Avanzó con tal rapidez que al cabo de un año ya estaba trabajando en aspectos complejos de la teoría general de la relatividad y la teoría unificada de campos. Sus trabajos pronto llamaron la atención de verdaderas celebridades: Niels Bohr, en Dinamarca; Erwin Schrödinger, en Dublin, y Dennis Sciama, Fred Hoyle y Abdus Salam, en Gran Bretaña. A partir de entonces, Moffat decidió dedicarse por completo a la física aunque jamás dejó de pintar.

Encontró por fin el medio favorable para una formación tan particular como la suya en el singular sistema educativo de Gran Bretaña. Desde mis días en Cambridge sé perfectamente que las reglas académicas están redactadas de tal manera que siempre es posible soslayarlas. Se dice que las cosas deben ser de tal modo "por costumbre y tradición", y todo queda siempre librado al "criterio de los integrantes del claustro"; en otras palabras, todo puede subvertirse si un miembro del claustro se empeña en ello y si coinciden con él otros colegas después de unas copas de oporto. Acorde con ese espíritu, Sciama arregló las cosas para que Moffat se inscribiera como aspirante al doctorado sin tener el título de grado. Hoyle y Salam aceptaron dirigir su tesis, de modo que, en menos de un año, Moffat publicaba ya *papers* sobre geometría diferencial y relatividad. En 1958 le otorgaron el título de doctor en física y llegó a ser así el único alumno del Trinity College que consiguió cursar el doctorado sin el título de grado y que logró, además, completar sus estudios.

Una vez que obtuvo el título de doctor, inició su carrera posdoctoral bajo la dirección de Salam en el Imperial College (institución a la cual perteneció Salam durante la mayor parte de su vida), el mismo lugar donde habría de nacer la teoría de la VSL cuarenta años después. Más tarde, Moffat emigró a Canadá, y desde entonces se desempeña como profesor de física en la Universidad de Toronto. En noviembre de 1998, cuando nos encontramos por primera vez, hacía gala de un acento americanizado, y parecía totalmente amoldado a la vida en Canadá. Era propietario de una isla remota en el lago Lovesick, en la cual vivía con su mujer en perfecto aislamiento la mayor parte del año. Sin embargo, su ascendencia escocesa era evidente aún y se manifestaba en especial en sus gestos, en la manera de agitar la cabeza cuando decía que no, en sus impávidos ojos azules y en el timbre apagado de su voz, en la que se advertía un dejo de resignación.

En franca oposición al aura que lo rodeaba, me sorprendió descubrir que Moffat es en realidad muy conservador en cuestiones de física. Admito que ha consagrado la mayor parte de su vida a teorías "alternativas", pero su aporte más importante a la física es una teoría de la gravedad que no es otra cosa que una versión modernizada del último intento de Einstein por unificar todas las fuerzas de la naturaleza. Tomó la posta en el lugar en que Einstein la dejó, con la salvedad de que hoy en día casi todos piensan que el propio enfoque de Einstein se aparta de los caminos trillados. Cuando nos encontramos aquel mes de noviembre, me desconcertó mucho que dijera que era "el único que actualmente pensaba que Einstein tenía razón". Curiosamente, esa convicción que, repito, no podía ser más conservadora, le había valido su reputación. Si Einstein estuviera vivo, sin duda lo considerarían un excéntrico.

Años más tarde, Moffat habría de contarme que Einstein fue el primero en reconocer su talento, cuando todavía estudiaba física por su cuenta en Copenhague. Cuando avanzó y desarrolló sus propios puntos de vista sobre la teoría unificada, mantuvo correspondencia con Einstein, quien quedó tan impresionado ante sus condiciones que hizo lo posible para ayudarlo en su carrera. Cuando lo supe, me pareció realmente conmovedor que la inclinación de Moffat por la física tuviera como origen una historia tan bella.

Fuimos a tomar unas cervezas y hablamos mucho de física en la oficina que él tenía en el undécimo piso de la torre de la Facultad de Física de Toronto. Junto a los retratos de Newton y Einstein que adornaban las paredes, descubrí allí una foto de Moffat publicada en un artículo periodístico que llevaba el siguiente título: "El hombre que cuestiona a Einstein". El artículo no podía estar más equivocado; mejor hubiera sido que lo titularan "En las huellas de Einstein".

En línea con semejante filosofía, para Moffat la teoría de la velocidad variable de la luz era sólo un austero ejercicio: hizo todo lo posible para no entrar en conflicto con la relatividad y su concepto medular, la invariancia de Lorentz. El enfoque que adoptó en el artículo de 1992 era por demás ingenioso, pero no lo expondré en este libro. En 1998, cuando nos encontramos, había retomado el tema y estaba a punto de redondear una versión más simple e inmaculada de su teoría. Su principio rector era mantener los pilares de la teoría de la relatividad: la índole relativa del movimiento y la constancia de la velocidad de la luz. Ahora bien, ¿cómo se podía elaborar una teoría de la variación de la velocidad de la luz sin contradecir ese principio? Parecía un contrasentido.

No obstante, el enfoque de Moffat apuntaba al corazón mismo de la cuestión y se preguntaba qué significa realmente el hecho de que c sea constante. Como ya he dicho, significa que la velocidad de la luz es la misma, cualquiera sea su color, cualquiera sea la velocidad de la fuente luminosa con respecto al observador y cualquiera sea el momento en que la luz fue emitida u observada. Pero ¿qué quiere decir "la luz" en estas proposiciones? Según la formulación inicial de Einstein, esa expresión no significa otra cosa que lo habitual, es decir que no sólo se refiere a la luz visible sino también a otras formas de radiación electromagnética como las ondas de radio, las microondas o la radiación infrarroja. Todas esas radiaciones son esencialmente lo mismo que la luz visible, salvo que tienen una frecuencia o "color" que no es "visible", por la sencilla razón de que nuestros ojos son sensibles a una estrecha franja de todo el espectro.

La luz está compuesta por partículas que llamamos fotones, las cuales, naturalmente, se mueven a la velocidad de la luz. Según el segundo postulado de la relatividad, esa velocidad es idéntica para todos los observadores, de modo que las vacas locas que corren tras los fotones también los ven desplazarse a esa velocidad. Por la misma razón, no hay manera de desacelerar un fotón para llevarlo al reposo. Hablar de una caja llena de fotones no tiene sentido, pues éstos existen en la medida en que se mueven; en cierto sentido, son puro movimiento: no pueden estar en reposo. Por eso decimos que la energía o masa en reposo de los fotones es nula: *no tienen masa*.

Aquí precisamente reside la sutileza de toda la cuestión. Cuando hablamos de la velocidad de la luz dentro de la teoría de la relatividad, en realidad estamos hablando de cualquier partícula que no tiene masa, no sólo del fotón. Cuando Einstein formuló la teoría especial de la relatividad, las únicas partículas carentes de masa que se conocían eran los fotones, pero después se descubrieron otras, por ejemplo, los neutrinos.[3] Otro ejemplo es la gravedad misma, como Einstein habría de descubrir años después. Las partículas responsables del efecto de gravedad se denominan gravitones y, según la teoría general de la relatividad, es posible generar "luz gravitatoria" de diferentes colores que corresponden a gravitones con diferentes frecuencias o energías. El gravitón es una partícula de gravedad en el mismo sentido en que el fotón es una partícula de luz. Parecería entonces que el segundo postulado de la relatividad especial implica que el gravitón y el fotón se desplazan con la misma velocidad (constante): c.

Moffat hizo un descubrimiento sensacional: esta última proposición es más fuerte de lo necesario; no es indispensable en esencia para garantizar el cumplimiento de los principios de la relatividad especial. De hecho, es posible mantener los principios de invariancia de Lorentz —y, por consiguiente, la relatividad especial— aun cuando difieran las respectivas velocidades de las diversas partículas que no tienen masa. En tal caso, para cada partícula carente de masa habría una "encarnación" particular de la relatividad especial, con diferentes "velocidades de la luz". Por su afán minimalista (y conservador, repito), Moffat dividió las partículas que carecían de masa en dos grupos: la materia y la gravedad. Esa distinción surge de la misma teoría general de la relatividad, para la cual la gravedad es un fenómeno exclusivamente geométrico. El gravitón, entonces, es una partícula de curvatura y, puesto que afecta la estructura del espacio-tiempo, tiene sentido apartarlo de la clasificación de las demás partículas sin masa.

En consecuencia, Moffat sugirió que la velocidad del gravitón y la velocidad de la luz (así como la de cualquier partícula sin masa) eran distintas. La relación entre ambas dependía de un campo con una dinámica propia, campo que evolucionaba con la expansión del universo. Por consiguiente, considerando los tiempos de la cosmología, se infería que la velocidad de la luz

---

[3] Debo señalar que hay cierta controversia al respecto en este momento, pues algunos sostienen haber comprobado que la masa en reposo del neutrino es mayor que cero.

variaría con el tiempo cuando se la comparara con la velocidad del gravitón. De esta manera fascinante, Moffat consiguió elaborar una teoría en la que la velocidad de la luz varía sin ofender ni refutar a Einstein.[4]

Muy ingenioso, sin duda, y muy revelador del temperamento de Moffat. A diferencia de él, Andy y yo no nos habíamos preocupado por la relatividad: ¡al diablo!, sólo se trataba de arrojar a Einstein por la ventana… No obstante, el enfoque de Moffat me impresionó mucho, al punto que unos meses más tarde procuré hallar una versión propia de la teoría que respetara la invariancia de Lorentz.

Aun así, la impresión que tuve de mis primeras conversaciones con Moffat fue que la VSL era un desvío de su preocupación principal, la teoría unificada de Einstein. Él sentía que la VSL no era "el meollo de la cuestión" y que, si bien era superior a la teoría inflacionaria, no era más que otra manera de remendar las cosas para acomodarlas al *big bang*. Si bien desdeñaba la inflación, sentía que tampoco la teoría de la velocidad variable de la luz tenía una importancia fundamental. Recuerdo incluso que una vez dijo que no era más que un remedio casero. Después cambió de parecer, pero esas opiniones me hicieron comprender por qué había renunciado a la batalla por publicar mientras que nosotros no nos dimos por vencidos; aunque tal vez sea algo injusto pensar así, porque Andy y yo nos apoyábamos mutuamente, y Moffat estaba solo. Creo que esa situación tiene que haber influido mucho en nuestras respectivas actitudes.

Por otro lado, las relaciones de Moffat con algunas revistas científicas no eran demasiado buenas.[5] Cito a continuación un revelador mensaje electrónico que recibí de John Barrow a principios de noviembre de 1998:

> João, le pregunté a Janna Levin acerca de Moffat porque me acordé de que ella había pasado algún tiempo en Toronto. […] Me dijo que es una excelente persona pero que parece estar perpetuamente involucrado en disputas con revistas y editores. Ella cree que algunas publicaciones decidieron desechar sin más los artículos que él presenta. […] ¡Magnífico! [El director de PRD] tendrá con qué divertirse.

---

[4] Moffat desarrolló su teoría en colaboración con Michael Clayton. Independientemente, Ian Drummond propuso una teoría similar mientras trabajaba en la Universidad de Cambridge.

[5] Hay una excepción digna de mención: el *International Journal of Modern Physics*.

Debo decir que Moffat no es el único que aborrece las publicaciones científicas y sus peculiaridades: de hecho, en un momento u otro, muchos científicos célebres rompieron vínculos con alguna de esas revistas. Tal vez Einstein sea una excepción, aunque deberíamos tomar en cuenta un incidente producido a fines de los años treinta. Einstein y Rosen habían escrito un artículo revolucionario sobre las ondas gravitatorias y lo enviaron a *Physical Review*. A vuelta de correo, les llegó un informe en el cual se rechazaba el trabajo. Según Rosen, Einstein se puso tan furioso que rompió la carta en pedacitos, los tiró al papelero y le dio un puntapié al cesto sin dejar de gritar y proferir insultos. Juró no enviar ningún otro artículo a *Physical Review*, y parece que cumplió su palabra.[6]

Mientras charlábamos y tomábamos cerveza, la actitud de Moffat ante las revistas científicas me convenció. Años después, escribí un corrosivo artículo intitulado "La muerte de las revistas científicas" ("The Death of Scientific Journals") que presenté, aunque parezca mentira, en una conferencia de editores a la cual había sido invitado. Comenzaba diciendo que la publicación de artículos científicos se había transformado en un verdadero fraude porque los informes de los evaluadores a menudo están desprovistos de contenido científico y sólo responden a la posición social de los autores, al hecho de que tengan buenas o malas relaciones con ellos. Los científicos de prestigio cuyos nombres engalanan los artículos con frecuencia no han hecho ningún aporte al trabajo, salvo prestar su nombre, método que aceita enormemente el proceso de evaluación. Para colmo, los editores pueden ser verdaderos analfabetos (en honor al editor de PRD, debo reconocer que Andy y yo tuvimos mucha suerte en este aspecto).

Seguía diciendo en aquel cáustico artículo que, pese a la corrupción reinante, la gente todavía se preocupaba por enviar trabajos a las revistas porque no tenía otra opción. El *establishment* funciona de tal manera que nuestro historial científico sólo toma en cuenta las publicaciones en revistas de referencia, imposición francamente artificial. En consecuencia, yo mismo publico todo lo que escribo en revistas científicas, aunque mi actitud sea en el fondo cínica y no difiera mucho de la que tengo cuando aprieto el botón del inodoro o vacío el cesto de los papeles. Sin embargo, las revistas no son muy estables

---

[6] Debo esta anécdota a John Moffat, a quien Rosen se la contó. Lo increíble es que, según Rosen, el evaluador del artículo había hecho una observación atendible.

como institución y cobijan el germen de su propia destrucción. Los jóvenes que critican ácidamente las revistas están alcanzando ya la mayoría de edad profesional y no han modificado sus puntos de vista. Aunque sea por esa única razón, la situación no es un buen presagio para esas publicaciones.

Lo más importante, sin embargo, es que la web lo ha cambiado todo porque permite soslayar a las revistas totalmente. Ya he dicho aquí varias veces que los físicos han comenzado a publicar *papers* en páginas web especializadas con la misma frecuencia con la que los envían a las revistas tradicionales. De hecho, nadie lee ya esas revistas porque los archivos web las han reemplazado. En 1992, todavía era posible que se nos escapara el *paper* que Moffat había puesto en la web, pero en la actualidad, cada mañana antes de ponerme a trabajar, leo las nuevas publicaciones que han llegado a los archivos pertinentes. Busco los artículos que me interesan, los abro en la computadora y los leo sin dilación. Hace mucho tiempo que no hojeo una revista impresa, y pasó más tiempo aún desde la última vez en que fui a una biblioteca a consultarlas. Las revistas son un anacronismo que ha quedado totalmente superado.

Algunos opinan que la situación es contraproducente porque no hay control de calidad en los archivos web. Eso es verdad, pero yo les contestaría que el proceso de arbitraje habitual en las revistas actuales tampoco garantiza el control de calidad. En cualquier caso, no lo preciso: todos deberíamos saber qué artículos vale la pena leer sin necesidad de filtros previos. Se dice también que el sistema de archivos web destruirá la idolatrada noción de propiedad intelectual. Admito también que puede ser cierto, pero ¿acaso el nombre del autor de más prestigio que figura en todos los artículos no es ya un insulto a la propiedad intelectual? Además, en los poquísimos casos en que alguien intentó plagiar ideas que encontró en la web, acabó mal y se convirtió en el hazmerreír de la comunidad científica.

Seguía diciendo, con afán polémico, en el susodicho artículo que bien podría ocurrir que toda la actividad editorial siguiera el mismo rumbo, que tal vez algún día todos los libros estén en la web, transformados en algo orgánico en perpetua evolución, que así las publicaciones formarían parte de un acervo compartido por todos y se facilitaría su reproducción. Tal vez parezca una utopía, y lo es sin duda en sus detalles, pero pase lo que pase en el futuro, no creo que la palabra impresa tal cual la conocemos hoy sobreviva a la revolución informática. Debemos admitir que, de una manera o de otra, la galaxia Gutenberg ha muerto.

CONTINUÉ TRABAJANDO en la VSL durante los dos años que siguieron, aunque ya no le dedicaba todo mi tiempo sino, tal vez, un tercio de él. Descubrí que interesarse por ideas radicales es muy divertido, siempre que uno sepa endulzar la vida con investigaciones más "normales", pues, por mucho que uno se empeñe, es inevitable atascarse por momentos, y alternar la física "Fringe" con la "Broadway"* despeja la mente. Así, me transformé en un personaje similar al del doctor Jekyll y Mr. Hyde que, desde luego, no mostraba su cara inconfesable ante los estudiantes: una cosa es arriesgar la propia carrera en pos de una idea demencial y otra muy distinta malograr la carrera de otros. De más está decir que Mr. Hyde reaparecía de tanto en tanto con gran regocijo de mis alumnos... o tal vez, todo lo contrario.

En 1999, heredé el puesto de Andy en el Imperial College. No me fue fácil renunciar a la libertad que me daba la beca de investigación de la Royal Society, pero aún es cierto que la "titularidad" es un punto de inflexión en la carrera científica que garantiza por fin la seguridad. Por supuesto, tenía que dar clases, pero esa actividad me ha deparado también mucho placer.[7] Mejor dicho, los peculiares especímenes que suelo encontrar entre los estudiantes de física del IC me han deparado un gran placer. En todo el tiempo transcurrido en esa institución, sólo me sentí incómodo con respecto a un alumno que, según supe después, había sufrido un decepcionante rechazo en Cambridge. Sería de desear que las autoridades del Imperial College se parecieran más a sus estudiantes.

La enseñanza no me impidió investigar, de modo que en los dos años posteriores a mi nombramiento la VSL floreció. En algunos aspectos trabajé solo, y en otros, en colaboración con John Barrow. En esa etapa, Andy se alejó –simplemente porque quería hacer otras cosas–, lo que estrechó mi relación con John. A diferencia de muchos profesionales consagrados, él se pone a hacer los cálculos engorrosos codo a codo con sus colaboradores, ya sean estudiantes o profesionales. Además, trabaja muy rápido, lo que no deja de ser sorprendente porque está sumamente ocupado: escribe artículos de divulgación, da charlas en las escuelas, publica un libro por año... ¿de dónde sacará el tiempo para hacer tanto?

---

* Fringe es un festival de teatro experimental. El autor, al referirse a la física Fringe o Broadway, está aludiendo a la dicotomía entre la física marginal y la ortodoxa. [N. de T.]

[7] Salvo que uno tenga que dictar clase a cien alumnos en un salón repleto, situación que siempre me recuerda a los criaderos de pollos.

Su fecundidad me impresionaba de tal manera que lo propuse como candidato al premio Faraday cuando la Royal Society me envió los formularios para elegir la "labor más destacada de divulgación", *the best outreach*, como dicen en Gran Bretaña. Mi estima por su actividad de divulgación era genuina, pero lo que más me movió a proponerlo y a pensar que era el mejor candidato fue que *seguía* haciendo ciencia. En los fundamentos de mi propuesta, entonces, hice especial hincapié en el hecho de que John no temía ensuciarse las manos trabajando a la par de sus jóvenes colaboradores, que ésa era la marca de un verdadero científico y que por semejante actitud merecía más que otros un premio a su labor de divulgación.

Después de proponerlo dos años seguidos y decepcionarme dos veces cuando no le otorgaron el premio, me di cuenta por fin por qué razón no se lo concedían. ¡Mencionar su fecundidad había sido por demás imprudente de mi parte! Esos comentarios deben haber ofendido a todo el jurado.[8]

En líneas generales, fue una buena época para mí, quizá la más productiva de mi vida, aunque una oscura nube la ensombreció. En el verano de 1999, Kim decidió abandonar la ciencia, resolución que me afligió mucho. Ella tenía en aquel entonces un puesto temporario de investigación en Durham y le faltaba aún un año de contrato, pero las cosas tomaron tal cariz que resolvió renunciar y emplearse como profesora secundaria en Londres.

En la investigación hay períodos en los que todo anda mal y uno debe darles fin: cambiar el tema de investigación, encontrar colaboradores nuevos, formular otros proyectos. Como hacen las serpientes, hay que dejar la piel vieja para seguir adelante. Kim pasaba entonces por una de esas etapas dramáticas que, en circunstancias normales, no habría acarreado más que un cambio en el tema de investigación. Sin embargo, el fin de la historia fue totalmente distinto porque sus superiores de Durham vetaron la propuesta de cambio que ella hizo en lugar de cuidarla y orientarla.

Ese incidente habría de teñir para siempre mi opinión sobre el ambiente científico. Llegué a la conclusión de que en la física no ocurre lo mismo que en el fútbol, donde conviene que los jugadores y los directores técnicos sean gente de naturaleza distinta. En la ciencia, los directores técnicos tienen que ser también buenos jugadores; de lo contrario, se sienten amenazados por la

---

[8] La primera vez que tuve que redactar una carta de recomendación para uno de mis doctorandos, le mandé un borrador a Andy, quien irrumpió en mi despacho gritando: "¡Por Dios!, João, no puedes insultar al *establishment* en una carta de recomendación".

gente talentosa y hacen lo posible para borrarla del mapa. Sin duda, esto es lo que sucedió con Kim en ese desdichado verano. Era una conducta generalizada: pocos meses antes, un talentoso doctorando se había ido de allí por razones similares. Ambos tuvieron que abandonar la ciencia porque eran mucho más capaces que cierto científico con poder en Durham y su imbécil asistente, lo que generaba mucho resentimiento.

Por otra parte, el hecho de ser mujer no era demasiado ventajoso. Repetiré al respecto las palabras de Kim:

> No objetaban el cambio de tema en sí, sino el hecho de que me obligara a pasar algún tiempo en Londres. Decían que el verdadero motivo de mi solicitud era mi deseo de estar cerca de ti, y que las razones científicas no eran más que excusas. A mi manera de ver, allí mostraron la hilacha sexista. Compartía la oficina con un investigador de sexo masculino que tenía la misma categoría que yo, pero a él le dieron permiso para trabajar fuera de Durham durante largos períodos. Era la misma gente, pero en su caso dieron *por descontado* que sus motivos para viajar eran profesionales; ni se enteraron de que, casualmente, su novia vivía en la ciudad a la cual tenía que viajar.

En Gran Bretaña hay una verdadera obsesión por la corrección política, por el lenguaje admisible y el que no lo es, por los chistes "correctos" y los que no lo son, como los modales y la conducta de la gente, por todo lo que es accesorio y superficial. En ese aspecto, soy un auténtico cerdo chauvinista y machista, y no me disculpo por ello. Además, disfrazada tras palabras y gestos políticamente correctos, mucha gente muy prejuiciosa (xenófoba y racista, además de sexista) aparece como líder de las campañas "a favor de las mujeres en la ciencia", cuando lo único que hacen es reemplazar en su discurso las desinencias y los pronombres masculinos por escrupulosos "o/a" y "él/ella". Sin embargo, entre bambalinas, a la hora de tomar decisiones, siguen siendo los mismos misóginos vacilantes de siempre.

En este aspecto, como en muchos otros, Cambridge es una rica fuente de jugosas anécdotas. Recuerdo una reunión que se realizó allí con el objeto de fomentar la participación de las mujeres en la física, en la cual los varones presentes se entusiasmaron tanto hablando de sus aportes en la materia que no dejaron hablar a las mujeres. También recuerdo con deleite a uno de esos campeones de la "corrección política": era muy puntilloso con las desinencias y los pronombres, pero no había aprendido aún que si uno clava los ojos en los pechos de las damas, ellas se dan cuenta. Conociendo su repulsiva mirada, no me sorprendió comprobar que las mujeres no se sentían halagadas. Me hallaba un día en la cafetería comentando con ese tipo un delicado pormenor de la teoría de la relatividad. Kim pasó por allí y, según su inveterada costumbre, el tipo la siguió con la mirada, clavada en su traste, desde luego. En aquella época, yo ya salía con Kim de modo que, en un súbito arranque latino, le dije: "Lindo culo, ¿no?". No es necesario aclarar que desde entonces me evita como a la misma peste.

El hecho de que Kim dejara la física fue un asunto fundamental para mí en los años en que se redondeó la teoría de la velocidad variable de la luz. Mi docilidad ante el *establishment* amenguó y lentamente se fueron formando en mi mente algunas de las opiniones que manifiesto en este libro. El propio desarrollo de la teoría estuvo teñido en parte por la necesidad física de desnudar la hipocresía y la corrupción que reinan en los ambientes científicos consagrados.

De alguna manera, esa furia era precisamente lo que me hacía falta para que la teoría remontara vuelo. El panorama que se me ofreció entre las nubes fue un auténtico resarcimiento y debo reconocer que esos años fueron realmente muy dichosos pese a todos los contratiempos.

A LO LARGO DE ESE PERÍODO, mi trabajo reflejó sobre todo la influencia de John Moffat, porque busqué distintas maneras de reconciliar mi teoría con la relatividad. No lo hacía por temor a contradecirla sino porque me tentaba el hecho de que las teorías más "conservadoras" de la velocidad variable se podían aplicar mucho más fácilmente fuera de la cosmología. Estaba dispuesto a ampliar mi rango de intereses y era muy difícil hacerlo con la teoría que Andy y yo habíamos propuesto inicialmente. Hasta ese momento, esa dificultad no me había preocupado porque lo único que pretendíamos era hallar algo que pudiera competir con la teoría inflacionaria, la cual no tenía incumbencia fuera de la cosmología. Entraba ahora en una nueva etapa, con aspiraciones más elevadas: abrigaba la esperanza de que la VSL superara a la inflacionaria permitiendo predecir fenómenos físicos del universo actual, sin limitarse a un breve episodio del universo primigenio.

En consecuencia, hasta el día de hoy dediqué mis esfuerzos a convertir esa teoría única en un gran conjunto de modelos diferentes. Mientras la experimentación no pruebe que alguno de esos modelos es verdadero, debemos jugar con todos ellos. Por otra parte, existen cientos de modelos inflacionarios, y eso no cambiará hasta que haya pruebas concluyentes que confirmen alguno.

Conseguí por fin elaborar una versión propia de la teoría que respetara la invariancia de Lorentz, proceso que no fue fácil. Sin embargo, el esfuerzo valió la pena porque la nueva teoría permitió hacer un conjunto sorprendente de predicciones.

Al igual que Moffat en años anteriores, revisé minuciosamente los pormenores del segundo postulado de Einstein en procura de nuevos rumbos que me llevaran a una teoría invariante ante las transformaciones de Lorentz. Al hacerlo, recordé una controversia que habíamos tenido con el editor de PRD, quien nos había preguntado si la velocidad variable de la luz podía ser un fenómeno observable. Nos había hecho notar que, cambiando la manera de medir el tiempo (es decir, las "unidades" de tiempo), siempre se podía imponer cualquier variación (o falta de variación) a la velocidad de la luz. Ahora bien, si un resultado depende de la elección de unidades, es evidente que no puede representar un aspecto intrínseco de la realidad.

El editor de la revista había utilizado ese argumento para cuestionar la idea de variabilidad de c, pero más tarde me di cuenta de que la misma argumentación podía emplearse para objetar la constancia de c. Desde este punto de vista, parecería que postular la constancia de la velocidad de la luz no es más que una convención, una manera de definir las unidades de tiempo, la cual garantiza a su vez que el postulado sea verdadero. ¿El célebre postulado de Einstein es acaso una tautología?

La respuesta es sí y no. Pronto me di cuenta de que hay, sin duda, *algunos* aspectos del segundo postulado que dependen de las unidades elegidas, pero otros no. Las vacas de Einstein llevaron a cabo un experimento genuino (en realidad, lo hicieron Michelson y Morley), de modo que el segundo postulado no puede ser vacuo en su totalidad. Por ejemplo, cuando afirmamos que la velocidad de la luz no depende de su color, ese hecho no cambia si usamos unidades distintas. En otras palabras, cuando estudiamos dos rayos de luz de diferente color y medimos su velocidad en el mismo lugar y el mismo momento con varas y relojes idénticos, y luego calculamos el cociente entre las dos velocidades, cualesquiera sean las unidades de medida utilizadas siempre obtenemos el mismo resultado: uno. Por consiguiente, aun frente al corrosivo argumento del editor de PRD, ese aspecto del segundo postulado de la relatividad sigue en pie.[9]

No obstante, otros aspectos del postulado no son invulnerables a esa argumentación y entrañan, de hecho, tautologías o convenciones. En especial, decir que la velocidad de la luz en distintos momentos y lugares es la misma *necesariamente* depende de la manera en que decidimos construir nuestros relojes. ¿Cómo podemos estar seguros de que el ritmo de los relojes es el mismo en todo momento y en todo lugar? Se trata de un "hecho" aceptado como definición mediante un acuerdo tácito entre todos los físicos. Más concretamente, en el marco de las teorías que postulan la variación de alfa, los relojes electrónicos no difieren de los de péndulo y su ritmo es imperceptiblemente "distinto" en la Tierra y en la Luna. Por consiguiente, si afirmamos que la velocidad de la luz es la misma en todo lugar y en todo momento, en realidad caemos en el mismo error que cometeríamos si lleváramos un reloj de pie a un viaje espacial.

Por lo tanto, admití que una parte del segundo postulado de Einstein tiene sentido físico mientras que otras partes no se pueden reflejar en el resultado de ningún experimento. Decidí entonces quedarme con lo esencial y desechar el resto, lo que me seguía permitiendo postular la variación de la velocidad de la luz en el espacio y el tiempo. Obtuve así una VSL invariante ante las transformaciones de Lorentz, según la cual, en cualquier punto del espacio-tiempo, la velocidad de la luz no depende de su color ni de su dirección ni de las velocidades respectivas del emisor y del observador. Las consecuencias del experimento de Michelson-Morley son las mismas que en la relatividad especial, y el valor de c en cualquier punto dado continúa representando el límite de velocidad *local*. No obstante, ese valor límite puede variar de un lugar a otro y de un momento a otro. No todas las versiones de la VSL tienen estas características, pero, por el momento, decidí no apartarme de la más "apetecible".

Los dos dichosos años que pasé sin complicaciones jugando con la teoría "conservadora" fueron fundamentales para darme confianza. Por fin, fui

---

[9] Debo hacer notar que la teoría de Moffat también resulta inmune a esa argumentación, pues sólo dice que la razón entre la velocidad de los fotones y la de los gravitones varía en el espacio y en el tiempo. Esa razón o cociente no tiene unidades y es, por ende, independiente de los relojes y patrones de longitud que decidamos utilizar.

capaz de sustentar la teoría de la velocidad variable de la luz en un principio de mínima acción: era el regreso de Maupertuis. Lo más importante de todo era que la nueva versión de la teoría podía aplicarse mucho más fácilmente a otras ramas de la física, de modo que hubo un verdadero desborde de consecuencias y predicciones interesantes que estimularon aún más mi entusiasmo por ella.[10]

Por ejemplo, cuando me puse a estudiar la física de los agujeros negros conforme a esa teoría, descubrí varios resultados sorprendentes. La teoría general de la relatividad ya predecía los agujeros negros, objetos sumamente compactos con una masa tan enorme, que la luz, como cualquier otro objeto, no puede escapar de ellos. Según la teoría relativista, la luz, al igual que otros objetos, "cae" hacia los objetos de gran masa que se hallan próximos, así como los cohetes con el motor detenido caen hacia la Tierra. Sin embargo, los cohetes tienen una "velocidad de escape", por encima de la cual ya no los afecta la influencia de la Tierra y por debajo de la cual sufren eternamente su atracción. Pues bien, ¡la velocidad de escape de un agujero negro es mayor que la velocidad de la luz!

Voy a expresarlo con más precisión. La velocidad de escape depende de dos factores: la masa del objeto que atrae y la distancia con respecto a él. Lo primero es evidente, pues se necesita un impulso mayor para alejarse de Júpiter que de la Tierra, por ejemplo. Pero, además, si un cohete está en órbita alrededor de la Tierra, el impulso necesario para que "escape" es menor que el que se necesitaría en la superficie terrestre. Por lo tanto, se puede definir con mayor rigor al agujero negro como un objeto que posee una "altura" (o distancia con respecto a su centro) por debajo de la cual la velocidad de escape se hace mayor que c. Puesto que nada puede moverse más velozmente que la luz, cualquier cosa ubicada a una distancia menor queda atrapada para siempre.

Recapitulemos: los agujeros negros deben ser compactos y tener una masa enorme, de modo que el punto de no retorno tiene que estar fuera de su superficie. La región en la cual la velocidad de escape alcanza la velocidad de la luz se denomina "horizonte" del agujero negro. Como ocurre con su par cosmológico, el horizonte de un agujero negro constituye un velo impe-

---

[10] Corresponde aclarar que muchos de esos descubrimientos sólo son válidos en el marco de una teoría que respete la invariancia de Lorentz; no lo son para otros enfoques.

netrable. Para los que se encuentran afuera, el horizonte define una superficie más allá de la cual está lo desconocido, pues nada que esté "adentro" puede atravesarla para indicarnos qué sucede allí. El interior del horizonte de un agujero negro no tiene conexión alguna con nosotros.

Los agujeros negros son "negros" porque, aun cuando lo que hubiera adentro brillara, su luz volvería a caer en el agujero negro como los fuegos artificiales caen de nuevo sobre la Tierra. Por lo tanto, no hay ninguna esperanza de que podamos observar un agujero negro en forma directa. A lo sumo, podríamos ver hipotéticas naves espaciales a punto de cruzar su horizonte, en el mismo instante en que la tripulación intenta infructuosamente frenar y lanza desesperadas señales de auxilio… Luego, sobrevendría el silencio, y nada más. Un perfecto silencio que no se debería a averías en las máquinas sino al mero hecho de que tanto los pedidos de auxilio como los mismos tripulantes serían tragados en una incontrolable caída por el voraz agujero negro.

¿Qué papel podría desempeñar una c variable en semejante escenario? Pronto descubrí que en las teorías de la velocidad variable de la luz, ésta varía con el tiempo, a medida que el universo evoluciona, pero también con el espacio. En la proximidad de estrellas y planetas, ese efecto es casi imperceptible, pero cerca de un agujero negro pueden ocurrir cosas mucho más espectaculares. Para mi espanto, las ecuaciones llevaban inexorablemente a la conclusión de que en el horizonte la velocidad de la luz ¡podía incluso ser nula!

Es un fenómeno con formidables consecuencias. Indica que algunas teorías que postulan la variación de la velocidad de la luz vaticinan que nada ni nadie puede ir más allá del horizonte de un agujero negro. Según las más conservadoras teorías de este tipo –como en la relatividad especial–, la velocidad de la luz sigue siendo la velocidad límite, sólo que ese límite puede variar de una carretera a otra. Nuestra velocidad siempre debe ser inferior al valor local de c, de modo que si el límite de velocidad se reduce a cero, significa que nos hemos topado con el semáforo supremo. Según las teorías VSL, estamos *obligados* a detenernos al llegar al horizonte de un agujero negro; al borde del precipicio, nuestro intento de suicidio se frustra. Los agujeros negros no permiten ese tipo de catástrofe.

Hay otra manera de explicar esta curiosidad: cerca de los agujeros negros de las teorías VSL, se producen grandes irregularidades en los relojes electrónicos. Cualquiera sea la definición del tiempo que elijamos, en las proximidades de un agujero negro los relojes tendrán un ritmo diferente. Ahora bien, los procesos biológicos son en última instancia de naturaleza electromagnética, lo que implica que la tasa de envejecimiento constituye un reloj electrónico excelente. Según mis deducciones, en las cercanías de un agujero negro vsl, envejeceríamos mucho más rápido, no ya por el efecto de dilatación del tiempo de Einstein sino porque la velocidad de las interacciones electromagnéticas aumentaría. Por lo tanto, a medida que nos aproximáramos a un agujero negro vsl, el latido de nuestro corazón se aceleraría y envejeceríamos más rápidamente o, planteando las cosas a la inversa, veríamos que nuestro avance hacia el horizonte se frena si lo medimos según el ritmo de nuestra vida. Al acercarnos aún más, transcurriría una eternidad (según los relojes biológicos que llevamos incorporados) en el mismo lapso que habría durado un segundo si c hubiera permanecido constante. El horizonte estaría más cerca, pero sería más inaccesible. El horizonte de un agujero negro vsl es como una meta situada a distancia infinita, un borde inaccesible del espacio, más allá del cual hay un singular cofre de eternidad.

Todas estas conclusiones me parecieron sumamente extrañas, pero la teoría "conservadora" me reservaba sorpresas aún más inquietantes. Cuando me di cuenta de que c podía variar tanto en el espacio como en el tiempo, me puse a estudiar qué otras variaciones espaciales eran posibles. Una de ellas en particular era increíble: los "corredores rápidos" [fast tracks], objetos que aparecen en algunas teorías de campos vsl y que adoptan la forma de cuerdas cósmicas a lo largo de las cuales la velocidad de la luz es mucho mayor.

Las cuerdas cósmicas son objetos que se infieren de ciertas teorías de la física de partículas. De hecho, en cuanto a su origen, no difieren mucho de los monopolos magnéticos que tantos dolores de cabeza le dieron a Alan Guth, con la salvedad de que los monopolos se parecen a puntos mientras que las cuerdas cósmicas se parecen a líneas: son largas hebras de energía concentrada que se extienden a través del universo. Hasta el día de hoy, nadie ha observado aún ninguna cuerda cósmica –tampoco nadie ha observado monopolos ni agujeros negros–, pero son una consecuencia lógica y predecible a partir de teorías muy fidedignas de la física de partículas.

Cuando introduje las cuerdas cósmicas en las ecuaciones de la teoría vsl, surgió un verdadero monstruo. Según mis cálculos, la velocidad de la luz podía aumentar muchísimo en las proximidades de una cuerda cósmica, como si ésta estuviera revestida por una "camisa" de altísima velocidad lumínica.

Así, se crearía un corredor con un límite de velocidad altísimo que se extendería a través de todo el universo, precisamente lo que imploraban los fanáticos de los viajes espaciales. ¡Pero, hay más aún! Volvamos a las vacas locas del capítulo 2 y recordemos que conservaban la juventud cuando se movían a una velocidad vertiginosa, mientras el granjero envejecía. El efecto de dilatación del tiempo previsto por Einstein es un inconveniente colosal para los viajes espaciales porque, aun cuando halláramos una manera de desplazarnos a velocidades muy próximas a la de la luz, aun cuando fuera posible hacer un viaje de ida y vuelta a las estrellas en el lapso de vida humana, cuando los tripulantes de la nave espacial volvieran descubrirían que su civilización habría desaparecido. Pues, aunque para ellos hubieran transcurrido unos pocos años, en la Tierra se habrían sucedido los milenios.

En cambio, a lo largo de una cuerda cósmica VSL, los viajeros del espacio no tendrían esas dificultades. Desde luego, en la nueva teoría VSL hay un efecto de dilatación del tiempo puesto que satisface la invariancia de Lorentz, pero, tal como ocurre en la relatividad especial, ese efecto sólo es significativo si la velocidad del viajero es comparable con la de la luz, lo que en esta teoría significa el valor *local* de c. Como en los corredores rápidos el valor de c puede ser mucho más alto, podríamos desplazarnos a velocidades muy grandes y mantenernos, sin embargo, muy lejos del valor local de c, de modo que el efecto de dilatación del tiempo sería despreciable. Por lo tanto, los audaces astronautas podrían moverse velozmente a lo largo de los corredores rápidos, explorando los más remotos rincones del universo y manteniendo, aun así, una velocidad mucho menor que el valor local de c. Podríamos así evitar la "paradoja de los mellizos", ya que el mellizo viajero tendría más o menos la misma edad que su hermano al volver: no sólo podría recorrer galaxias distantes sin morir durante el viaje, sino que podría también volver y encontrar a sus contemporáneos.

Es una consecuencia cautivante de la VSL que, de resultar cierta, cambiaría radicalmente nuestra percepción del universo y de nosotros mismos, así como las perspectivas de entrar en contacto con otras formas de vida. No obstante, la inferencia más sorprendente de la teoría tiene que ver con la imagen global del universo que surge de todos los modelos.

En un principio, Einstein introdujo la constante cosmológica en su teoría para que el universo fuera estático y eterno. Como a muchos científicos de aquella época y de nuestros días, lo inquietaba sobremanera la idea de un universo que tuviera un comienzo fechable (aunque su edad fuera de varios miles de millones de años). Al fin y al cabo, cabe preguntar, ¿qué sucedió antes del *big bang*? ¿Qué fue lo que explotó? ¿Tiene sentido hablar del "comienzo" del tiempo? Para Einstein, como para muchos otros después de él, la idea de un universo eterno tenía mucho más sentido desde el punto de vista filosófico.

Sucedió, sin embargo, que la idea de un universo estático no se pudo sostener después de las observaciones de Hubble, y Einstein tuvo que repudiar la herramienta que había utilizado para conseguir su objetivo: la constante cosmológica. Durante los decenios que siguieron, la desaparición de Lambda de las especulaciones cosmológicas sólo es atribuible a las vanas ilusiones de los científicos. Ni Einstein ni otros físicos imaginaron el tortuoso camino que acabaría en el retorno de Lambda a la escena cosmológica a fines del siglo xx.

Uno de los meandros del camino fue la teoría inflacionaria, pero faltaba aún otra sorpresa. Los descubrimientos iniciales de Hubble fueron confirmados por observaciones similares llevadas a cabo después con precisión cada vez más mayor. En particular, en los últimos años, los astrónomos han estudiado las supernovas de galaxias muy distantes con la esperanza de descubrir cuál era la velocidad de expansión del universo en un pasado remoto. Su objetivo era poner en claro en qué medida el universo se está desacelerando, hecho que debería ocurrir si la gravedad fuera un fenómeno atractivo como parece ser.

No obstante, el resultado de las observaciones es más que paradójico: parecería que, en la actualidad, el universo se expande a mayor velocidad que en el pasado, ¡que la expansión cósmica se está *acelerando*! Esto sólo podría suceder si hubiera una misteriosa fuerza repulsiva que alejara las galaxias y se opusiera a la tendencia natural de la gravedad, la de acercarlas. Desde ya, los cosmólogos están más que acostumbrados a la idea de una fuerza de este tipo: es la constante cosmológica de Einstein, Lambda, que ha vuelto a mostrar su horrible rostro.

Desenlace inesperado, sin duda. ¡Parece al fin que la constante cosmológica no es nula! Ahora bien, si al cabo de tantas vueltas la energía del vacío es un componente de importancia en el universo, ¿por qué razón no se sintieron sus efectos antes? Como hemos visto, la tendencia es que Lambda predomine; luego, si es que existe, tendría que haber superado hace mucho a la materia lanzando las galaxias al infinito. ¿Por qué el universo existe aún?

226 DE LA LUZ

Una posible solución es la VSL. Hemos visto que una abrupta disminución de c convierte la energía del vacío en materia común y corriente, y resuelve así el problema de la constante cosmológica. Es posible, entonces, conseguir que el dragón se muerda la cola y construir una teoría dinámica en la cual la propia constante cosmológica sea responsable de los cambios en la velocidad de la luz. Desde esta perspectiva, cada vez que la velocidad de la luz decrece abruptamente, Lambda se convierte en materia y se produce un *big bang*. Tan pronto como Lambda deja de predominar, la velocidad de la luz se estabiliza y el universo sigue su curso habitual. No obstante, queda un pequeño residuo de energía del vacío que al final reaparece. Conforme a la teoría de la velocidad variable de la luz, lo que han observado los astrónomos es sólo la reaparición de la constante cosmológica.

Pero apenas aparece de nuevo en escena, Lambda se empeña en dominar el universo creando las condiciones necesarias para otro abrupto descenso de la velocidad de la luz... y un nuevo *big bang*. El proceso se repite eternamente, lo que implica una sucesión interminable de *big bang*s.

Lo extraño –y lo maravilloso– del caso es que una teoría que postula la variación de la velocidad de la luz termine ofreciéndonos un universo eterno, sin principio ni fin. El futuro del universo que observamos en la actualidad es sombrío. A medida que Lambda crezca, empujará la materia hacia el infinito: el cielo se oscurecerá y las galaxias se alejarán, transformándose en seres solitarios que se mecen en el olvido, en medio de la nada. Según la VSL, aun en esas áridas condiciones, se generarán colosales cantidades de energía a partir del vacío, de suerte que un universo vacío aporta las condiciones necesarias para un nuevo *big bang*, y el ciclo recomienza.

Paradójicamente, si la velocidad de la luz varía, el universo mismo es eterno y el error más grande de Einstein se transforma en su mayor galardón.

No todo ha terminado en estas apasionantes lucubraciones. Cuando comprendí que había muchas teorías VSL posibles y que todas ellas tenían consecuencias en todos los campos de la física, me sentí con fuerzas para radicalizar las cosas nuevamente y contemplar cuáles serían las consecuencias de violar la invariancia de Lorentz. Adquirí confianza cuando me di cuenta de que la VSL podía aportar algo acerca del interrogante *fundamental* de la física, el tipo de rompecabezas que intenta resolver la teoría de las cuerdas. Estaba listo para lanzarme a tierras desconocidas.

12. EL MAL DE LAS ALTURAS

AL LECTOR TAL VEZ LO SORPRENDA saber que Einstein murió muy descontento con lo que había hecho. Es fácil desechar su pesar como si fuera el producto de una exigencia que raya en la megalomanía, pero tenía sus motivos. Durante toda su vida, sus metas fueron la belleza matemática, la simplicidad conceptual y, sobre todo, una concepción unitaria del cosmos. Para darse cuenta de ello, basta pensar en el esfuerzo que implica concebir la masa y la energía como una misma cosa, o en la notable explicación que dio para la identidad entre masa inercial y gravitatoria. Verdaderamente, en todas sus teorías alienta un mismo afán: la unificación, el empeño denodado por reunir conceptos bajo un gran techo, mejor diseñado y más bello.

Sin embargo, cuando apenas había pasado los 40 años, se atascó en un obstáculo que habría de transformarse en una verdadera obsesión que ya no lo abandonó. Había pasado por situaciones similares antes y las había superado, pero ese problema quedó sin resolver hasta su muerte. Esa dificultad irreductible fue la búsqueda de una amplia teoría que unificara el electromagnetismo y la gravedad, la *teoría del todo*, como solemos llamarla. A medida que se descubrían nuevas fuerzas (como la interacción débil y la interacción fuerte que actuaban en las reacciones nucleares), la búsqueda infructuosa de una belleza total acarreó tremendas confusiones y complicaciones imprevistas.

Para colmo, el problema inicial sufrió una mutación paulatina, porque se pretendía unificar la gravedad y la mecánica cuántica. Sabemos que vivimos en un universo cuántico: la energía sólo puede existir en cantidades que son múltiplos de ciertas unidades elementales denominadas cuantos. Además, siempre que intentamos estudiar cantidades muy pequeñas de materia, de sólo unos pocos cuantos, no hay certidumbre en las teorías ni en las observaciones. La cuantización abarca también al electromagnetismo –la electricidad y su hermana gemela, el magnetismo–, cuya unidad elemental resulta ser una partícula finita, el fotón. La interacción débil y la fuerte también están cuantizadas… y son hechos bien conocidos hoy en día.

No obstante, nadie ha podido elaborar una teoría cuántica de la gravedad, y el gravitón –cuanto de gravedad– es algo incomprendido y huidizo, de suerte que unificar la gravedad con las demás fuerzas de la naturaleza parece algo fútil en esta etapa del conocimiento, porque es imposible formular una teoría única con una mitad cuántica y la otra no.

La teoría cuántica de la gravedad se ha convertido en un verdadero rompecabezas, parecido en algún sentido al último teorema de Fermat y otras pesadillas que han atormentado a los científicos. ¿Será esa también la prueba decisiva para la VSL?

Como suele suceder, comprender el problema cabalmente exige comprender cierto número de cuestiones técnicas que son sólo accesibles a los especialistas. Sin embargo, no es difícil explicar en lenguaje liso y llano el meollo de la cuestión. Desde los años de penoso trabajo que culminaron en la formulación de la relatividad general, sabemos que la gravedad es una manifestación de la curvatura del espacio-tiempo, el cual ya no es un escenario inmutable donde ocurren los acontecimientos: puede curvarse y pandearse de modo que el panorama adquiere perfiles de difícil comprensión que constituyen la dinámica de la gravedad.

Por lo tanto, cuantizar la gravedad implica cuantizar el espacio y el tiempo. Deberían existir cantidades mínimas indivisibles de longitud y de duración: cuantos constitutivos de cualquier distancia o período que recibieron el nombre de longitud de Planck (L_p) y tiempo de Planck (t_p), entidades de las que nadie puede decir ni saber nada hasta ahora, excepto que deben ser mínimas.

Aun antes de pensar demasiado en este tema (al cual volveremos muy pronto), debería resultar evidente que, para cuantizar el espacio y el tiempo, son imprescindibles un reloj y una vara de medición absolutos, conceptos que niegan la relatividad especial. Si el espacio y el tiempo han de ser granulares, sus átomos constitutivos deben ser absolutos; sin embargo, el espacio y el tiempo absolutos no existen, es decir, los mismos artilugios que elucubramos nos atan de pies y manos. Por un lado, tenemos la teoría cuántica y, por el otro, la relatividad general y especial, y se nos pide que elaboremos una teoría cuántica de la gravedad recurriendo a sus preceptos. En ese momento, surge la contradicción.

Quiero dejar en claro que la necesidad de una teoría cuántica de la gravedad no proviene de la experimentación, porque aún no hemos hallado ningún efecto físico regido por la gravedad cuántica. Podría suceder que *no* corresponda unificar las teorías y que la gravedad no fuera cuántica. No obstante, esa posibilidad parece un insulto a la lógica humana. La naturaleza reclama a gritos un principio único capaz de englobar en su seno el caótico conjunto de teorías que utilizamos hoy para explicar el mundo físico que nos rodea.

Por otra parte, no es la primera vez que nos topamos con el misterio de la gravedad cuántica, pues recurrimos a ella para definir la época de Planck, ese período caliente de la juventud del universo en el cual éste se expandía a una velocidad imposible de comprender sin recurrir a una teoría cuántica de la gravedad. Así, la búsqueda de esa teoría es en algún sentido la búsqueda de nuestros orígenes, ocultos en las profundidades de la época de Planck. Ahora, ese estado de ignorancia –la época de Planck– pasa a formar parte de un problema más vasto que afligió a Einstein hasta su lecho de muerte: su sinfonía inconclusa. Einstein pronunció sus últimas palabras en alemán, y nadie sabe qué dijo porque su enfermera estadounidense no las entendió, pero es muy posible que haya dicho algo así como: "sabía que este problema de mierda terminaría por vencerme".

En la actualidad, no estamos mucho mejor que él cuando dio el último suspiro y dijo lo que tenía que decir. Casi cincuenta años después, los físicos disimulan su desdén por los últimos trabajos de Einstein (que llevan el nombre de teoría métrica no simétrica de la gravedad), como si fueran producto de una mente senil, pero nadie quiere reconocer que nuestros precarios empeños posteriores son despreciables en el mejor de los casos. Suelo pensar que Dios se ríe hasta orinarse encima cuando contempla todas las estupideces que hemos acumulado bajo el rótulo de teorías cuánticas de la gravedad.

Lo que nos falta en resultados concretos lo compensamos con labia. De hecho, ahora contamos con al menos dos "respuestas finales" en lugar de una, y aunque nadie tiene la menor idea de cómo verificar esas teorías con la tecnología actual, todos proclaman que son los únicos en haber encontrado el santo grial y que los demás son meros charlatanes.

Hay dos cultos principales en el ámbito de la gravedad cuántica: la teoría de cuerdas y la gravedad cuántica de bucles. Como no tienen ninguna relación con la experimentación ni la observación, en el mejor de los casos son artículos de moda; en el peor, una inagotable fuente de guerras feudales. En la actualidad, son dos familias enemigas, al punto que, si alguien trabaja en la gravedad cuántica de bucles y asiste a una conferencia sobre teoría de cuerdas, la tribu local lo observa estupefacta y pregunta qué demonios hace allí. Suponiendo que esa persona no termina en el caldero ritual, vuelve a casa y recibe los reproches de los colegas "buclistas", que lo acusan de haber perdido el juicio.

Como ocurre en todos los cultos, la gente que no se aviene a la línea oficial está condenada al ostracismo y sufre persecución. Por ejemplo, cuando un joven y brillante especialista en teoría de cuerdas escribió un artículo que ofrecía peligrosos argumentos a la teoría rival, una brujita de su propia tribu comentó: "si vuelve a escribir otra cosa como ésa, lo expulsaremos". Se ha generado un clima mafioso y el rótulo de "cuerdista" o "buclista" abre o cierra puertas en distintos ámbitos; una vez que se adquirió uno de los dos rótulos, es imposible encontrar trabajo en el otro grupo.

Se ha suscitado una gran animosidad, un odio visceral incluso, entre las dos facciones. Es imposible no recordar las "respuestas finales" de los fanáticos religiosos, que han generado un singular abanico de sectas. El mundo sería mucho mejor si no existiera el fundamentalismo religioso, ya sea de índole científica o no. A veces pienso que la existencia de esa gente es la mejor prueba de que Dios no existe.

Lamentablemente, buena parte de la responsabilidad por el estado de cosas reinante en la física es atribuible al propio Einstein. Cuando era joven, él se propuso desterrar de sus teorías todo lo que no pudiera comprobarse experimentalmente. Esa encomiable actitud lo transformó en un anarquista de la ciencia que hizo trizas el espacio y el tiempo absolutos, el éter y muchas otras fantasías que entorpecían la física de su época.

Sin embargo, cambió de parecer cuando pasaron los años. Se hizo más místico y empezó a pensar que la única brújula para los científicos era la belleza matemática, antes que la experimentación. Es lamentable que tuviera éxito con semejante estrategia, que lo llevó a formular la teoría general de la relatividad. Esa experiencia lo estropeó para siempre: rompió el mágico vínculo entre su mente y el universo, su primitivo afán de buscar la explicación sólo en la experimentación. De hecho, produjo muy pocos trabajos de valor después de la relatividad general y se fue apartando cada vez más de la realidad.

En este momento, los científicos que trabajan en la gravedad cuántica siguen el ejemplo del viejo Einstein, pues abrigan la estéril creencia de que sólo la belleza divina, y no la experimentación, les indicará el rumbo. A mi parecer, esa obsesión por el formalismo ha descarriado a generaciones enteras de científicos que trabajaban en ese tema. En algún sentido, parecería que tienen adoración por el Einstein de los últimos años y no advierten que el de la juventud lo despreciaría y que quizá sea necesario seguir los pasos del joven, o no seguir los pasos de nadie.

Cuando John Moffat visitó por primera vez a Niels Bohr en 1950, después de mantener correspondencia con Einstein acerca de la teoría unificada, Bohr le dijo: "Einstein se ha convertido en un alquimista".

TAL VEZ NO SEA del todo imprevisible que la VSL tenga algo que decir acerca de la teoría cuántica de la gravedad. A fin de cuentas, es una teoría que subvierte los fundamentos de la física, y el problema que plantea la gravedad cuántica es una cuestión fundamental. No ocurre lo mismo en el caso de la teoría inflacionaria, que no puede aportar nada a una teoría cuántica de la gravedad. En todo caso, los defensores de la inflación han intentado sin éxito deducir su teoría como un efecto colateral de la gravedad cuántica, es decir, que la inflación surgiera como fenómeno natural durante la época cuántica, pero nadie sabe hasta hoy cómo sería ese proceso. La VSL, por el contrario, modifica inevitablemente el panorama de la gravedad cuántica. Cuando me di cabal cuenta de ello, me puse a estudiar otras versiones de la teoría VSL que tenían consecuencias directas sobre los modelos cuánticos de la gravedad y la teoría de las cuerdas.

No quiero dedicar demasiado tiempo a los pormenores de las teorías cuánticas de la gravedad que están en boga, pero les ofreceré una somera descripción de sus rarezas. Uno de los principales intentos de elaborar una teoría cuántica de la gravedad y conseguir la unificación es la teoría de las cuerdas, retomada en los últimos años bajo el atuendo de algo que llaman teoría M. Según sus acólitos, el universo está compuesto por cuerdas en lugar de partículas (en las últimas versiones, membranas y otros objetos han sustituido, a su vez, a las cuerdas). Habitualmente, se considera que la longitud de esas cuerdas es la longitud de Planck, de modo que, en las aplicaciones prácticas, son indistinguibles de las partículas.

En un nivel más fundamental, sin embargo, un universo constituido por cuerdas es muy distinto de uno constituido por partículas, y la conveniencia de las cuerdas se debe principalmente a dos razones. En primer lugar, cabe esperar que de semejante modelo surja inevitablemente la cuantización del espacio-tiempo. En efecto, si los objetos más pequeños que constituyen la materia tienen un tamaño mínimo, hablar de regiones más pequeñas se transforma aún en una discusión metafísica, pues carecemos de un escalpelo tan fino que nos permita hacer su disección. Una vez producida una efectiva cuantización del espacio-tiempo, no ha de sorprender que en el mundo de las cuerdas se desvanezcan muchas dificultades vinculadas con la cuantización de la gravedad. Sin duda, la teoría de las cuerdas no es un mal intento de cuantizar la gravedad.

Otra razón para adoptar la teoría de las cuerdas es que permite unificar partículas y fuerzas aparentemente distintas. Así como las cuerdas de una guitarra vibran produciendo una diversidad de sonidos armónicos, las "cuerdas fundamentales" (como se las llama) generan una escala cuando vibran, por así decirlo. Con cada nota, la cuerda adquiere cualidades diferentes, ya que almacena cantidades distintas de energía vibratoria. Lejos de la cuerda, los observadores no pueden distinguir el objeto que vibra y lo ven como algo que parece una partícula; pero los teóricos que elaboraron la teoría hicieron una comprobación sensacional: para esos observadores, cada nota corresponde a un tipo diferente de partícula.

Ese podría ser el esquema unificador tan buscado. En ese caso, los fotones, los gravitones, los electrones, etcétera, todas las partículas y las fuerzas conocidas, no serían más que distintas configuraciones de un único tipo de objeto: las cuerdas fundamentales. Es una concepción bellísima, como muchos otros aspectos de la teoría de las cuerdas.

Todo sería magnífico si no fuera porque los autores de esta corriente jamás dicen que se trata de un "trabajo aún en curso". A decir verdad, no han conseguido todavía cuantizar de manera coherente el espacio-tiempo ni la curvatura; es más, no pueden ver el espacio-tiempo según la postura relativista de Einstein, pues el escenario de las cuerdas es un espacio fijo no muy distinto del universo de relojería de Newton. La escala musical de las cuerdas es otro fracaso estrepitoso, pues, si bien esa música puede ser la más dulce armonía de los cielos, no tiene nada que ver con el mundo real. Según la teoría, la masa de la partícula más liviana (la que viene inmediatamente después del fotón, el gravitón y otras partículas carentes de masa) es trillones de veces más grande que la del electrón. Es decir, la monumental unificación no es más que una ilusión de la voluntad.

No todo acaba ahí, sin embargo. En la década de 1980, la teoría de las cuerdas exigía postular veintiséis dimensiones. Después, se produjo una revolución y los especialistas empezaron a trabajar con diez o dos dimensiones e, incluso (espero que el lector no se desmaye) con *menos* dos dimensiones. En la actualidad, trabajan con once dimensiones. Los teóricos de esa corriente son inconmovibles: cuando alguien tiene el descaro de formular una teoría en la cual hay tres dimensiones espaciales y una temporal, la descartan como algo evidentemente erróneo.

Esto está mal, pero, a mi modo de ver, lo peor de todo es que, si entramos en detalles, hay miles de teorías de cuerdas y membranas posibles. Aun suponiendo que por fin alguien encuentre una teoría que explique el mundo tal cual lo vemos, con sus partículas y sus cuatro dimensiones, cabe preguntar: ¿por qué elegir *esa* teoría y no cualquier otra? Una vez, Andy Albrecht tuvo un exabrupto muy gráfico: la teoría de las cuerdas no es la teoría del todo, de todas las cosas, sino la teoría de cualquier cosa.

En la actualidad se suele refutar esa opinión crítica argumentando que en los últimos tiempos todas las teorías de cuerdas y de membranas se han unificado en una sola: la teoría M. Sus partidarios hablan de ella con tal fervor religioso que a menudo se pasa por alto que no existe una teoría M, que ésa es una expresión acuñada para referirse a una hipotética teoría que nadie sabe aún formular. Con idéntico misticismo, el gran pope del culto que acuñó la expresión jamás explicó qué quería decir la "M", y sus acólitos discuten acaloradamente al respecto. ¿Acaso es la "M" de madre? ¿De membrana, tal vez? Lo más apropiado, para mí, sería "M" de masturbación.

En general, no sé por qué tantos científicos jóvenes e impresionables caen subyugados por los supuestos encantos de la teoría M. Los adeptos a la teoría de las cuerdas no han avanzado nada con una teoría inexistente. Por otra parte, resulta insoportable su pretensión de que la teoría es bella; parecería que vivimos en un universo elegante por gracia de los dioses de las cuerdas. Personalmente, no siento su atractivo estético y creo que ha llegado la hora de decir que el rey que desfila por la ancha avenida de las cuerdas, engalanado en los espléndidos atavíos de la teoría M, está en realidad desnudo.[1]

---

[1] Imaginemos, además, un universo lleno de cuerdas en lugar de partículas. ¿Es posible pensar que es hermoso un universo de pubis cósmicos?

PESE A TODO LO DICHO, debo reconocer que no soy del todo inmune a la belleza matemática de la teoría de las cuerdas. En el verano de 1990, antes de volcarme a la cosmología, comencé un doctorado en teoría de cuerdas, pero la total falta de contacto con la experimentación me desanimó. Según mi visión de las cosas, estaba rodeado por una auténtica mafia de seudomatemáticos autocomplacientes que se peleaban en una jerga masónica para tratar de ocultar así su insatisfacción. Dejé la teoría de las cuerdas, me dediqué a la cosmología y nunca lamenté ese cambio de rumbo. No deja de ser una ironía que diez años más tarde me encuentre enredado de nuevo con las cuerdas.

El teórico responsable de esta situación es Stephon Alexander, quien ingresó al Imperial College en el otoño de 2000 después de haberse doctorado. No se parecía a otros teóricos de la misma corriente; hacía gala de una mente amplia, se destacaba por su visión y su vuelo y, sobre todo, tenía una personalidad exuberante.

Nació en Moruga, Trinidad, pero su familia se trasladó a los Estados Unidos cuando él tenía 7 años. Creció en el Bronx, en una época en que mucha gente intentaba mejorar la situación de las zonas más pobres. Había programas especiales para los chicos brillantes y algunos directores de escuela carismáticos aceptaron el desafío. Para Stephon esa política fue de gran provecho y le permitió obtener el título secundario en la De Witt Clinton High School, después de lo cual le ofrecieron una beca en varias de las universidades *Ivy League*.* Si bien era un talentoso saxofonista dedicado al jazz, eligió la carrera de física. Recibió el título de grado en Haverford y luego hizo el doctorado en Brown, bajo la dirección de Robert Brandenberger, cosmólogo y viejo amigo mío. Al poco tiempo, Stephon se interesó por la teoría de las cuerdas y se sumergió en la lectura de la vastísima bibliografía existente al respecto.

Cuando aún no había terminado su doctorado, inició una nueva línea de investigación tendiente a vincular la teoría de la velocidad variable de la luz con la teoría M. Antes de que tuviera tiempo de escribir algo sobre el tema,

---

* El autor se refiere a las ocho universidades de mayor renombre ubicadas en los tradicionales estados de la costa este de los Estados Unidos, denominadas en conjunto "*Ivy League*": Brown (Providence, Rhode Island), Columbia (Ciudad de Nueva York), Cornell (Ithaca, Nueva York), Dartmouth (Dartmouth, New Hampshire), Harvard (Cambridge, Massachusetts), Pennsylvania (Filadelfia, Pennsylvania), Princeton (Princeton, New Jersey) y Yale (New Haven, Connecticut). [N. de T.]

Stephon Alexander

Ellias Kiritsis publicó un artículo inspirado en la misma idea aunque desarrollado en forma independiente en Creta. Tales contratiempos no son raros en el caso de doctorandos que trabajan en temas muy transitados de la física. Sin embargo, como también suele suceder, la originalidad del trabajo de Stephon (más elaborado que el de Kiritsis en algunos aspectos y menos en otros) le permitió publicarlo.

La idea de ambos era deslumbrante por su sencillez. Como dije antes, la teoría M no abarca solamente las cuerdas del tamaño de Planck (objetos lineales, unidimensionales) sino también las membranas o branas (objetos planos, bidimensionales). De hecho, apenas se hace carne en nosotros la idea de que la teoría M se mueve cómodamente en once dimensiones, queda claro que en ella están permitidos todo tipo de objetos de varias dimensiones (los cuales llevan el nombre de p-branas en la jerga de esa teoría).

No obstante, el espacio-tiempo que nosotros percibimos tiene cuatro dimensiones. Desde la época de Kaluza y Klein, sabemos que es posible conciliar esas dos proposiciones suponiendo que las dimensiones adicionales están compactadas o enrolladas formando circunferencias de radio tan pequeño que no podemos percibirlas. Sería posible, también, que viviéramos en una 3-brana, es decir, en una inmensa membrana tridimensional, posiblemente infinita, a la cual se agrega la dimensión del tiempo. La cosmología de las branas no exige que las dimensiones adicionales sean pequeñas: supone que, de alguna manera, estamos "adheridos" a la 3-brana, la cual flota a su vez en un espacio de once dimensiones. Se han propuesto diversos mecanismos que explican por qué el tipo de materia que nos constituye estaría necesariamente sujeto a la brana.

Kiritsis y Stephon analizaron qué sucedería con una 3-brana en las proximidades de un agujero negro. Asumieron que, en el espacio total de once dimensiones, la velocidad de la luz es constante. A partir de ese supuesto, estudiaron qué ocurriría con el movimiento de la luz "sujeta" a la 3-brana y descubrieron que ¡su velocidad sería variable! En realidad, según sus cálculos, la velocidad de la luz vista sobre la brana está relacionada directamente con su distancia al agujero negro. Cuando la brana se aproxima a él, la velocidad de la luz varía. De hecho, se evita así una contradicción con la relatividad, pues en el espacio fundamental de once dimensiones c es constante. No obstante, si sólo se conoce el universo tridimensional de la membrana, la velocidad de la luz es variable.

Para mí, esos *papers* eran como una ráfaga del pasado, pues se parecían mucho a lo que se me ocurrió –y que comenzó con un chiste que le hice a Kim en un bar– cuando apenas empezaba a pensar el problema en enero de 1997. Antes de abordar otras ideas, yo había jugado con el modelo de Kaluza-Klein de la velocidad variable de la luz y me encontraba años después con que los teóricos de las cuerdas barajaban precisamente el mismo tipo de teoría. Si bien me disgusta el fanatismo que rodea la teoría de las cuerdas, no soy totalmente refractario a ella, de modo que empecé a trabajar con Stephon con mucho entusiasmo sobre las posibles realizaciones de la vsl en la teoría M.

En octubre de 2000, Stephon llegó al Imperial College y nos hicimos muy amigos. Encontró casa en Notting Hill y enseguida se incorporó a la gran comunidad caribeña que vive allí. A pesar de su reciente aburguesamiento, Notting Hill sigue siendo un hermoso lugar para vivir por una sencilla razón que paso a explicar.

En 1944, las fuerzas armadas alemanas se empeñaron en un último y desesperado intento por quebrar la moral de los ingleses y bombardearon despiadadamente Londres con los primeros misiles operativos, las "bombas voladoras" V1 y V2. Los efectos fueron devastadores y excedieron a los de los bombardeos convencionales: donde caía un misil, desaparecían manzanas enteras. En particular, el casco histórico de Londres sufrió verdaderos estragos.

Después de la guerra, el país estaba en ruinas y muy poca gente pensó en reconstruir manzanas enteras respetando el estilo tradicional decimonónico de la ciudad antigua. Tal vez había algo de dinero para restaurar edificios aislados, pero allí donde las bombas V1 y V2 habían causado una destrucción total, se levantaron adefesios de hormigón o ladrillo rojo, a tal punto que aún hoy es posible ubicar los lugares donde cayeron los misiles paseando al azar por el centro de Londres.

Lo irónico del caso es que Hitler no pudo soñar siquiera que le había prestado un gran servicio a la democracia. En las décadas de 1950 y 1960, cuando el Estado de bienestar británico creció, esos adefesios se transformaron en viviendas subvencionadas por el municipio, que se alquilaban a bajo precio a la gente carenciada. Esa situación fue un eficaz mecanismo para impedir la formación de guetos y permitió que en localidades como Notting Hill haya una conveniente mezcla de ricos y pobres. Allí, niños ricos que viven a costa de mamá y papá pero tienen veleidades de bohemios se codean con empobrecidas colectividades caribeñas, irlandesas, marroquíes y portuguesas.[2]

Llevé a Stephon al Globe, antro caribeño que funcionaba en la trasnoche, y a la semana siguiente descubrí que conocía ya covachas que yo ni siquiera había imaginado. Sin embargo, en el Globe tuvimos la mayor parte de las conversaciones sobre cómo se podía materializar la velocidad variable de la luz en el seno de la teoría M. En aquel momento, el Imperial College me agobiaba con todo tipo de estupideces, de modo que intentaba huir cuantas veces podía. Por el contrario, el clima informal del Globe resultó muy conveniente para nuestras divagaciones. Nuestros "viajes" eran frecuentes.[3] Fue

---

[2] *Notting Hill*, el famoso filme realizado en ese vecindario, impuso un "blanqueamiento" riguroso, al extremo de que en una escena filmada en la calle Portobello no se veía una sola persona de color. Impulsado por mi espíritu matemático, estimé la probabilidad de que esa circunstancia sucediera "al azar": no diré que las probabilidades son tan bajas como las de que el universo tenga geometría plana por puro azar, pero de todas maneras las cifras son sospechosas.

[3] Metafóricamente, desde luego.

una época en que mi trabajo se vio afectado por lo que podría llamar el "mal de las alturas".

Cuando pasaron los meses, en el Globe ya conocían a Stephon como "el Profesor". A menudo se nos sumaba "el Águila", ingenioso jamaiquino siempre dispuesto a colaborar. Para ser sincero, en semejante ambiente y con semejante "estado de ánimo" pensar es fructífero y letal a la vez; a veces, no se diferencia mucho de soñar: mientras uno está dormido todo anda bien, pero apenas uno despierta, se da cuenta de las tonterías que ha soñado, si es que recuerda algo... Las reveladoras vacas de Einstein no son muy frecuentes. Así pues, Stephon y yo hicimos muchos intentos fallidos, pero nos divertimos mucho. Como dijo Stephon, la creatividad no funciona a los apurones.

Un día, por fin, nuestras elevaciones nos llevaron a algo concreto. Stephon se interesó en vincular la teoría M con algo que denominó geometría no conmutativa, una versión de la geometría en la cual el espacio-tiempo aparece "atomizado". Analizamos el movimiento de los "fotones" en espacios de esa índole y llegamos a una conclusión sorprendente. Si la luz tiene una longitud de onda mucho mayor que el tamaño de los gránulos de espacio, no sucede nada insólito; pero cuando las frecuencias son muy altas (es decir, cuando las longitudes de onda son muy pequeñas), la luz advierte que no habita un continuo y comienza a dar saltos de rana por encima de los baches. Se produce así un aumento de su velocidad en proporción directa a la frecuencia. Descubrimos así que, en los espacios no conmutativos, la velocidad de la luz depende de su color y aumenta a frecuencias muy altas: habíamos vislumbrado otro caso de variación en la velocidad de la luz.

Por consiguiente, pensamos llegar por un camino *indirecto* a la VSL en la cosmología. En nuestro modelo, la velocidad de la luz no dependía del tiempo *per se*, como ocurría en el modelo que habíamos propuesto con Andy. En cambio, las propias condiciones del *hot big bang* determinaban los cambios de c. Si retrocedemos en el tiempo hacia los comienzos del universo, aumenta cada vez más la temperatura del plasma cósmico, lo que implica que la energía o –lo que es lo mismo– la frecuencia del fotón promedio también se incrementa. Lógicamente, llega un momento en que la frecuencia es tan alta que habilita el fenómeno que describí antes: la velocidad de la luz comienza a depender de la frecuencia. Por lo tanto, el hecho de que la temperatura del plasma aumente se traduce en un incremento ambiental de la velocidad de la luz en el universo. Así, la velocidad variable de la luz en el universo primigenio no se debe a su corta edad sino a su colosal temperatura.

Después de esas conclusiones, sobrevino un período extraño en el cual, en cada bifurcación del camino, Stephon y yo tomábamos direcciones opuestas. Stephon quería relacionar más estrechamente nuestro trabajo con los pormenores de la teoría M, pero yo estaba seguro de que hacerlo nos alejaría de las observaciones. Por ese motivo, intenté que el modelo tuviera "los pies en la tierra", que fuera capaz de brindarnos predicciones cosmológicas y nos permitiera hacer predicciones físicas observables. Desde luego, esa actitud me obligó a introducir supuestos rígidos y arbitrarios que violentaban su sentido de la belleza. Padecíamos la misma tragedia que muchos otros: nadie sabe cómo hacer cosmología cuántica, es decir, cómo combinar la teoría cuántica de la gravedad con la cosmología para que las comprobaciones experimentales de esta última iluminen a la primera.

El producto de semejante unión fue una cruza de caballo y elefante –ni chicha ni limonada–, una especie de mula provista de trompa. Desde luego, hubo reacciones encontradas, tanto por parte de los cosmólogos como de los teóricos de cuerdas, cosa que no nos importó. Para nosotros, los alocados *papers* que pergeñamos estarán asociados para siempre con el ambiente del Globe y las virtudes del mal de las alturas. Sin embargo, aprendí algo muy importante: si uno hace el papel de las Naciones Unidas, queda entre dos fuegos. Es una situación endémica ya en la cosmología y la gravedad cuántica. ¿Llegarán a encontrarse algún día?

Una vez, Andrei Linde describió la espinosa relación entre la cosmología y la gravedad cuántica con una metáfora sugestiva, nacida de un incidente real. Cuando todavía existía el bloque soviético, se hicieron planes para construir una línea de trenes subterráneos que uniría dos zonas de una de las grandes capitales de Europa oriental. Se iniciaron las obras de perforación del túnel desde ambos extremos, pero, a medida que las cuadrillas avanzaban, se hizo evidente que el estudio pericial previo era más que inexacto y que no había ninguna garantía de que los dos túneles se encontraran.

Sin embargo, al poco tiempo, dieron luz verde para continuar las obras. La inventiva fue sin duda una de las grandes virtudes de la era soviética, y en este caso la lógica de la resolución era muy simple: si por casualidad los túneles se encontraban, todo acabaría según los planes; si los túneles no se encontraban, pues, ¡albricias!, tendrían *dos* líneas de subterráneos.

Nuestra sensación con respecto a la cosmología y la gravedad cuántica es idéntica. Avanzamos desde ambos lados. Aunque, a veces... temo lo peor.

MIS COQUETEOS CON LOS MONTESCOS no me impidieron prestar atención a los Capuletos, y el vínculo más estrecho entre la VSL y la teoría cuántica de la gravedad fue producto de mi colaboración con Lee Smolin, uno de los padres de la gravedad cuántica de bucles.

En 1999, Lee vino al Imperial College como profesor visitante acompañado por un gran séquito de colaboradores, algunos ya doctorados y otros no. Mientras estuvo en Londres llevó una vida independiente, pues realizaba la mayor parte de su trabajo en bares y no se lo veía mucho por su oficina (que, casualmente, era la misma donde años antes había tomado forma la teoría VSL). Por ese motivo no nos encontramos durante casi un año.

Al principio, Lee no estaba enterado de la VSL, de modo que terminamos trabajando juntos de la manera más extraña. Debo aclarar que Stephon y yo no fuimos los primeros en proponer una teoría en la cual la velocidad de la luz dependiera del color (aunque estuvimos, sin duda, entre los primeros que construyeron un modelo cosmológico a partir de esa idea). En distintas teorías cuánticas de la gravedad, Giovanni Amelino-Camelia en Italia, Kowalski-Gilkman y otros científicos de Polonia, además de Nikos Mavromatos, Subir Sarkar y muchos otros en Inglaterra, también habían contemplado la idea de que la velocidad de la luz dependiera de la energía.

Fueron ellos los que le hicieron conocer a Lee la teoría VSL, en especial Giovanni. Lo que más subyugaba a Smolin de esa idea era que los efectos de la VSL podrían llevar las teorías cuánticas de la gravedad frente al tribunal experimental en pocos años. A diferencia de la mayoría de los teóricos que trabajaban en ese campo, Lee no creía que Dios estuviera dispuesto a concederle una iluminación ni que sus modestas teorías resultarían verdaderas por la sencilla razón de que fueran "elegantes". Quería probar la gravedad cuántica experimentalmente para que la naturaleza hablara por sí misma. En lugar de ponerse a la defensiva o desechar lo que estaba oyendo, sus ojos brillaron de alegría cuando alguien le dijo que pronto sería posible someter la gravedad cuántica a pruebas experimentales. Así empezamos a trabajar juntos.

Nuestra labor descansaba en una premisa desconcertante por su sencillez. Sabíamos que la teoría cuántica de la gravedad habría de vaticinar fenómenos nuevos, pero, contra la tónica general, fuimos modestos y supusimos

Lee Smolin

que con la tecnología actual no habría manera de comprobar esos efectos. Teníamos una única certeza: con las energías miserablemente bajas que aportaban los aceleradores o en las enormes escalas temporales en que nuestros sensores pueden detectar la curvatura, *no* se han podido observar efectos gravitatorios cuánticos y lo menos que se puede decir es que la gravedad clásica (es decir, la teoría general de la relatividad) es una excelente aproximación al mundo real.

Nuestro único supuesto, entonces, fue postular la existencia de un *umbral*, por encima del cual se volverían significativos nuevos efectos correspondientes a la gravedad cuántica, y por debajo del cual esos efectos serían despreciables. Ese umbral estaría caracterizado por un nivel de energía, denominada energía de Planck (E_p), y los efectos nuevos sólo aparecerían por encima de ella. Análogamente, debería existir una longitud, la longitud de Planck (L_p), que indicaría qué ampliación sería necesaria en un "microscopio" gravitatorio cuántico para que se pudiera ver la naturaleza discreta del espacio y de la curvatura. Por último, debería existir también una duración, el tiempo de Planck (t_p), que indicaría la breve vida de esos efectos.

De hecho, no necesitábamos conocer el valor concreto de E_p, L_p ni t_p: sólo necesitábamos saber que debía *existir* un umbral, por debajo del cual las cosas serían más o menos las mismas de siempre, y por encima del cual entraríamos en un mundo nuevo y desconocido aún para nosotros, en cuyo ámbito la gravedad sería cuántica y se unificarían todas las fuerzas y partículas de la naturaleza.

Era un supuesto razonable. La relatividad general se reduce a la gravedad newtoniana siempre que la intensidad gravitatoria no sea excesiva. Análogamente, cualquiera sea la forma que adopte en definitiva la gravedad cuántica, deberá empezar por confirmar y reiterar todo lo que han dicho anteriormente los maestros, es decir, no será distinguible de las teorías actuales en una primera aproximación y sólo habrá predicciones nuevas en condiciones muy extremas: a energías muy altas o a distancias y períodos muy cortos. A fin de cuentas, se trata de una restricción de las observaciones.

Llegados a este punto, advertimos una contradicción. Supongamos que un granjero ve una vaca pastando en el campo. Puesto que la vaca es mucho más grande que L_p, el granjero no tiene por qué preocuparse por los efectos de la gravedad cuántica. Pero en ese momento, la eterna Cornelia pasa a su lado en una de sus locas carreras a una velocidad muy próxima a la de la luz, pero lo que ella ve es distinto: con respecto a ella, la vaca que pasta se mueve a mucha velocidad, de modo que Cornelia ve su tamaño reducido en la dirección del movimiento, tal como predice la relatividad especial. Si su velocidad es suficientemente grande, Cornelia verá el tamaño de la otra vaca tan reducido que su longitud será menor que L_p, y llegará a la conclusión de que sufre un ataque de fiebre gravitatoria cuántica, si es que eso existe. No sería sorprendente que viera que la apacible vaca hace una exhibición de zapateo americano, que inicia una danza erótica o que se comporta de acuerdo con los desconocidos efectos que la gravedad cuántica produce sobre las vacas.

Sin embargo, puesto que la vaca que pasta en el prado es una entidad única, todo lo que haga debería ser previsible según una misma teoría. El requisito mínimo para la unificación sería que todos los observadores usaran una misma teoría. En otras palabras, es inadmisible una situación en la que el granjero y Cornelia tuvieran que aplicar distintas teorías para describir el mismo objeto: hacerlo sería un insulto a la unificación y totalmente incompatible con el principio de relatividad. Si, en efecto, el movimiento es relativo, Cornelia no puede saber que ella se está moviendo y que el granjero está quieto.

Una vez más, Cornelia y el granjero están en desacuerdo, pero esta vez no coinciden sobre la frontera que separa la gravedad clásica de la cuántica. Surgen paradojas similares si definimos el umbral mediante la longitud de Planck, la energía de Plank o el tiempo de Planck. Por ejemplo, si uno recurre al lenguaje de la energía, el problema se plantea en el corazón mismo de la fórmula más famosa de la física, $E = mc^2$. Como ya hemos visto, las partículas en movimiento tienen una masa mayor, razón por la cual no es posible acelerar ningún objeto más allá de la velocidad de la luz. Por consiguiente, para el granjero, un electrón estacionario es una partícula hecha y derecha, pues su energía es mucho menor que E_p; sin embargo, para Cornelia, el electrón tiene una energía mucho mayor porque está en movimiento con respecto a ella y tiene por ende una masa más grande. De modo que ella aplica la fórmula $E = mc^2$ y llega a la conclusión de que esa masa implica una energía mayor. Si la velocidad de Cornelia es suficientemente alta, observará que el electrón tiene una energía mucho mayor que E_p e inferirá de ese hecho que para el electrón rigen los efectos de la gravedad cuántica. Una vez más, hay contradicción.

Lee y yo analizamos estas paradojas durante meses a partir de enero de 2001. Nos encontrábamos en bares de South Kensington o Holland Park para reflexionar sobre el problema. Evidentemente, las dificultades radicaban en la relatividad especial, pues todas las paradojas surgían de los consabidos efectos relativistas, como la contracción de la longitud, la dilatación del tiempo o la fórmula $E = mc^2$. La situación impedía definir una frontera nítida, común a todos los observadores, que pudiera englobar los nuevos efectos gravitatorios cuánticos. Parecía que no había un dique que pudiera contener la gravedad cuántica: sus efectos se derramaban por todas partes a consecuencia de la relatividad especial subyacente.

La conclusión era inevitable: para elaborar una teoría cuántica de la gravedad, *cualquier* cosa que ella fuese, sería necesario dejar de lado la relatividad especial. Nos dimos cuenta de que muchas de las incoherencias que afectaban las teorías gravitatorias cuánticas propuestas hasta entonces provenían probablemente de aceptar religiosamente la relatividad especial. Razonamos entonces que, antes que nada, había que sustituir la relatividad especial por algo que permitiera que por lo menos uno de los tres umbrales —E_p, L_p o t_p— fuera idéntico para todos los observadores. Nada que fuera más grande que L_p debía contraerse por obra del movimiento hasta convertirse en algo más pequeño que L_p. Podía ocurrir que las partículas tuvieran mayor masa si estaban en movimiento, pero si su energía en reposo era menor que E_p, debía continuar siéndolo, por veloz que fuera su movimiento observado. Una vez alcanzado el umbral E_p (o L_p), todos los efectos relativistas deberían interrumpirse y esos valores deberían adquirir carácter absoluto. Tales eran los requisitos de la nueva teoría.

Lo difícil era construir una teoría que los satisficiera. Sólo algo era evidente: cualquier cosa que elaboráramos entraría en conflicto con la relatividad especial. Como se vio anteriormente, la relatividad especial descansa en dos principios independientes: la relatividad del movimiento y la constancia de la velocidad de la luz. Así, pues, una solución consistía en abandonar el principio de relatividad del movimiento suponiendo que a velocidades muy grandes los observadores advertirán que su movimiento es absoluto. Sentirán entonces una especie de brisa del éter y Cornelia se dará cuenta por fin de que el granjero está en reposo mientras ella se desplaza en un vuelo enloquecido.

Era una posibilidad, pero decidimos adoptar la otra: quedarnos con la relatividad del movimiento pero admitir que, a energías muy altas, la velocidad de la luz no es constante. Ahí entraba la velocidad variable de la luz en la argumentación.

Hicimos modificaciones mínimas a la relatividad especial y pronto estuvimos en condiciones de deducir las ecuaciones equivalentes a las transformaciones de Lorentz para nuestra teoría. Nos divertimos mucho haciendo esos cálculos. Las nuevas ecuaciones eran bastante más complejas (no eran lineales), pero se atenían dentro de lo posible a la relatividad especial y general. Según ellas, a medida que nos acercáramos a L_p o a t_p, el espacio y el tiempo serían cada vez menos flexibles, como si la velocidad de la luz creciera cada vez más a medida que uno se aproxima a la frontera entre la gravedad clásica y la cuántica. En la frontera, parecería que la velocidad de la luz se hace infinita, y el espacio y el tiempo volverían a ser absolutos, aunque no en general sino para una longitud y un tiempo determinados –L_p y t_p–, de modo que todos podían ponerse de acuerdo sobre qué ámbito correspondía a la gravedad clásica y cuál era del dominio de la gravedad cuántica. Así, la teoría trazaba una nítida línea divisoria entre esos dos reinos.

La famosa ecuación de Einstein, $E = mc^2$, se ha transformado a tal punto en una especie de símbolo sagrado, que se apoderó de mí un gran placer iconoclasta cuando desarrollábamos la teoría alternativa. En consecuencia, y aunque signifique un exceso de matemáticas para un libro de esta índole, me veo obligado a transcribir la fórmula aquí. Ruego al lector que me tenga paciencia y le eche un vistazo:

$$E = \frac{mc^2}{1 + \dfrac{mc^2}{E_p}}$$

(En esta fórmula c representa aproximadamente el valor constante de la velocidad de la luz que medimos cuando las energías son bajas.) Tengo perfecta conciencia de que esta fórmula no es comparable en belleza con la de Einstein, pero cualquiera que conozca algo de matemáticas advertirá que de ella se infiere de inmediato una propiedad notable. Cuando Cornelia pasa a toda velocidad, si ésta es suficientemente grande, para ella un electrón en reposo que está en la granja podrá tener una masa enorme. Según la ecuación habitual $E = mc^2$, ese hecho significa que la vaca puede observar que la energía del electrón es más grande que E_p, de modo que arribamos a la desconcertante conclusión de que no hay acuerdo entre ella y el granjero respecto de que una teoría cuántica de la gravedad sea necesaria o no para comprender lo que ocurre con el electrón.

Con la nueva fórmula, ¡esa discrepancia desaparece! Si bien para Cornelia no hay un tope para m, una simple reflexión matemática indica que, según esta fórmula, la energía E del electrón jamás puede ser mayor que E_p. Por consiguiente, el granjero y la vaca concuerdan en que en el caso de ese electrón no hay un comportamiento gravitatorio cuántico.

Durante la Guerra Fría, cada vez que un físico descubría efectos nuevos, se apresuraba a investigar sus posibles aplicaciones militares, especialmente en los Estados Unidos. Neil Turok me contó que había cenado una vez durante un congreso con el famoso físico Edward Teller y que, en el curso de la conversación, le dijo que estaba trabajando en los monopolos magnéticos. Ante el verdadero espanto de Neil, el anciano empezó de inmediato a calcular cuánta energía podría generar una bomba construida a partir de ese principio.

Desde ya, hoy en día esas actitudes provocan risa, pero por el mero placer de tomarle el pelo a Lee, calculé la energía que podría liberar una bomba gravitatoria cuántica según nuestra fórmula. Es decir, que proponía averiguar cuánta riqueza ocultaba el hombre rico de la metáfora.

Supongamos que poderosísimos aceleradores pudieran producir una gran cantidad de partículas con la masa de Planck y que, de alguna manera, se fabricara con ellas una bomba. Según la teoría, semejante bomba liberaría exactamente *la mitad* de energía que libera un arma nuclear común de la misma masa. En otras palabras, esa carísima arma gravitatoria cuántica tendría la mitad del poder destructor que un arma nuclear clásica mucho más barata. En el caso de partículas con una masa mayor (por ejemplo, igual al doble o el triple de la masa de Planck), el resultado sería aún peor. Me alegró descubrir que ni siquiera un general podía ser tan necio como para contratarnos.[4]

CUANDO TODO ESTE TRABAJO tan interesante estaba ya cobrando forma, en el verano de 2001, ¿adivine el lector qué sucedió? ¡Pues que Lee se fue del Imperial College! ¿Algún funcionario de esa institución percibe en ese hecho una especie de repetición? ¿O tal vez sea exigirles demasiado esfuerzo intelectual?

Se había desencadenado una interminable polémica sobre el control de la generosa fuente de financiación externa que tenía Lee. Pero la mala meretriz se negó a ceder los beneficios, cosa que disgustó mucho a los proxenetas.

Después se descubrió que esa situación era sólo una cuestión menor, pues Lee ya había decidido trasladarse al Perimeter Institute (PI) de Canadá, nuevo centro de investigaciones que procura manejarse de manera totalmente distinta a la de otras instituciones científicas. Mientras que en lugares como el Imperial College se crean permanentemente nuevas facultades, transfacultades, hiperfacultades y seudofacultades (que proveen placer sexual a los ancianos científicos nombrados en calidad de directores), el PI procuraba tener una estructura horizontal que eliminaba todos los niveles jerárquicos posibles. La filosofía que respalda a esa organización es que, puesto que parece que todas las ideas nuevas provienen de los jóvenes, ellos deben ser la principal fuerza directriz de una institución científica. Como dijo alguna vez Max Perutz, el secreto para hacer buena ciencia es muy simple: no tiene que haber política, ni comisiones, ni entrevistas, sólo es necesario contar con gente dotada y plena de entusiasmo. Ése es todo el secreto.

---

[4] Desgraciadamente, la posibilidad de que E_p pueda tener valores negativos, cambia radicalmente la argumentación, como explicamos en nuestro artículo.

Siempre desconfío de las utopías, pero sinceramente deseo lo mejor al PI. Al menos, conseguirán desprestigiar a las actuales burocracias de la ciencia, en las cuales el descomunal desarrollo de niveles administrativos garantiza que los funcionarios sólo rindan cuentas ante otros funcionarios en lugar de hacerlo ante la gente para la cual trabajan. Aun cuando el modelo "comunista" del PI termine por fracasar, servirá sin embargo para demostrar que algo funciona mal en los modelos alternativos clásicos, y que alguien debería detener la proliferación burocrática. En lo que a mí respecta, despediría a todos los funcionarios dándoles como indemnización una larga sentencia de prisión, pero el lector ya conoce mis opiniones en esta materia.

En septiembre de 2001 hice mi primera visita al PI, institución en la cual redondeamos nuestra teoría. Viajé allá exactamente una semana después del atentado del 11 de septiembre y encontré a Lee muy alterado por los sucesos. Acababa de llegar de Nueva York, adonde había viajado para visitar a unos amigos que vivían en Tribeca, y era evidente que la noche anterior no había pegado un ojo. Por mi parte, estaba afectado por un intenso *jet lag*, de modo que nuestro encuentro fue muy peculiar.

Fuimos a un bar, pedimos vino y cerveza, y nuestra conversación se desenvolvió como si alguien nos hubiera apretado el botón de "rebobinar", porque volvíamos una y otra vez sobre los mismos comentarios acerca de los acontecimientos. La situación era tan ridícula que al final nos obligamos a hablar de física, única empresa aparentemente lógica en un mundo de dementes. De hecho, eso nos apaciguó.

Los dos estábamos tan cansados que por momentos cabeceábamos de sueño. En circunstancias tan poco favorables, tuvimos la inspiración final, algo realmente hermoso.[5]

Lee estaba tan complacido con los resultados obtenidos que quiso presentarlos a *Nature*, pero le dije que yo había adoptado una política de bloqueo con respecto a esa revista, que me negaba a presentar artículos allí hasta que no le extirparan los órganos genitales al editor de la sección cosmología. Lee se echó a reír y sugirió entonces que publicáramos en *Physical Review*. Al pasar,

---

[5] Para los aficionados, me limitaré a decir que implicaba trabajar en "el espacio de los momentos" en lugar de hacerlo en el espacio real. Ocurre que la escurridiza frontera entre la gravedad clásica y la cuántica se puede expresar con mayor claridad en términos de energía y momento. A lo largo de muchos meses, habíamos estado atascados en una cuestión tan trivial.

me contó que en uno de sus artículos editoriales, *Nature* había criticado a *Physical Review* porque no publicaba investigaciones innovadoras, de suerte que en ese momento había cierta rispidez entre las dos revistas. Nos reímos bastante de la situación, de la insensata autocomplacencia de gente inútil que canta su canto de cisne en un mundo que ya no le presta ninguna atención.

Por fin, el *paper* fue aceptado en la sección de cartas –*Physical Review Letters*– después de las vicisitudes habituales, pero son cosas sin importancia: lo que realmente importa es que tanto Lee como yo seguimos hasta el día de hoy explorando nuestra teoría y analizando la explosiva combinación de la VSL y la gravedad cuántica.

A diferencia de la teoría de las cuerdas o la gravedad cuántica de bucles, nuestra teoría no pretende ser definitiva y supone desde un principio que la ignoramos. Sin embargo, consigna en términos muy simples los supuestos que cualquier teoría coherente podría tener que adoptar. Por otra parte, ese modesto enfoque implica algunas predicciones que serán observables en el futuro. ¿Será posible verificarlas pronto? A mi parecer, falta aún un puente entre la gravedad cuántica y la experimentación, por frágil que sea. Lo necesitamos desesperadamente.

Nadie sabe en qué puede acabar nuestro trabajo, pero quiero terminar con una última historia: el misterio de los rayos cósmicos de ultra alta energía. Recordemos que los rayos cósmicos están constituidos por partículas, digamos por protones, que se desplazan a través del universo con enorme velocidad y que son, por lo general, resultado de cataclismos astrofísicos como la explosión de estrellas, las supernovas, o de catástrofes aún más grandes que todavía no comprendemos cabalmente. El rango de energías que cubren los rayos cósmicos es muy dispar, aunque durante años se ha dicho que debe existir un tope, una energía máxima por encima de la cual no deberían observarse rayos cósmicos.

La razón es muy sencilla. En su travesía por el universo, los rayos cósmicos chocan con fotones pertenecientes al mar de radiación cósmica de fondo que todo lo impregna. Son fotones muy fríos, de energía muy baja, que reciben el nombre de fotones blandos. No obstante, si alguien pregunta cuál es su aspecto desde el punto de vista del protón del rayo cósmico, hay que decir que, desde esa perspectiva, tienen mucha energía. Se trata de una de las predicciones de la relatividad especial, producto de un sencillo cálculo a partir de las transformaciones de Lorentz.

Cuanto más rápido (es decir, más energético) sea el rayo cósmico, tanto más duros y más energéticos serán, desde su punto de vista, los fotones de la radiación cósmica. Por encima de cierta energía, para los protones de los rayos cósmicos, esos fotones tendrán energía suficiente para arrancar elementos de su interior produciendo otras partículas que se llaman *mesones*. Durante ese proceso, el rayo cósmico original cede parte de su energía al mesón. Por consiguiente, se recorta toda energía que esté por encima del umbral necesario para producir mesones.

Lo desconcertante en esta materia es que se han observado *concretamente* rayos cósmicos con una energía superior, anomalía que, en apariencia, nadie está en condiciones de explicar. Sin embargo, un momento de reflexión indica que para calcular la energía de los fotones tal como ésta se presenta ante el rayo cósmico, es necesario hacer una transformación de Lorentz. Toda la argumentación supone el uso de las leyes de la relatividad especial para elaborar la perspectiva del protón. Podría suceder que esas leyes fueran erróneas, como sugerimos Lee Smolin y yo (así como Amelino-Camelia y otros antes que nosotros).

¿Se trata de la primera contradicción entre las observaciones y la relatividad especial y, tal vez, de una evidencia adicional a favor de la vsl? ¿Acaso es éste el primer atisbo de un fenómeno gravitatorio cuántico?

Es MUY DIFÍCIL RESUMIR la situación de la teoría de la velocidad variable de la luz al término de este libro, porque se trata de algo que está aún en el ojo de la tormenta científica. En la actualidad, es un rótulo que abarca muchas teorías diferentes que, de una manera u otra, sostienen que la velocidad de la luz no es constante y que es necesario revisar la teoría especial de la relatividad. Algunas de ellas niegan la relatividad del movimiento –por ejemplo, el modelo que Andy y yo propusimos en los comienzos–, pero otras no. Algunas sostienen que la velocidad de la luz varía en el espacio-tiempo, como la teoría de Moffat y mi teoría invariante ante transformaciones de Lorentz; otras dicen que la luz se desplaza con velocidades distintas según su color, como las teorías que desarrollé con Stephon y Lee. También es posible combinar algunas de ellas y obtener una teoría en la cual c varía en el espacio-tiempo *y*, además, con el color. Unas cuantas teorías de la velocidad variable de la luz fueron producto de modelos cosmológicos, otras surgieron de teorías acerca de los agujeros negros y otras aun fueron una respuesta al problema de la gravedad cuántica.

Y sólo he enumerado una pequeña muestra. En los archivos web que suelen consultar los físicos se ha acumulado ya una enorme bibliografía sobre el tema, al punto que no hace mucho me pidieron que hiciera una larga reseña de todas las ideas relativas a la VSL propuestas hasta este momento. Espero que sea un signo de madurez y no de senilidad.

El motivo de tanta diversidad es que no sabemos cuál de todas esas teorías es correcta, si es que alguna lo es. También existen cientos de modelos inflacionarios, situación que no se modificará hasta que se hallen pruebas fehacientes de la inflación. Sin embargo, la situación de las teorías VSL es distinta porque, a diferencia de las teorías inflacionarias, tienen mucho que decir sobre la física en general, afirmaciones que pueden someterse a prueba aquí y ahora. No se trata de una antiquísima pirueta del universo primigenio: la VSL debería ponerse de manifiesto en sutiles efectos accesibles a la física experimental en forma directa. El ejemplo más evidente de ello son las observaciones sobre la variabilidad de alfa que realizaron Webb y sus colaboradores, pero la actual aceleración del universo podría ser otro indicio revelador con respecto a las teorías que predicen variaciones de c en el espacio-tiempo.

Hasta ahora, las relaciones de la teoría VSL con el campo experimental se limitan a confirmar observaciones, aunque mi trabajo actual está consagrado fundamentalmente a predecir fenómenos. No hay mejor manera de sellar la boca de los escépticos que predecir un efecto nuevo y luego verificarlo experimentalmente. En este sentido, John Barrow, Havard Sandvik –que es uno de mis doctorandos– y yo mismo nos hemos esforzado por mostrar que el valor de alfa también debería ser diferente cuando se lo mide a partir de líneas del espectro de estrellas compactas o de los discos de acreción de los agujeros negros. Si se consiguiera observar este efecto, tendríamos un argumento espectacular para reivindicar la teoría de la velocidad variable de la luz. También hemos descubierto que algunas teorías que compiten con la VSL y pueden explicar los resultados de Webb implican pequeñas violaciones del principio de Galileo, según el cual todos los objetos caen de la misma manera. Se ha ideado un experimento satelital (llamado STEP) que permitiría refutar fácilmente esas teorías alternativas que atribuyen las variaciones de alfa a la variabilidad de la carga del electrón, en lugar atribuirla a la variabilidad de c. Aguardamos con impaciencia los resultados de esas observaciones.

Por su parte, los rayos cósmicos ultraenergéticos (y otras anomalías similares que han descubierto los astrónomos) pueden aportar conocimientos sobre las teorías que predicen la variabilidad de c con el color. Esas teorías implican otros fenómenos nuevos, como la corrección de la fórmula $E = mc^2$, de la cual ya hablé. Cada vez que me cruzo con una predicción nueva, me apresuro a buscar a los físicos experimentales que podrían comprobarla. Lo más frecuente es que me contesten que estoy loco y que no es posible medir efectos de tan pequeña magnitud con los recursos actuales. No obstante, soy más optimista que ellos y abrigo la inconmovible convicción de que los físicos experimentales son mucho más ingeniosos de lo que creen. Tal vez no esté lejos el día en que se confirme la teoría de la velocidad variable de la luz.

Además, ¿cuál es el problema si resulta errónea? Es muy gracioso comprobar que algunos colegas –una minoría, para ser justos– están *desesperados* por ver a la teoría desmoronarse. Es gente que nunca tuvo agallas para intentar siquiera encontrar algo nuevo por su cuenta. Es triste, pero algunos científicos jamás se apartan demasiado de los caminos trillados, sea en la teoría de las cuerdas, la cosmología inflacionaria, la teoría de la radiación cósmica o el trabajo experimental. Evidentemente, para ellos, algo tan temerario como la VSL es una afrenta a su amor propio, de modo que *necesitan* verla fracasar. Pero se equivocan. Si la teoría es errónea, haré nuevos intentos con algo más radical todavía, pues el único motivo por el cual vale la pena hacer ciencia es, precisamente, la aventura de perderse en la jungla.

De más está decir que esa gente negará de inmediato sus comentarios anteriores y comenzará a trabajar en el nuevo campo si se confirma la teoría. Son personas que siguen las modas, que apuestan sobre seguro y llevan una vida fácil, premiada con generosidad por los organismos que aportan fondos y el *establishment* científico. En una ocasión John Barrow dijo que cualquier idea nueva pasa por tres etapas ante los ojos de la comunidad científica. Etapa 1: es una estupidez y no queremos oír hablar del asunto. Etapa 2: la teoría no es errónea, pero carece de importancia. Etapa 3: es el descubrimiento más deslumbrante de la ciencia y nosotros lo hicimos antes. Si nuestra teoría es correcta, no faltarán detractores actuales que tergiversen la historia y proclamen que han estado entre los primeros en proponerla.

Con igual certeza puedo decir que entonces ya estaré embarcado en alguna otra aventura intelectual.

EPÍLOGO:
MÁS RÁPIDO QUE LA LUZ

En el momento en que entrego este libro a la imprenta, nadie sabe aún si la teoría de la velocidad variable de la luz es correcta o no. Tampoco se sabe en cuál de sus diversas encarnaciones se presentará si resulta correcta ni cuáles serán sus consecuencias más inmediatas. ¿Afectará más a la cosmología, a la teoría de los agujeros negros, a la astrofísica o a la teoría cuántica de la gravedad? Las pruebas empíricas actuales en su favor –los descubrimientos de John Webb y sus colaboradores, los resultados obtenidos a partir de las supernovas y los rayos cósmicos ultraenergéticos– dan lugar a la polémica. No obstante, aun si esas observaciones resultan ser ilusiones originadas en errores experimentales, algunas de estas teorías perdurarán aunque en su conjunto la cuestión se vuelva menos apasionante. Puede ser, además, que a la vuelta de la esquina se hagan observaciones nuevas que pueden apoyarla o refutarla. No hay nada definitivo al respecto.

Me preguntan a menudo si esta situación me pone nervioso y si la refutación de la teoría sería humillante para mí. Siempre respondo lo mismo: no hay ninguna humillación en el hecho de que se descarte una teoría ideada por nosotros. Semejante circunstancia forma parte de la ciencia. Lo importante es concebir ideas nuevas, *hacer el intento*, y eso es precisamente lo que hice, cualquiera sea la suerte de la vsl. He procurado ampliar las fronteras del conocimiento lanzándome a esa zona gris en la cual las ideas todavía no se pueden calificar de correctas ni de erróneas pues son meras sombras de "posibilidades". Me he zambullido en las oscuras aguas de la especulación, participando así de la gran novela de misterio que se menciona en *La física, aventura del pensamiento*, obsequio inapreciable que me hizo mi padre hace tantos años. Nunca lamentaré lo que he hecho.

Otra razón para que no haya lamentos es que el trabajo en la teoría vsl me ha permitido conocer gente extraordinaria. Todos los personajes que menciono en este libro son ahora íntimos amigos míos con los cuales estoy en permanente contacto. Solamente por eso, valió la pena el esfuerzo.

Nunca volví a trabajar con Andy, aunque sigue siendo algo así como mi guía espiritual. Siempre lo consulto cuando los tejemanejes de la política científica están a punto de hacerme zozobrar y, curiosamente, sus consejos se han tornado bastante subversivos en los últimos tiempos. Andy mantiene su interés por la VSL, aunque desde afuera, pues ahora se dedica a temas más ortodoxos. Trabaja en la actualidad en la sede de Davis de la Universidad de California (UC Davis) donde está formando un nuevo grupo de cosmología. Tanto él como su familia parecen muy contentos con su nueva vida. Aun así, alguna que otra vez, lo he sorprendido mascullando que sus alumnos actuales no son como los que tenía en los buenos tiempos del Imperial College.

Por su parte, John Barrow se ha mudado a Cambridge, vive en una zona verdaderamente espléndida y tiene una cátedra en la universidad. Sigue escribiendo un libro y unos diez artículos científicos por año. Cada tanto, volvemos a trabajar juntos, en toda clase de teorías sobre "constantes variables", incluida la VSL. Viaja periódicamente a Londres y nos encontramos en la ilustre sede central de la Royal Astronomical Society, una especie de club para caballeros ingleses. Barajamos ideas, chismorreamos y nos divertimos mientras tomamos unas copas, hasta que escribimos un *paper* nuevo. Una manera muy británica de hacer ciencia…

Stephon continúa en el Imperial College aunque está a punto de volver a los Estados Unidos para ocupar un puesto posdoctoral en Stanford. Más que nunca, exhibe ahora su ímpetu y es una fuente inagotable de ideas nuevas en cosmología y teoría de las cuerdas. No hemos vuelto al Globe en los últimos tiempos, aunque hace unos días Stephon vio por casualidad a Su Alteza, el Águila, al volante de un flamante BMW de carrera. Stephon está elaborando ahora un proyecto de largo plazo para crear un instituto de investigaciones en Trinidad, el CIAS (Caribbean Institute of Advanced Studies). El futuro de la ciencia descansa en iniciativas de este tipo.

Como resultado de todo el trabajo que describí en el último capítulo de este libro, la persona con quien más estrecha colaboración tengo ahora es Lee. Estamos en plena actividad, seguimos trabajando en nuestra versión de la gravedad cuántica y hemos obtenido muchos resultados interesantes. Nos reunimos en Londres o en el PI, institución que se fortalece cada vez más y se ha transformado en uno de los centros de investigación más prolíficos del mundo. Actualmente, tiene su sede en un edificio que antes fue un restaurante –tiene un bar y una mesa de pool–, circunstancia que tal vez explique su fecundidad.

Otra persona que me visita periódicamente es John Moffat, jubilado ya en la Universidad de Toronto pero tan productivo como siempre, al punto que ha aportado, junto con su colaborador Michael Clayton, algunas de las ideas más interesantes de los últimos tiempos sobre la velocidad variable de la luz. Una y otra vez lo he apremiado para que escriba sus memorias, porque su vida ha sido muy rica en acontecimientos felices y en sinsabores, y también porque es el último eslabón que nos une a la generación dorada de la física, la de Einstein, Dirac, Bohr y Pauli. Las anécdotas que me contó y que transcribí en este libro son sólo una mínima parte de su tesoro de recuerdos. Sin embargo, hace muy poco tiempo me di cuenta de por qué no ha intentado escribirlas: la física es sólo una ínfima parte de la historia de su vida. En definitiva, cuando se trata de dejar testimonio, siempre hay algo en nosotros que excede el escueto relato de los hechos vitales.

Con tan deslumbrante elenco de personajes, tengo plena conciencia de haber relatado muchas más anécdotas personales de lo que es habitual en este tipo de libros. Confío en haber conseguido así transmitir la sensación de que hacer ciencia no es solamente algo entretenido sino que también constituye una experiencia humana fuera de lo común que acerca a la gente. En este sentido, la historia de la teoría VSL puede ser divertida, pero no es excepcional, como bien me di cuenta cuando reunía el material para este libro y descubrí los pormenores menos conocidos de esa obra de Einstein e Infeld que fue mi pasión infantil: *La física, aventura del pensamiento*.

Leopold Infeld era un científico polaco que trabajó junto con Einstein en diversos problemas de importancia durante la década de 1930. Einstein se transformó en algo así como su mentor y, cuando se hizo evidente que se preparaba la invasión a Polonia, se dio cuenta de lo que le aguardaba a Infeld si se quedaba en su país. Naturalmente, decidió salvar a su amigo. No obstante, en esos años Einstein había respaldado la inmigración de tantas familias judías que su aval perdió valor ante los ojos de las autoridades de inmigración de los Estados Unidos; en particular, desecharon sus peticiones a favor de Infeld. Entonces, Einstein intentó encontrar para él una cátedra en alguna universidad estadounidense, pero los tiempos eran muy difíciles y tampoco tuvo éxito. A medida que la tensión crecía en Europa, las perspectivas de Infeld se hacían cada vez más sombrías.

En su desesperación por ayudarlo, Einstein tuvo la idea de escribir un libro de divulgación científica junto con Infeld. Así nació *La física, aventura del pensamiento*, libro que muchos años después habría de decidirme por su belleza a seguir la carrera de física, y que fue escrito a todo vapor en un par de meses y se transformó en un éxito de tal dimensión que las autoridades estadounidenses contemplaron con otros ojos el ingreso de Infeld a su país. De no haber sido por esa súbita popularidad, es probable que Infeld se hubiera convertido en humo en alguna sucursal nazi del infierno.

La historia de la teoría VSL no tiene perfiles tan dramáticos, pero espero haber transmitido al lector la sensación de que la ciencia es una riquísima experiencia humana, tal vez la más pura que se puede alcanzar en un mundo que está muy lejos de ser perfecto. Espero también haber pintado con claridad lo que realmente sucede cuando se hace ciencia. No tiene nada que ver con las ordenadas secuencias lógicas que los historiadores de la ciencia se complacen en mostrarnos. Si uno contempla el trabajo de los "granjeros" de la ciencia, ese ordenamiento lógico puede parecer una crónica fiel de la realidad, pero si uno considera la obra de los "pioneros", la historia es muy distinta: se trata de tanteos en la oscuridad, de intentos sucesivos que la mayoría de las veces sólo conducen al fracaso, pero también de una búsqueda apasionada y de un entusiasmo sin límites por lo que se hace.

Mientras escribo estas palabras finales bajo el azul cielo de África occidental, me acuerdo de una anciana que encontré ayer en una aldea apartada. Es la bisabuela de un amigo mío que tiene cerca de 30 años. Nadie sabe exactamente su edad porque cuando ella era joven nadie se preocupaba por contar los años ni por medir el lapso que separa la cuna de la tumba. Había belleza y sabiduría en su rostro mientras hablaba con una voz intensa y suave a la vez, mezclando los sonidos musicales del mandinka* con expresivos resoplidos y pausas, y sus extraños e inquietantes ojos vagaban de un sitio a otro (más tarde, me enteré de que era ciega).

Como suele suceder con muchos ancianos, le gustaba recordar la juventud, los lejanos tiempos en que en su aldea nadie había visto todavía a ningún blanco, aun cuando para los británicos Gambia era una colonia del

---

* Lengua de la familia Congo-Kordofán, llamada, según las zonas, malinka, malinke y mandinga, que cuenta con unos tres millones de hablantes desde Senegal y Gambia hasta Malí y Guinea. [N. de T.]

imperio, lo que es un excelente ejemplo del poder del autoengaño. Decía que en aquellos días la vida era mejor y la gente más feliz. Cuando le pregunté por qué, me respondió: "Porque había más arroz".

Recorrer la aldea me hizo pensar en los marinos portugueses del siglo xv, que trocaban espejitos por el oro de las tribus africanas creyendo que engatusaban a los pobladores autóctonos. No obstante, habría que reflexionar al respecto: el valor del oro es puramente convencional, proviene de una convención no escrita propia de la cultura europea y asiática. Por lo que sé, nadie se alimenta de oro. No ha quedado registro de lo que pensaban los patriarcas africanos de ese próspero comercio, pero cabe pensar que ellos, a su vez, creían que engañaban a los marinos ávidos de oro pues les daban inservibles trozos de roca a cambio de útiles artefactos que les permitían ver su propia imagen.

A menudo se produce una ilusión similar en las relaciones entre los científicos y el *establishment*: ellos creen que les pertenecemos; nosotros creemos que somos los únicos valiosos y que ellos son un conjunto de momias. Tal vez gocen de poder, de éxito fácil y tengan la impresión de que dominan todo, pero nosotros creemos que se engañan. Nosotros, los que amamos lo desconocido más allá de tendencias, intereses y partidos, somos los que al final reímos mejor. Amamos nuestro trabajo más allá de las palabras y nos divertimos infinitamente.

AGRADECIMIENTOS

No me habría sido posible escribir este libro sin la ayuda de Kim Baskerville, Amanda Cook y Susan Rabiner, quienes me enseñaron a leer y escribir en la bella lengua inglesa. Les agradezco que nunca hayan perdido la paciencia conmigo, lo que no debe haber sido fácil.

Desde luego, el libro no existiría sin sus personajes. Tengo una gran deuda de gratitud con mis camaradas de armas Andy Albrecht, John Barrow, John Moffat, Stephon Alexander y Lee Smolin. Antes que excelentes hombres de ciencia, son excelentes personas y les agradezco de corazón su cálida amistad.

No obstante, para ser sincero, debo decir que jamás se me habría ocurrido escribir un libro de divulgación sobre la VSL si no fuera por el interés que el tema despertó en los medios. En este aspecto, estoy agradecido a mucha gente de diversos países pero tengo, sobre todo, una gran deuda con David Sington, productor y director del documental *Einstein's Biggest Blunder* [El error más grande de Einstein], quien marcó el rumbo que luego habría de materializarse aquí.

Mientras escribía, di muchas charlas en diversas escuelas. Aquellos inocentes alumnos no podían saber que los utilizaba como conejillos de Indias para probar mi argumentación. Estoy muy agradecido a algunos agudos jóvenes que me hicieron notar algunas tonterías.

Agradezco también a Kim, David, Andy, los dos Johns, Stephon y Lee la lectura de los borradores y los valiosos comentarios que me hicieron.

La mayor parte del libro no fue escrita en Londres, porque traté de separar mi trabajo de investigación de su redacción. En consecuencia, escribí en cualquier lugar, lo que aumentó mis inclinaciones nómades. Quiero agradecer la hospitalidad de todos los que me albergaron en diversos lugares, en especial, Gianna Celli del Centro Rockefeller de Bellagio.

Por último, quiero dedicar este texto a mi padre, Custodio Magueijo, que me compró todos esos libros alocados cuando aún era un niño. Aunque mi deuda con todos los nombrados aquí es muy grande, todavía creo que mi deuda con él es la mayor de todas.

RECONOCIMIENTOS

QUIERO AGRADECER a Paul Thomas los dibujos del capítulo 2; a Meilin Sancho las fotos de Andy Albrecht y Stephon Alexander; al Pembrey Studio de Cambridge por la foto de John Barrow; a Patricia Moffat por la foto de su marido; a Dina Graser por la de Lee Smolin; al Astrophysical Research Consortium y SDSS Collaboration la imagen de la galaxia NGC6070; a O. Lopez-Cruz, I. Sheldon y al NOAO/AURA/NSF la imagen óptica del cúmulo de la constelación de Coma; al ROSAT Science Data Center y el Max-Planck-Intitut für Extraterrestrische Physik, la imagen de rayos X del mismo cúmulo, y al Centro de Vuelos Espaciales Goddard de la NASA y el COBE Science Working Group, el mapa de DMR.

ÍNDICE DE NOMBRES Y CONCEPTOS

Esta edición de *Más rápido que la velocidad de la luz*,
de João Magueijo, se terminó de imprimir
en el mes de septiembre de 2006 en Grafinor S. A.,
Lamadrid 1576, Villa Ballester,
Buenos Aires, Argentina.